现代农业技术丛书·畜禽养殖系列

肉鸡场标准化示范技术

黄炎坤　姜东凤　主　编

河南科学技术出版社

·郑州·

图书在版编目（CIP）数据

肉鸡场标准化示范技术/黄炎坤，姜东凤主编．—郑州：河南科学技术出版社，2014.5
ISBN 978-7-5349-6863-1

Ⅰ．①肉…　Ⅱ．①黄…　②姜…　Ⅲ．①肉鸡-养鸡场-标准化管理　Ⅳ．①S831

中国版本图书馆 CIP 数据核字（2014）第 058444 号

出版发行：河南科学技术出版社
地址：郑州市经五路 66 号　　邮编：450002
电话：（0371）65737028　65788613
网址：www.hnstp.cn
策划编辑：杨秀芳　申卫娟
责任编辑：杨秀芳
责任校对：柯　姣
封面设计：张　伟
版式设计：栾亚平
责任印制：张　巍
印　　刷：辉县市文教印务有限公司
经　　销：全国新华书店
幅面尺寸：140 mm×202 mm　　印张：10.5　　字数：263 千字
版　　次：2014 年 5 月第 1 版　　2014 年 5 月第 1 次印刷
定　　价：19.80 元

编写人员

主　编　黄炎坤　姜东凤
副主编　毛战胜　朱　海　王鑫磊
　　　　黄润芸
编　者　张立恒　霍　永　左志丽
　　　　杞新村

前　言

我国肉鸡业经过近30年的快速发展，饲养总量和鸡肉产量已经跃居世界第二，国内市场的鸡肉供应已经得到满足。在现代肉鸡业发展过程中，养殖规模、养殖模式、养殖设施、养殖环境控制等都取得了很大的进步。传统的小规模、大群体分散经营和粗放管理的模式逐渐消失，取而代之的是集约化、专业化、自动化生产模式，这对传统的饲养管理和卫生防疫技术和观念都是一个新的挑战。如何适应现代肉鸡业的生产特点，如何为肉鸡的健康生长提供一个理想的条件，如何保证鸡肉的质量安全，如何实现肉鸡产业的可持续发展是每个从事肉鸡生产和技术推广人员所关注的重点。

我国是世界第二大肉鸡生产和消费国，鸡肉是我国仅次于猪肉的第二大肉类产品。据FAO统计，1981年至2011年的30年间，我国出栏肉鸡由11.2亿只提高到85.3亿只，鸡肉产量由122.3万吨提高到1 208万吨，鸡肉产量占肉类产量的比重由1981年的7.9%提高到2011年的14.9%。据中国畜牧业协会统计，2012年我国出栏黄羽肉鸡为43亿只，生产鸡肉400万吨；出栏白羽肉鸡47亿只，生产鸡肉800万吨。集团化经营、集约化管理、专业化生产、自动化操作、标准化指导是现代肉鸡业的特征。

农业部办公厅关于印发《畜禽养殖标准化示范创建活动工作

方案》的通知（农办牧〔2010〕20号）中提出：2010年起在全国生猪、奶牛、蛋鸡、肉鸡、肉牛和肉羊优势区域（含农场）开展畜禽养殖标准化示范创建，通过创建活动的示范带动，力争到2015年，全国主要畜禽规模养殖比重在现有基础上提高10～15个百分点，其中达到标准化的规模养殖场占规模养殖场总量的50%，畜禽标准化规模养殖场生产水平进一步提高，排泄物基本实现达标排放或资源化利用，畜产品质量安全水平明显提升。

畜禽养殖场标准化创建的主要内容有：

1. **畜禽良种化** 因地制宜，选用高产优质高效畜禽良种，品种来源清楚、检疫合格。

2. **养殖设施化** 养殖场选址布局科学合理，畜禽圈舍、饲养和环境控制等生产设施设备满足标准化生产需要。

3. **生产规范化** 制定并实施科学规范的畜禽饲养管理规程，配备与饲养规模相适应的畜牧兽医技术人员，严格遵守饲料、饲料添加剂和兽药使用有关规定，生产过程实行信息化动态管理。

4. **防疫制度化** 防疫设施完善，防疫制度健全，科学实施畜禽疫病综合防控措施，对病死畜禽实行无害化处理。

5. **粪污无害化** 畜禽粪污处理方法得当，设施齐全且运转正常，实现粪污资源化利用或达到相关排放标准。

6. **监管常态化** 依照《中华人民共和国畜牧法》《饲料和饲料添加剂管理条例》《兽药管理条例》等法律法规，对饲料、饲料添加剂、兽药等投入品使用，畜禽养殖档案建立和畜禽标识使用实施有效监管，从源头上保障畜产品质量安全。

本书的编写立足于按照上述六项要求，以指导规模化肉鸡场生产和管理为出发点，以实现肉鸡安全生产为前提，从养殖设施、投入品管理、制度建设、饲养管理和卫生防疫技术、养殖场环境保护等方面进行系统介绍，并把示范性作为主旨引导标准化生产，借以提升肉鸡养殖上台阶。

本书在编写过程中力求相关内容和技术与现代生产要求的贴近，加强内容的实用性和可操作性，增强内容的规范性和标准化。在撰稿过程中参考了许多专家的资料，在此一并致谢。书中不妥之处敬请读者指正。

编者

2013 年 10 月

目　录

第一章　肉鸡场的选址与布局

肉鸡场的场址是生产设施的基础，养殖设施化就包含了科学地选择和规划场址，如果场址选择和布局不合理就达不到肉鸡标准化生产的基本要求。

肉鸡场的选址与布局关系到鸡场与外界之间的卫生防疫隔离、鸡场内环境条件的控制、鸡场内环境污染的控制和生产管理的操作。肉鸡场的选址与布局一旦确定下来就会长期使用，如果设计不合理则会在很长时期内对养鸡生产产生不良影响。

第一节　肉鸡场的选址

《中华人民共和国畜牧法》（以下简称《畜牧法》）第四十条规定，禁止在下列区域内建设畜禽养殖场、养殖小区：（一）生活饮用水的水源保护区，风景名胜区，以及自然保护区的核心区和缓冲区；（二）城镇居民区、文化教育科学研究区等人口集中区域；（三）法律、法规规定的其他禁养区域。

在农业部《规模化养殖场标准化示范创建——蛋鸡标准化示范场验收评分标准》中指出，养鸡场场址不得位于《畜牧法》明令禁止的区域；距离主要交通干线和居民区 500 米以上且与其他家禽养殖场及屠宰场距离 1 千米以上；符合用地规划。在“养殖设施化”中也提出养殖场选址布局科学合理，畜禽圈舍、饲养和环境控制等生产设施设备满足标准化生产需要。

在肉鸡场选址的时候必须考虑上述要求，否则就可能会影响到生产安全，也无法得到政府的各种扶持。

一、防疫隔离要求

养鸡场是一个既容易被污染又容易对周围环境造成污染的地方。这种污染对养鸡生产最大的威胁是外来的病原微生物，如果有外来的病原微生物进入鸡场就可能感染鸡群而导致疫病的发生；外界产生的废水、废气、废渣也可能通过土壤、水和空气等途径对鸡体产生危害，影响鸡群健康；同时，鸡场产生的各种污染物也会污染周边环境。隔离就是将鸡场建成一个相对独立的场所，与外周人员车辆密集的场所、污染物排放的重要场所保持足够的距离，减少相互的影响。

（一）肉鸡场隔离的重要性

当今肉鸡生产中最大的问题是疾病，而一些传染病所导致的死亡是造成肉鸡死亡率偏高的主要原因。通过合理的隔离把肉鸡场选择在一个相对僻静的、与外界有良好隔离条件的地方，可以减少无关人员和车辆的靠近或进入，避免人员和车辆频繁靠近或进出鸡场而把外源性病原体带入鸡场内，这能够在很大程度上减少肉鸡传染病的发生，尤其是在疫情流行的时期。

肉鸡生长速度很快，任何应激的发生都会造成肉鸡生长停滞或减慢，这也意味着肉鸡的出栏体重会减小或出栏期推迟。与外界有良好的隔离能够使鸡场的环境相对安全，一方面能够使场区内保持安静，减少鸡群受惊吓，减少应激反应；另一方面能够减少各种外界因素对生产安全造成的干扰。

肉鸡场处在一个与外界隔离良好的环境中，能够减少外环境中的各种污染（如空气污染、水污染等）对鸡群健康产生的不良影响。由于空气污染或地下水污染而造成肉鸡生产性能下降、死淘率升高、产品质量安全问题发生的情况时有发生。此外，良好的隔离也能够减少生产过程中产生的污染对外界的影响，一个规模化肉鸡场周围300米的范围内空气中的粉尘和有害气体含量，蚊蝇、鼠雀的数量都显著高于距离超过500米的地方。

（二）肉鸡场选址对隔离的要求

在肉鸡场场址选择的时候，与其他养殖场、交通干线、人员和车辆密集的场所、水源地、其他污染型企业之间的距离是非常重要的评价指标，如果不符合要求则可能产生相互的污染问题，在标准化建设方面是否决性项目。

1．与自然保护区、水源保护区，风景名胜区保持距离　在《畜牧法》中有明确规定，在这些区域不允许建养殖场，肉鸡场的选址与这些区域的外边界至少要保持2 000米以上的距离。

在一些地方有的养殖场建在城市水源地附近，养殖过程中产生的污物、污水对河流造成污染，对水源安全形成威胁而被强制关闭，而由于这种原因被关闭或拆迁是很难获得补偿的。

2．与其他养殖场和屠宰场的距离　肉鸡场与其他养殖场和屠宰场之间的距离不小于1 000米。养殖场在生产过程中产生大量的粪便、污水和病死鸡，这些污染物中所含的病原体、有害元素等会随空气流动、水的流动以及野生动物的活动而将病原体扩散到周围环境中，如果养殖场周围有良好的自然隔离条件则病原体的扩散范围可能不超过500米，如果隔离条件差其扩散范围有可能超过500米。一般认为，在正常情况下其扩散范围不超过1 000米。能够保证与其他养殖场之间有1 000米以上的距离则对鸡场生产是相对安全的。

屠宰场同样是产生微生物污染的重要场所。送宰的畜禽有可能携带有病原体，屠宰过程中产生的血污、肠道内容物等也可能通过各种途径扩散到周围环境中，同样会对周围的养殖场造成威胁。

如果肉鸡场的选址处于其他养殖场或屠宰场的下游或下风向，则隔离距离需要更大。

在很多肉鸡生产相对集中的乡镇，鸡场之间的距离很近，有的不足 200 米，这种情形对于肉鸡安全生产是个很大的威胁，一个场发生疫情可能会在较短时期内造成大面积发病，很难控制。

3. 与村庄、集市等人员车辆密集地区的距离 要求肉鸡场与村庄、学校、贸易市场、医院等人员车辆密集的地方保持 500 米以上的距离，目的是为了减少人员流动对鸡场可能造成的疫病威胁和其他安全问题。同时，也能够减少鸡场产生的污染物对人们的生活造成的不良影响。

由于与村镇相距较近，鸡场的异味会影响到群众的正常生活，由此发生的争执和纠纷也时常见诸媒体。而且，其结局一般都是养殖场关闭或搬迁。

4. 与交通主干道的距离 肉鸡场与主要道路之间要有 300 米以上的距离。交通主干道通常是指国道和省道以及那些车流量大的公路，由于车流量大、行驶的车辆出发地和目的地范围广，车辆是否来自疫区或途中经过的地区是否为疫区都是未知的，车辆以及运载的货物很有可能携带有病原微生物。如果鸡场与交通主干道之间的距离小，车辆及货物表面携带的病原微生物就可能会随粉尘飘进鸡场而危及鸡群健康。此外，车辆行驶过程中产生的噪声（尤其是汽车喇叭声）也会对鸡群造成应激。

在当前存在的重要隐患是，当一个鸡场发生疫情的时候（尤其是难以治疗的疫病），很多鸡场主往往是将鸡群淘汰，运往其他地方销售，这些运输鸡（包括病鸡和已经感染的鸡）的车辆在途中掉落的鸡毛、鸡粪都可能含有病原体。如果鸡场离主干道近，这些污染物对鸡群的威胁就更大。

5. 与其他工矿企业的距离 其他工矿企业包括各种化工厂、

造纸厂、机械厂等，它们生产过程中可能会产生大量的废气、废水、废物，还可能产生大的噪声。一般要求肉鸡场与其他工矿企业的距离不小于1 000米。

图1－1是桂林大发肉鸡场鸟瞰图，图1－2是蓝田福润肉鸡场规划图。

图1－1　桂林大发肉鸡场鸟瞰图

二、用地规划要求

搞好规模养殖用地规划是落实耕地保护制度、规范土地管理的需要，是发展规模化标准化养殖、改善农村生活环境的需要，是提高养殖效益、增加农民收入的需要。在规划布局畜禽规模养殖用地时，要坚持鼓励利用废弃和荒山荒坡等未利用地、尽可能不占或少占耕地的原则，充分考虑规模化畜禽养殖发展的需要，预留用地空间，提供用地条件，积极推行标准化规模化养殖，合理确定用地标准，节约集约用地。

图1－2　蓝田福润肉鸡场规划图

（一）向村民或土地所有者租用

如果初步选择好肉鸡场的场址，就需要与土地承包人或土地所有者进行商谈，确定双方都能够接受的租金。达成意向后要向土地主管部门申请。

（二）向地方政府申请

建设肉鸡场租用土地需要向乡镇及县（市）土地主管部门申请，确定租用土地的位置、面积、租用期、租金及支付方式，污染治理方式，建筑物类型，复垦要求等。只有在地方土地主管部门同意的情况下才能确定与土地所有者或承包者签订合同。

当前，很多地方都在实施土地流转政策，鸡场投资者也可以提前与地方政府主管部门就这些政策进行咨询。

（三）用地规模

肉鸡场由于生产性质、规模、养殖方式不同，其用地规模有很大差别。

以一个采用网上平养方式的白羽快长型肉鸡场为例，如果每批出栏肉鸡10万只（年出栏50万只），需要占地30～40亩；如果建一个存栏 3 万只白羽肉种鸡的场，则需要占地 30 亩左右。

作为养鸡场必须把土地使用相关手续保存好以备查验。

三、地形地势要求

（一）地形要求

地形是指地貌和地物的统称。地貌是地表面高低起伏的自然形态，地物是地表面自然形成和人工建造的固定性物体。

肉鸡场场址要选在地势相对平坦的地方，这样能够保证鸡舍的地基处于一个水平面上，方便施工和生产操作。如果在山区选址，也要考虑到尽管全场地形有变化，但是具体到某个鸡舍所处位置的地形要相对平坦。

地块的形状也是需要考虑的问题，要有利于提高鸡场所占地面的利用效率，有利于保证同一个场内各鸡舍内可利用面积的相似，有利于提高自动化生产设备的利用效率。

如果在一个明显的不规则场地修建肉鸡场，可能有的鸡舍长度长、有的短，如果使用自动喂料系统则该系统有料线适宜长度要求，短了则利用效率低，长了增加机械设备运行负担、缩短使用时间。纵向通风系统也有同样的情况，一般在长度 70 米左右的鸡舍使用效果较好，长度太短或太长都会降低效率。

（二）地势要求

对地势的总体要求是地势高燥，排水便利，采光和通风良好。

地势较高一方面能够保证雨后场区内的雨水很快排出，如果出现积水则会造成环境潮湿，鸡群对潮湿的环境很不适应。另一方面生产污水也能顺利排放，减少污水在场区内蓄积而对土壤和地下水造成污染。此外，地势高燥有助于保持鸡舍内的干燥，减少垫料潮湿造成的疾病增多问题。

在平原地区选择肉鸡场场址必须在地势较高的岗上，把排水作为主要的考虑项目，防止场区内长期积水。曾有一些教训显示，由于肉鸡场地势不高、雨后积水明显，造成有窗鸡舍内地面垫料潮湿，肉鸡的球虫病、大肠杆菌病、曲霉菌病和传染性法氏囊炎等传染病频发，影响肉鸡的生长速度、成活率和鸡肉质量安全。

在山区及丘陵地区建设肉鸡场场址应选在地势较为平坦的向阳山坡，不宜在坡底及沟口建场，谷地也不适宜（这样的地方或通风不良或冬季风速过大，夏秋季节也易受水患）。南坡向阳，场区接受阳光充足，杀菌效果好，也易于保持干燥，冬季温度也较高。

在选择场址的同时要了解场址位置以往的情况，该区域是否受污染；了解地质情况，如地面的透气透水性、抗压性，是否是地质断裂带，是否为填埋场地等。

四、水电条件

这是一个肉鸡场所需的基本条件，是生产中无法离开的条件。

（一）水源条件

肉鸡场的水消耗量也很大，用水的方面包括鸡群饮用、人员使用、鸡舍的冲洗消毒、树木和草地的浇灌等。一只21日龄的肉鸡每天消耗水的量约为230毫升，如果存栏10万只的肉鸡场则每天鸡群消耗约23立方米的水。鸡群的用水量约为鸡场用水量的60%，这样的鸡场每天总耗水量约38.5立方米。

鸡场要求水源充足，水质良好，水源中不能含有病菌和毒物，无异味，清新透明，符合饮用水标准。鸡场的水源要便于保护，使其不受到工业污染、有机物和微生物污染。

目前，绝大多数的肉鸡场用水都来自地下水，按照要求应该使用深井水，水井的深度不小于70米以保证水的质量。地表水和浅井水容易受到污染。

（二）电力供应

电源对鸡场是非常重要的，很多生产和生活环节如孵化、育雏、通风、人工光照、加热、供水、喂料等都离不开电。电力供应不足或停电，都会给鸡场造成严重损失。要求采取双路供电，并自备发电机，以保证场内供电的稳定性和可靠性。

尤其是目前有不少肉鸡场采用密闭式鸡舍，一旦停电就会造成照明、通风设备无法运行，影响鸡群生活，严重时（如在夏季高温情况下）可能造成鸡群大量死亡。

五、远离噪声

噪声是由多种音调组成而无规律的复合声，如敲打声、撞击声、流水声、沙沙声等。鸡舍的噪声可由外界传入，如飞机的轰鸣声、火车的汽笛声、汽车的喇叭声、雷鸣、鞭炮声等；场内和舍内机械声，如风机、除粪机、喂料机及饲养管理工具的碰撞声等；鸡体自身产生，如鸣叫、采食、打斗等。

噪声的刺激会引起鸡只惊恐不安，采食量下降，拉稀，整个鸡群的发病率和死亡率上升；肉鸡生长速度减缓，肉质下降。突然出现的高分贝异常声响最容易导致肉鸡发生应激。

肉鸡场选址要远离噪声源地，如交通干线、采石场、铁路、飞机场等场所。避免噪声对肉鸡生产的影响。

确定肉鸡场场址应注意以下几个环节：

（1）有利于鸡场环境控制。鸡场应远离铁路、交通要道、车辆来往频繁的地方300米以上，距次级公路200米。同时为了给鸡群营造一个比较僻静的环境，也应注意不要使鸡场处于中、小学校的附近和大多数学生必经之路。

（2）有利于居民环境保护。鸡场应远离居民点500米以上，远离农村卫生院、疗养院等以免鸡场气味污染环境和居民区。如有困难，应从植树、挖沟等方面建立防护设施加以解决。

（3）防止工业公害污染。鸡场应远离城市、工矿企业的三废“废水、废气、废弃物”的污染，两者之间必须有一定的间隔，鸡场宜设置在城市的远郊。

（4）节约占用农田。鸡场场地面积的拟定应本着节约用地，少占农田，不占良田的原则，尽量利用山区岗地、河滩荒地等无农耕价值的地段建场。

（5）注意自然隔离。肉鸡场选址最好是其周围有大片的农田或树林，因为生长阶段间的农作物和树木能够吸附大量的粉尘、有害气体和噪声，能够有效阻断周边疫情的扩散或疫情向周边扩散。

第二节　肉鸡场的基础设施

一、水源与供水设施

肉鸡生产中需要持续地消耗水，如果出现缺水现象就会导致肉鸡采食减少、生长速度下降，缺水时间长则可能影响肉鸡的健康甚至导致死亡。因此，肉鸡场必须有稳定的水源，有充足的水量。水质同样会影响肉鸡的健康和生产，如果水质不达标则会对鸡群造成长期的不良影响。

（一）水源要求

1. 地下水　鸡场用水主要是使用地下水，通过水井取水。浅井水的质量没有保证，即便是初期水质符合要求，但因为容易被污染，使用几年后就可能不达标。因此，井的深度应不少于70米。

鸡场所处位置对地下水的质量影响很大，如果鸡场及周围没有垃圾填埋场、被污染的河流，土壤中不含过量的某些元素，地下水相对而言是比较安全的。但是，如果土壤被污染则地下水被污染的可能性很大，如某地在一个废弃的铅锌冶炼厂旧址上建了一个肉鸡场，使用的水井深度30米，经过水质监测就发现有铅含量超标的现象。

在鸡场内也要合理确定水井的位置，水井的位置尽量远离鸡舍和贮粪场、排污沟及雨后容易积水的低洼处，这样有助于预防井水受地面污染的影响；井台要高出地面50厘米以上以防地面水流入井内。有的鸡场在场区内确定水井位置时考虑不周，造成水质不达标，不得不更换水井的位置。

2. 地表水 地表水（池塘、水库、沟河等）容易受污染，不能直接作为鸡群的饮用水。如果作为鸡场用水的水源（池塘、水库）则必须经过沉淀、消毒和过滤处理。如果是被污染的地表水无论如何也不适宜作为肉鸡的饮用水使用。在一些没有工业企业的山区，绿化较好，修建的水库内的水质良好，可以经过过滤后用于养鸡。

一些在山沟采用放养方式的肉鸡场可以考虑使用流动的溪水直接供鸡群饮用，但是必须是没有被污染的，而且要考虑到雨季山沟内溪水上涨和浑浊的问题，提早做好预案。

（二）水质要求

目前，尚未有肉鸡生产用水的水质标准，通常采用人饮用水卫生标准作为肉鸡饮水的水质控制标准，可以参考表1－1。

表1－1 饮用水卫生标准

污染物、矿物质或离子	平均水平	可接受的最高水平
细菌总数	0	100CFU/毫升
大肠杆菌	0	50CFU/毫升

续表

污染物、矿物质或离子	平均水平	可接受的最高水平
pH 值	6.8～7.5	6～8
总硬度	60～80 毫克/升	100 毫克/升
钙	60 毫克/升	
氯化物	14 毫克/升	250 毫克/升
镁	14 毫克/升	125 毫克/升
硝酸盐	10 毫克/升	25 毫克/升
铅	0	0.02 毫克/升

注：CFU 为单位体积中的活菌个数。

由于水质不达标而造成肉鸡健康方面出问题的情况时有发生。因此，肉鸡场的用水需要定期进行检测，保证饮水质量符合要求。每次的检测结果要存档，一旦发现有不合格项必须及时分析原因并采取措施。

硬度表示水中钙离子和镁离子的含量，这些物质的最大问题是容易形成水垢。水垢会使管道内容积变小从而影响乳头饮水器的正常使用，同时还会降低消毒剂和清洁剂的效力。使用水软化剂可以用来降低水的硬度。

普通饮水中含有的重金属离子（如铅、铁、汞、镍、镉、砷、锑等）和氧化还原物质、酸碱离子等都会同某些药物产生不可逆的复杂化学反应，特别是对不稳定的头孢类药物、阿莫西林、氨苄青霉素、多西环素、土霉素等，其干扰作用更为明显；高硬度水也会与四环素类抗生素等药物产生反应，使药效降低。当药物与金属离子发生不可逆的结合反应后，使药物在没有进入机体之前便已经被破坏、失活，从而大大降低了药物在水中起到治疗作用的药物浓度，最终导致临床治疗效果不明显。水中含有的重金属离子还会影响饮水免疫的效果。

水中的病原体有细菌、病毒或寄生虫，可能来自被污染的土壤以及地表水渗入井水中。如果水源有问题或者鸡只生产性能较差，建议对饮水进行细菌检测。例如大肠杆菌总数和需氧菌总数。大肠杆菌一般来源于有机物，如腐烂的植物，绝大多数情况下来自于温血动物的肠道。一旦有害细菌或大量的非致病菌存在于水源中，那么鸡只的生产性能就会受到威胁。通常以检验水中细菌总数和大肠杆菌总数来间接判断饮用水受污染的程度，一般要求每毫升家禽饮用水中细菌总个数不超过1 000个，大肠杆菌个数不超过10个。

使用过滤（净化）设备对饮水进行预处理是保证饮水质量的重要手段。

（三）供水设施

1. 用水储存建筑　鸡场储水设备包括水泵、水塔和水池，目前很多鸡场使用的是无塔供水设备（图1－3）。

图1－3　供水设备（左为水塔，右为无塔供水设备）

水塔是常用的供水设备，水泵将井水抽出后进入水塔贮水池，贮水池的容量约为20立方米。然后再通过供水管网将贮水池内的水送往各个用水场所。为了保证水管内合适的压力，水塔贮水池底部应该比用水场所最高部位的水龙头高出5～8米。

无塔供水设备采用气压式供水，是利用密封罐体，使局部增压达到供水目的。具体工作顺序是由水泵将水通过逆止阀压入罐体，使罐内气体受到压缩，压力逐渐增大。当压力达到指定上限时电接点压力表通过控制柜使泵机自动停止。设备中的水压高于外界压力，自动送至供水管网。当罐体内水位下降，气压减小到指定的下限位置时，电接点压力表通过控制柜使水泵重新启动。如此反复，使设备不停供水。当罐内气体不足时，补气阀可自动补气。

存栏成年肉种鸡 5 万只的鸡场需要安装水罐容量为 20 ~ 25 吨的无塔供水设备，可以根据需要分成两个井。

2. 供水管网 包括主水管和支水管，主水管是从水塔到各个小区之间的较粗的水管，支水管则是各个小区内不同用水的鸡舍或房间与主水管连接的较细的水管。主水管通常在室外，支水管一部分在室外，一部分在室内。室外部分尽量埋在地下 1 米左右的深度，以保证其冬季不受冻，夏季不被暴晒，同时也不影响通行和美观。

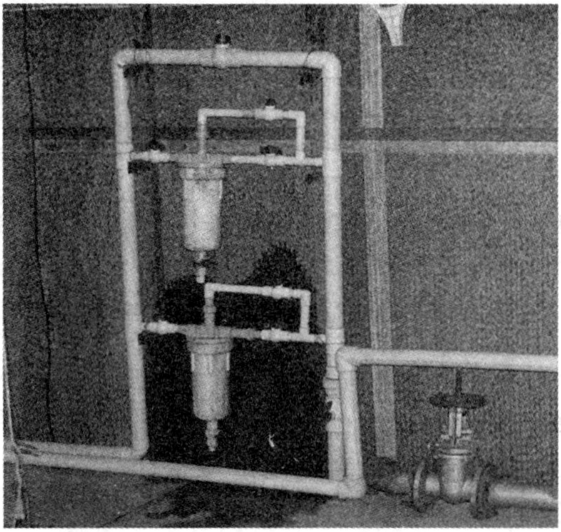

图 1－4　安装在鸡舍内的自来水过滤器

为了保证水的质量可以安装水过滤器。可以在每个鸡舍内的支水管上安装小的过滤器（图1－4），也可以在总水管上安装大型过滤器（图1－5）。

图1－5　安装在总水管上的自来水过滤器

二、电力供应

规模化肉鸡场用电量较大，需要有独立的变压器；小型肉鸡场和养殖户则需要与其他用电部门和单位共用变压器。

（一）用电申请

规模化肉鸡场在进行鸡场规划设计的初期就应向当地电力部门提供用电工程项目申请及有关的用电资料，包括用电地点、电力用途、用电性质、用电设备清单、用电负荷、保安电力、用电规划等资料，并依照供电企业规定的格式如实填写用电申请书及办理所需手续。新建用电工程项目在立项阶段，客户应与供电企业联系，就工程供电的可能性、用电容量和供电条件等达成意向性协议，方可定址确定项目。

（二）肉鸡场用电情况

1. 肉鸡场的用电项目 用电项目包括：风机、鸡舍照明和场区与生活办公区照明、网络运行，孵化、育雏室加热、取水、消毒、自动供料和清粪等设备运行、饲料加工、办公等项目。其中，人员生活和办公、孵化、通风与饲料加工用电要优先保证。

2. 肉鸡场的用电量 由于不同的肉鸡场生产项目不同，如在种鸡场有育雏、育成环节、成年种鸡养殖环节，有的还附属孵化厂、饲料加工车间等，而在肉仔鸡养殖场则仅有肉鸡舍而没有其他项目，因此在用电量方面有很大差异。以一个生产项目完整的存栏成年种鸡 3 万只的肉种鸡场为例，需要安装容量为 150 ~ 200 千伏安的变压器；而在一个每批出栏 10 万只（年出栏 50 万只）的商品肉鸡场则只需安装一个 100 千伏安的变压器。这些只是参考数字，具体的要按照用电项目、用电设备总功率等请电力方面的专业人员确定变压器的大小。

除一般的供电措施外，规模稍大点的鸡场以及孵化场都应有各自电源（发电机）以应急。

三、交通条件

规模化肉鸡场鸡的存出栏数量很大，年出栏 30 万只以上的肉鸡场所占的比例很高。鸡场规模越大则投入品和产出品的数量也越多，如一个每批存栏 10 万只的肉鸡场，42 天内的饲料消耗量约为 450 吨，出栏肉鸡重量约 230 吨，垫料和粪便重量约 200 吨，物品的运输量很大；工作人员的生活用品也需要经常运送。如果鸡场建在一个交通闭塞的偏僻地区则物质的运输会有很多困难。交通便利是必不可少的条件，且有利于减少运输费用和产品的途中损耗。

肉鸡场选址要与交通要道保持一定的隔离距离，但是还要有较好的交通条件，以便物品运送。通常要求鸡场与交通要道之间有专门的道路连接，专用道路要求平坦坚实，能够保证运送饲料、鸡只、粪便的大型车辆通行。

靠近鸡场附近 3 000 米范围内的主干道两侧 1 000 米范围内不能有污染企业和被污染场所。从主干道到鸡场之间的专用道两侧也不能有污染源和被污染的场所。

四、防疫围墙和出入管理

（一）防疫围墙

围墙是将鸡场与外界隔离的主要设施，可以阻挡人员及兽类动物进入鸡场内，还可以阻挡一些粉尘、羽毛等杂物，同时还能够防止外面的污水进入鸡场。

围墙一般用砖砌设，高度约 2.5 米。

有的肉鸡场没有建围墙，而用带刺的铁丝网作为围栏，在围栏的外面开挖一条宽约 2 米，深约 1.5 米的水沟，沟内的水深度约 1 米，用于防止人员和兽类动物进入鸡场内。

（二）出入管理

进出肉鸡场一般有两个大门，一个正门，一个后门。正门是人员和运送饲料、生活用品、机械设备的车辆进出的大门；后门是运送粪便、旧垫料和病死鸡到贮粪场的车辆和人员通行的门。

两个大门都是落实鸡场隔离的重要岗位，必须建立相应的规章制度，对进出的人员和车辆实行登记、消毒和限行制度，减少对生产区内环境的影响。

第三节　肉鸡场的场区布局

一、分区规划

（一）鸡场内的小区

不同类型的肉鸡场内各个功能小区的划分情况不一样，如在商品肉仔鸡场内一般只有生活管理区和生产区，而在肉种鸡场则有办公区、生活区、生产区和污物处理区。各个小区的功能不一样。

1. 办公区　包括鸡场办公室、车库、仓库、化验室、会议室、接待室等。这是一个既要与外界发生联系，又要管理鸡场内务的特定区域。因此，办公区要考虑到既与外界联系方便又与生产区联系方便，但要与生产区隔离，能够有效控制非生产人员进出生产区。通常，办公区一般靠近鸡场大门的位置。

2. 生活区　包括宿舍、食堂、文娱活动室、洗浴房等，是鸡场工作人员的生活场所，位于办公区和生产区之间，相互都有一定的隔离措施。

3. 生产区　是鸡舍建设的区域，也是鸡场内占地面积最大、防疫隔离要求最严的区域。种鸡场和商品肉鸡场的生产区规划不一样。

种鸡场的生产区内一般进一步划分为两个小区，即育雏育成区和成年鸡养殖区。也有一些采用平养方式的白羽肉种鸡场，种鸡从雏鸡接入鸡舍到产蛋结束淘汰整个生产环节都在一个鸡舍内，不再划分小区。

在商品肉仔鸡场的生产区也都是同样的鸡舍，也没有再进一步划分。

生产区入口处应设消毒池和更衣室，进入生产区的任何人都要穿戴工作服、工作帽、工作鞋，谢绝外来人员参观。

4. 污物处理区　主要用于存放粪便、处理病死鸡。

（二）功能小区的布局

鸡场内各功能区及建筑物的合理布局是减少疾病和有效控制疾病的基础。在进行场地规划时，主要考虑人、鸡卫生防疫和工作方便，根据场地地势和当地今年主风向（可向当地气象部门了解），顺序安排各区（图1－6）。

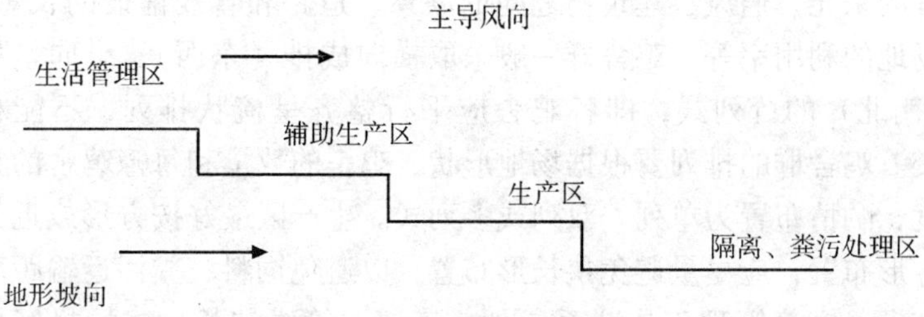

图1－6　鸡场内小区规划布局示意图

在场内布局的时候要注意人员优先，把办公生活区放在上风向和地势较高的位置；污物处理区放在下风向和地势相对较低的地方，生产区在中间。如果是种鸡场，在生产区内各小区布局时优先考虑育雏育成区的位置，要放在上风向和地势较高的位置，因为它们的抗病力弱、污物的产生量小。

肉鸡场场内布局要注意以下几点：

（1）生产区与生活和行政区之间要设置严格的隔离设施，包括隔离栏、车辆消毒房、人员更衣及消毒房等。生活区与行政管理区之间设10米宽的绿化隔离带。

（2）生产区内净道污道分开。两道分别设置在鸡舍的两端。

（3）鸡舍间距不少于20米；鸡舍末端与围墙之间不少于5米。

（4）死淘鸡焚烧炉设在污物处理区；贮料罐建在净道一侧。

（5）办公室、库房、洗衣房、蛋库、锅炉房、配电室、水塔等设在行政管理区内，宿舍、餐厅设在生活区。

（6）鸡场大门设在靠近行政管理区办公室最近处。附建门卫和消毒房、消毒池。

二、鸡舍配套设计

1. 鸡舍的排列 鸡舍排列的合理性关系到场区小气候、鸡舍的采光、通风、建筑物之间的联系、道路和管线铺设的长短、场地的利用率等。鸡舍群一般采取横向成排（东西）、纵向呈列（南北）的行列式，即各鸡舍应平行整齐呈梳状排列，不能相交。鸡舍群的排列要根据场地形状、鸡舍的数量和每幢鸡舍的长度，酌情布置为单列、双列或多列式。生产区最好按方形或近似方形布置，应尽量避免狭长形布置，以避免饲料、粪污运输距离加大，饲养管理工作联系不便，道路、管线加长，建场投资增加。

鸡舍群按标准的行列式排列与地形地势、气候条件、鸡舍朝向选择等发生矛盾时，也可将鸡舍左右错开、上下错开排列，但要注意平行的原则，避免各鸡舍相互交错。当鸡舍长轴必须与夏季主风向垂直时，上风向鸡舍与下风向鸡舍应左右错开呈“品”字形排列，这就等于加大了鸡舍间距，有利于鸡舍的通风；若鸡舍长轴与夏季主风方向所成角度较小时，左右列应前后错开，即顺气流方向逐列后错一定距离，也有利于通风。

2. 鸡舍的朝向 鸡舍的朝向要根据地理位置、气候环境等来确定。适宜的朝向应满足鸡舍日照、温度和通风的要求。

在我国，鸡舍应采取南向或稍偏西南或偏东南为宜，冬季利于防寒保温，夏季利于防暑。例如，北京市夏季太阳辐射也以西墙最大，冬季以南墙最大，北京地区鸡舍的朝向选择以南向为主，可向东或西偏45°，以南向东偏45°的朝向最佳。

这种朝向需要人工光照进行补充，需要注意遮光，如加长出檐、窗面涂暗等减少光照强度。如同时考虑地形、主风以及其他条件，可以做一些朝向上的调整，向东或向西偏转15°配置，南方地区从防暑考虑，以向东偏转为好；北方地区朝向偏转的自由度可稍大些。

3. 鸡舍的间距 鸡舍间距的确定主要从日照、通风、防疫、防火和节约用地等方面考虑，根据具体的地理位置、气候、地形地势等因素做出。

一般要求鸡舍的间距应是檐高的2~4倍，有窗式鸡舍应为3~4倍，封闭式鸡舍一般为2倍。

三、场区内道路

1. 净道和污道 净道是日常生产过程中工作人员和运送饲料、药品、添加剂及其他生产资料车辆的通道。污道则是由鸡舍内清理出的粪便、旧垫料、病死鸡、淘汰的设备等运出生产区（或运送到污物处理区）的专用通道。

净道和污道在设计的时候要注意不能出现交叉（图1－7、图1－8）。净道前端与生产区大门相连，人员和车辆经过大门的消毒室后可以通过净道进入生产区，各个鸡舍的前端通过专用通道与净道相连。污道与鸡场的污物处理区大门相通，各个鸡舍末端的门通过专用通道与污道连通。

2. 道路宽度 规模化商品肉鸡场在肉鸡出栏时通常有大型车辆进入场区内运输肉鸡，平时也有大型车辆运送饲料，因此道路的宽度应该能够满足卡车顺利通行，一般净道的宽度约5米，污道约3.5米。场区内要设计车辆调头、转弯的位置。

3. 道路硬化 为了保证车辆通行的稳定性、便于冲洗消毒，要求鸡场内的道路要进行硬化处理，同时在道路设计的时候中间

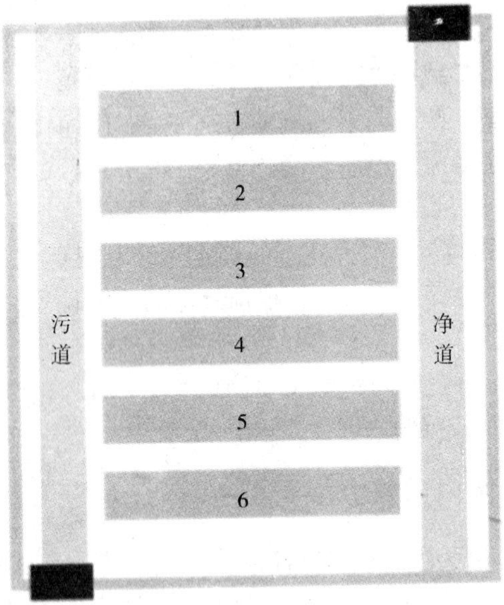

图 1－7　鸡舍按单列设计的净道和污道

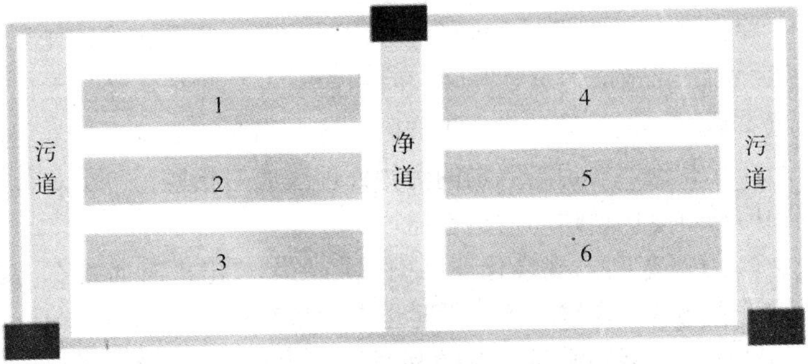

图 1－8　鸡舍按双列设计的净道和污道

部位略显凸起，以利于排水。

4. 场区排水　要求鸡场排水良好，雨水能够及时排出，场区不能在雨后出现积水，生产和生活污水也要能够顺利排放到指定场所。因此，在鸡场内要设置排水设施，常见的是排水沟，沿道路一侧或两侧设置封闭式排水沟，尽可能实现雨污分离。

四、生产工艺

按照标准化鸡场建设要求，肉鸡场要采取全进全出饲养工艺，要饲养单一类型的禽种，无混养。对于不同生产性质（商品肉仔鸡和肉种鸡）、不同类型（白羽快长型和优质型）的肉鸡场来说，其生产工艺存在一定的差异。

1. 饲养的禽种要单一　标准化肉鸡场只能在一个场内饲养一种肉仔鸡或肉种鸡。例如，在一个饲养白羽快长型肉种鸡的场内，不能同时饲养两个配套系的肉种鸡，而且要求种鸡的代次要一致，即在祖代种鸡场内不能再饲养父母代种鸡或商品肉仔鸡，只能饲养单一配套系的祖代种鸡。同样，对于优质肉鸡生产也是相同的要求。

2. 实现全进全出管理制度　全进全出制是当今肉鸡生产的重要特征，是指在一个鸡场内所有的鸡舍只饲养同一个批次（日龄、品种、来源均相同）的肉鸡，全场在同一个时期内采用同一个饲养管理和卫生防疫规范与制度，当饲养到一定日龄（肉仔鸡到出栏日龄、肉种鸡到淘汰日龄）时全场的鸡只在1～3日全部出栏。这种管理制度的优点在于全场采用相同的饲养管理制度和同样的生产原料，所有的生产管理措施都一样，鸡群出栏后能够集中时间清理鸡舍并进行消毒和闲置，能够有效切断疫病的传播途径，是实现安全生产的重要措施。

（1）肉仔鸡全进全出制度：对于饲养肉仔鸡的场来说这项制度容易落实，即在一个养殖场或养殖小区内，所有鸡舍同时进鸡，饲养到规定时间同时出栏。

（2）肉种鸡全进全出制度：如果一个种鸡场在一个时期只

饲养一批肉种鸡，那么这个场就可以完全实施全进全出制度，这种情况在一些祖代种鸡场实施得比较好，如河南开封大丰肉鸡祖代场就是采用这种方式；在一部分父母代种鸡场也是这样做的。但是，对于大多数父母代种鸡场来说，为了适应不同季节的供种要求，常常饲养2～3批种鸡，保证每个季节都有一定数量的种鸡在产蛋，保证种蛋的稳定供应。这样的场没法实行真正意义上的全进全出制，只能是对于某一个或某几个鸡舍来说，一定范围内实行全进全出制。

五、场区绿化

鸡场植树、种草绿化，对改善场区小气候、净化空气和水质、降低噪声等有重要意义。在进行鸡场规划时，必须规划出绿化地，其中包括防风林、隔离林、行道绿化、遮阳绿化、绿地等。

防风林应设在冬季主风的上风向，沿围墙内外设置，最好是落叶树和常绿树搭配，高矮树种搭配，植树密度可稍大些；隔离林设在各场区之间及围墙内外，应选择树干高、树冠大的乔木；行道绿化是指道路两旁和排水沟边的绿化，起到路面遮阳和排水沟护坡的作用；遮阳绿化一般设于鸡舍南侧和西侧，起到为鸡舍墙、屋顶、门窗遮阳的作用；绿地绿化是指鸡场内裸露地面的绿化，可植树、种花、种草，也可种植有饲用价值或经济价值的植物，如果树、苜蓿、草坪、草皮等，将绿化与肉鸡场的经济效益结合起来。

国内外一些集约化的养殖场尤其是种畜种禽场为了确保卫生防疫安全有效，场区内不种一棵树，其目的是不给鸟儿有栖息之处，以防病原微生物通过鸟粪等杂物在场内传播，继而引起传染病。场区内除道路及建筑物之外全部铺种草坪，仍可起到调节场区内小气候、净化环境的作用。

第二章　肉鸡场的设施与设备

在养殖场标准化示范创建的相关要求中，养殖设施化的重要体现是肉鸡场的鸡舍建筑和各种设备的配套情况。肉鸡场的设施与设备属于鸡场的固定资产，是鸡场建设时期的主要投资项目。固定设施建设是否合理关系到资金投入数量、资产折旧数额、鸡舍环境条件、是否有利于卫生防疫和饲养管理操作等。因此，在固定设施建设之前需要进行充分的论证，减少失误的发生。

第一节　肉鸡舍的设计与建造

鸡舍是肉鸡生活生产的场所，鸡舍建设的质量直接影响鸡舍内环境，而鸡舍内环境是鸡群感受最直接的环境条件，对鸡群的健康和生产影响很大。以往有不少的中小型肉鸡场鸡舍建造因陋就简，虽然成本低，但是鸡舍内环境控制不好，鸡群的健康和生产性能不佳。目前，很多企业已经注意到这一点，在鸡舍建设方面进行合理投资，使鸡舍内的环境条件能够有效改善，尽管投资会稍高些，但是鸡群的生产性能好，这些增加的部分投资很快就能够得到补偿。

一、鸡舍类型

肉鸡舍的类型较多，种鸡和商品鸡有差异；优质肉种鸡和白羽肉种鸡的差异更大。因此，确定鸡舍类型需要结合所饲养鸡群的特点。

（一）按饲养方式划分

1. 地面平养鸡舍 这种鸡舍适用于饲养商品肉仔鸡。鸡群直接生活在室内地面上，一般在地面上要铺设垫料（如稻壳、碎稻草、碎麦秸、锯末、刨花等）。

鸡舍的建造比较简单，在两端山墙上各有一个门，两侧壁设置窗户用于采光、通风；两侧壁也可以仅设立砖柱支撑屋梁，靠下部1米砌设砖墙，中上部则采用卷帘。屋顶材料采用彩钢瓦，常用“A”形屋顶结构。鸡舍的宽度变化范围较大，窄的5米左右，宽的可达20米左右，如果鸡舍的宽度大则可以在室内用砖砌设的立柱或水泥柱支撑屋顶（屋架）（图2－1、图2－2）。

图2－1 平养肉鸡舍

在一些饲养优质肉鸡的鸡场，建造平养鸡舍的时候还会在鸡舍的南侧墙壁下部留出若干地窗，供鸡群出入鸡舍。舍外用围墙

图2-2　肉鸡舍内支撑屋顶的立柱

或围栏围起一个面积是鸡舍面积1.5倍左右的室外运动场，让后期的鸡群可以到室外活动。

地面平养鸡舍在建造的时候要对室内地面进行防潮处理，并要求室内地面比室外高出40厘米左右，以利于保持室内干燥，也便于冲洗后排水。

2. 网上平养肉鸡舍　这种鸡舍的基本建设要求与地面平养肉鸡舍相同，只是在室内距地面50厘米的高度架设网床，让鸡群生活在网床上。网床的支架可以用金属框架，也可以用竹木结构；表面用金属网并在金属网的上面铺一层塑料网，也可以在框架的表面用钢丝拉紧，钢丝的距离为10厘米，上面直接铺一层塑料网。这种鸡舍一般用于饲养商品肉仔鸡（图2-3）。

肉仔鸡一直饲养在网床上，粪便通过网孔落在网床下面，鸡体很干净。当鸡群出栏后可将网床抬起清理粪便。也可以在网床下面安装自动刮粪板，每天进行清粪。

3. 高床式肉鸡舍　这种鸡舍与网上平养肉鸡舍相似，只是要将网床架高到距地面1.8~2米，在周口大用肉鸡公司的养殖小区基本都采用这种鸡舍。当鸡群出栏后，清粪人员直接将农用

图2－3　网上平养肉鸡舍

车开到鸡舍内的网床下进行清粪。

4. 两高一低肉鸡舍　这种鸡舍的形式与网上平养鸡舍相比只是鸡舍中间的三分之一设有网床，这里是地面。网床与地面之间通过阶梯供鸡只上下网床。这种鸡舍主要用于饲养白羽肉种鸡（图2－4、图2－5、图2－6、图2－7、图2－8）。

图2－4　两高一低肉鸡舍

两高一低肉鸡舍使用过程中，母鸡群的喂料和饮水设备都安装在网床上，公鸡的喂料设备安装在中间地面上（悬吊在横梁上）。鸡群多数时间在网床上活动和休息，一部分时间在地面活动，地面上铺一层垫料。

5. 笼养鸡舍　这种鸡舍主要用于饲养优质肉种鸡。育雏、育成和成年三个阶段的鸡群都饲养在鸡笼内。鸡舍的结构和蛋鸡场的鸡舍相同（图2－9）。

图 2－5 网床与地面

图 2－6 供鸡群上下网床的阶梯

（二）按密闭性划分

1. 有窗式鸡舍 在鸡舍的前后墙上设置一定数量和大小的窗户用于采光和通风，我国大部分养鸡场采用此种鸡舍。这种类型的鸡舍是采用自然通风和自然光照加人工光照的鸡舍，鸡舍内

图2-7　在地面活动的种鸡群

图2-8　在网床上活动的种鸡群

温度、湿度、光照、通风等环境因素控制得好坏，取决于鸡舍设计、鸡舍建筑结构的合理程度。

2. 密闭式鸡舍　这种鸡舍的前后墙上只设置少数几个应急

图2-9 优质肉种鸡笼养鸡舍（左为育雏育成舍，右为成年鸡舍）

窗，平时要堵严（不能透光和通风），鸡舍内的各种环境条件需要人为控制。这种鸡舍能给鸡群提供适宜的生长环境，鸡群成活率高，可较大密度饲养，但成本较高，一般适宜于大型肉鸡场和肉种鸡场。

3. 卷帘式鸡舍 鸡舍两端山墙用砖砌成，鸡舍前后不安窗，不砌墙，墙体结构除开间立柱和上下窗之间有90~95厘米悬墙（又叫侧壁护板）外，其余部分全部敞开。安装舍内层和舍外层两层卷帘布，卷起方向相反，从而可以在不同高度闭合，调节开放口，达到各种通风要求。夏季卷帘全部卷起，形成上部和下部两条通风带，组织气流形成“穿堂风”“扫地风”，有利于鸡舍散热；冬季夜间卷帘覆盖封闭，由于封闭良好，可以把鸡体散发的热量保存，使舍温不至于过低，白天随气温上升，开启卷帘有利于通风换气。

（三）按饲养鸡只类型划分

1. 商品肉仔鸡舍 川于饲养肉仔鸡，包括地面平养鸡舍、网上平养鸡舍，个别的还有笼养鸡舍。

2. 肉种鸡舍 用于饲养肉种鸡。包括饲养白羽肉种鸡的两高一低鸡舍和饲养优质肉种鸡的笼养鸡舍。

二、鸡舍的外围护结构

鸡舍的外围护结构包括屋顶和墙壁，是将鸡舍内外环境隔开的结构，外围护结构的设计、使用的材料不仅影响鸡舍的牢固性，而且对鸡舍内环境的控制效果、建筑成本都有直接影响。

（一）鸡舍的屋顶

鸡舍屋顶关系到夏季的隔热与冬季的保温效果，关系到鸡舍的牢固性。要求屋顶具有保温隔热效果好、重量轻、牢固耐用、防水、严密、易施工的特点。

1. 屋顶的形状 有关资料中介绍的鸡舍屋顶形状有很多种，在实际生产中常见的屋顶形状主要有“A”形屋顶和拱形屋顶，其他类型的屋顶很少使用。

2. 屋顶材料 屋顶材料类型很多，最常用的是彩钢瓦，其次是机制瓦、石棉瓦、波形铝合金板等。彩钢瓦要求中间泡沫的厚度为7厘米左右。

3. 屋顶设计 传统的屋顶设计常常在屋顶设置天窗用于通风和采光；而在现代肉鸡舍建造过程中普遍采用纵向通风和湿帘降温系统，要求屋顶具有良好的密闭效果以提高通风和降温效率。因此，当前无论是采用何种形状和材料的屋顶基本都不设置天窗，强调密闭性。

为了提高纵向通风和湿帘降温系统的效率，一些鸡场还在屋梁上装设天花板以减小梁下气流通过面积。并在屋檐下设置可以开关的进风口将室外空气引入天花板之上空间，在天花板的中间位置设置百叶窗，在冬季通风的时候室外空气先进入天花板之上被预温后再进入天花板下方到鸡身体周围，有利于防止鸡只受凉。

（二）鸡舍的墙壁

1. 墙壁的基本要求 鸡舍的墙壁应符合的要求为：结实耐

用、保温隔热效果好、表面光滑、防潮防火。

2. 墙体材料　鸡舍墙壁常用的材料有三种：机制砖、彩钢瓦和泡沫夹芯板。机制砖是传统的墙体材料，在新建的肉鸡场中仍然有一部分用机制砖进行砌墙，其保温隔热效果较好，而且比较结实耐用。彩钢瓦作为墙体材料一般要求使用钢架作为墙体的支撑，将彩钢瓦固定在钢架上，彩钢瓦的中间泡沫层厚度为 7 ~ 10 厘米（图 2 – 10）。泡沫夹芯板的外层有水泥材质的和玻璃钢材质的，也是保温隔热效果好、价格相对较低、施工方便的墙体材料。

图 2 – 10　彩钢瓦鸡舍墙体和屋顶

（三）鸡舍的门窗

门窗作为墙壁中的镶嵌部分均属非承重的建筑配件。门的主要作用是交通和分隔房间，有时兼有采光和通风作用；窗户的主要作用是采光和通风，同时还具有分隔和围护作用。

1. 门　鸡舍门有外门与内门之分，舍内分间的门和鸡舍附属建筑通向舍内的门叫内门，鸡舍通向舍外的门叫外门。

鸡舍内专供人出入的门一般高度为 2.0 ~ 2.4 米，宽度为 0.9 ~ 1.0 米。供人、鸡、手推车出入的门一般高 2.0 ~ 2.4 米，宽1.4~2.0米。但是，不同类型的鸡舍门的高度会有所差异，有的门高度可能只有1.6米左右。门的位置可根据鸡舍的长度和跨度确定，一般设在两端墙上；若鸡舍在纵墙上设门，最好设在向阳背风的一侧。

在寒冷地区为加强门的保温，通常设门斗以防冷空气侵入，门斗的深度应不小于2米，宽度应比门大出1.0~1.2米。

鸡舍门应向外开，门上不应有尖锐突出物，不应有木槛，不应有台阶。但为了防止雨雪水淌入舍内，鸡舍地面应高出舍外20~30厘米。舍内外以坡道相联系。

为了防止蚊蝇和鸟雀进入鸡舍，通常要安装纱网式门帘。要注意门的设计，在开门或关门的时候要能够防止发出大的响声，以防鸡群受惊。

2. 窗 鸡舍窗户可为木窗、钢窗和铝合金窗，形式多为外开平开窗，也可用悬窗或推拉窗。由于窗户多设在墙或屋顶上，是墙与屋顶散热的重要部分，因此窗的面积、位置、形状和数量等，应根据不同的气候条件和鸡群的要求，合理进行设计。考虑到采光、通风与保温的矛盾，在寒冷地区窗的设置必须统筹兼顾。

鸡舍窗户设计的一般原则是：在保证采光系数要求的前提下尽量少设窗户，以能保证夏季通风为宜。有的鸡舍采用一种导热系数小的透明、半透明的材料做屋顶或屋顶的一部分（如阳光板），这就解决了采光与保温的矛盾，但这种结构的使用还有待深入研究。在鸡舍建筑中也有采用密闭鸡舍，即无窗鸡舍，目的是为了更有效地控制鸡舍环境；但前提是必须保证可靠的人工照明和可靠的通风换气系统，要有充足可靠的电源。

3. 天窗 对于采用自然通风的鸡舍，有些在屋顶设置有天窗，一般每间隔1~2间房设置1个天窗。天窗的作用在于使室内上部的热空气从中逸出。天窗必须有遮雨的顶罩，有防止鸟雀进入的金属网，有调节通风量的挡板（图 2－11）。

图 2－11　天窗的结构

4. 地窗　采用地面平养方式的鸡舍可以设置地窗，供鸡只出入鸡舍以便于到舍外运动场活动。地窗的高度要高于鸡站立时头顶的高度，一般为 0.5～0.7 米，宽度 0.5～0.7 米。对于一些采用自然通风方式的鸡舍也有设置地窗的，地窗的规格略小。地窗一般设置在窗户的下面，每间房设置 1 个。

地窗要安装小门，用于调节通风量或阻挡鸡只出入或其他动物进入。门应向外开以不影响舍内的操作。

三、鸡舍的地面

1. 地面的要求　鸡舍地面要平坦（可以根据实际需要有一定的坡度）以利于冲洗、清扫和消毒，地面要防潮，容易干燥，阶梯式笼养鸡舍地面要坚实，能够防止粪水下渗并有利于清粪。

2. 地面设计要求　鸡舍内地面要比鸡舍外高 35～45 厘米，目的在于能够防止室外积水渗入舍内，舍内的水容易排出。

鸡舍地面要进行硬化处理，一般先用石灰和土混合后压实，再于表面用水泥砂浆硬化和抹平。经过硬化处理的地面平整光滑，冲洗后的水容易外排，打扫卫生也容易，也减少了地面的藏垢纳污问题。

地面要坚实，尤其是笼养鸡舍内设备重量大，地面坚实可以防止饲养过程中地面的不均匀下陷引起的笼具变形。

四、鸡舍的规格设计

鸡舍的规格主要是指其长、宽以及高度。

（一）鸡舍的长度设计

肉仔鸡生产大多数采用平养方式，鸡舍的长度主要考虑场地的形状、大小和生产规模，还要考虑自动料线、乳头式饮水系统和纵向通风系统的适宜工作长度。大容量鸡舍长度可能超过100米，小容量鸡舍的长度不足30米。在规模化肉仔鸡养殖场内，多数鸡舍的长度一般在50~80米。

鸡舍长度过长，影响机械设备的正常运行，也不利于保持鸡舍的牢固性。鸡舍长度太短会使许多机械设备不能发挥最佳效率。

（二）鸡舍的宽度设计

鸡舍宽度（也称跨度）受鸡场场地面积、形状、鸡舍排列、鸡舍容量等因素的影响，而且也与鸡舍的建造成本和屋顶重量、结构有很大关系。

平养（包括地面平养和网上平养）肉仔鸡舍和白羽肉种鸡舍的宽度可以在较大范围内变动，小的可以有5~8米，大的可以超过15米甚至在20米以上。平养鸡舍宽度超过10米的则需要在室内设置一排或多排立柱用于支撑屋顶。

笼养优质肉种鸡舍的跨度一般在7~10米，要考虑鸡笼的规格和鸡笼在舍内的布局以及走道的宽度。如果使用3层全阶梯全架鸡笼则笼的宽度一般为 2.2 米，走道约 0.8 米。若采用 2 列 3 走道布局，则 2 列鸡笼的宽度为 4.4 米，3 条走道的宽度为 2.4 米，要求鸡舍内的净宽度为 6.8 米（如果加上两侧壁的厚度则总宽度为 7.4 米，见图 2－12）。采用 3 列 4 走道时舍内净宽度为 9.8 米（如图 2－13）。如果采用 3 列 2 走道布局，即在鸡舍靠两侧墙壁放置 3 层全阶梯半架鸡笼（宽度约 1.15 米），中间为 1 列 3 层全阶梯全架鸡笼，则 3 列笼的宽度为 4.5 米，2 条走道的宽度为 1.6 米，要求鸡舍内的净宽度为 6.1 米。

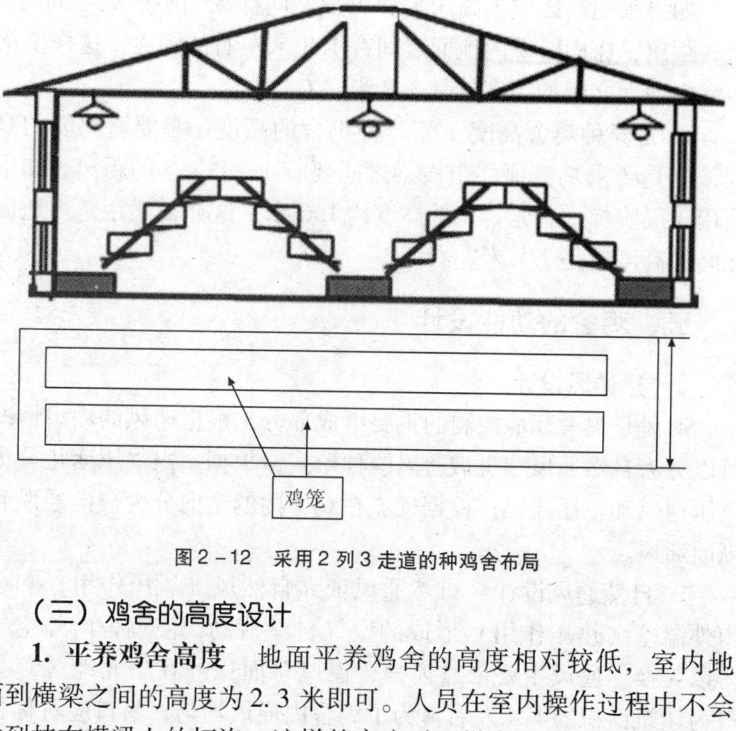

图 2－12　采用 2 列 3 走道的种鸡舍布局

（三）鸡舍的高度设计

1. 平养鸡舍高度　地面平养鸡舍的高度相对较低，室内地面到横梁之间的高度为 2.3 米即可。人员在室内操作过程中不会碰到挂在横梁上的灯泡。这样的高度对于纵向通风系统和湿帘降温系统来说也有利于提高运行效率。

图2－13　采用3列4走道的种鸡舍布局

网上平养鸡舍的高度略高于地面平养鸡舍，要求网床表面与横梁之间有2米的高度，而网床表面距室内地面之间约50厘米。这样横梁距室内地面之间的高度就是2.5米左右。

如果采用高床或半高床平养鸡舍，同样床面距横梁之间有2米的距离，床面距室内地面之间有1.8米左右的距离。这样横梁距室内地面之间的高度就是3.8米左右。

2. 笼养种鸡舍高度　笼养种鸡舍的高度一是要看鸡笼的高度，二是要求鸡笼顶部距横梁之间要有1～1.3米的距离。如果使用3层阶梯式鸡笼，笼的高度约1.6米，这样横梁距室内地面之间的高度就是2.8米左右。

五、鸡舍的功能设计

（一）通风设计

通风是鸡舍环境控制的重要组成部分，根据通风的动力情况可以分为自然通风和机械通风两种形式；根据室内气压变化分为负压通风和正压通风；根据气流在鸡舍内的走向分为横向通风和纵向通风。

1. 自然通风设计　自然通风依靠自然风（风压作用）和舍内外温差（热压作用）形成的空气自然流动，使鸡舍内外空气得以交换。通风主要依靠窗户，窗口总面积（在华北地区）一般为建筑面积的1/4左右。为了鸡舍内通风均匀，窗口应对称且均匀分布。为了调节通风量，还可把窗子做成上下两排，根据通风量要求开关部分窗户，既可利用自然风力，又可利用温差的通风作用。而在冬季，为了不让冷风直接吹到鸡，还可安装挡风板，使风速减低后均匀进入鸡舍。在窗户的内面要安装铁丝网，有利于防止野鸟类入舍和防止兽害等。自然通风的鸡舍跨度不可太大，以6~7.5米为宜，最大不应超过9米。

风压的作用大于热压，但无风时，仍要依靠温差作用进行通风，为避免有风时抵消温差作用，应根据当地主风向，在迎风面（上风向）的下方设置进气口，背风面（下风向）的上部设置排气口。在房顶设通风管是有利的，在风力和温差各自单独作用或共同作用时均可排气，特别在夏季舍内外温差较小的情况下，设计时风筒要高出屋顶60~100厘米，其上应有遮雨风帽，风筒的舍内部分也不应小于60厘米，为了便于调节，其内应安装保温调节板，便于随时启闭。

2. 机械通风设计 机械通风设计分为正压通风和负压通风。正压通风是通过风机把外界新鲜空气强制送入鸡舍内，使舍内压力高于外界气压，这样将舍内污浊的空气通过排气口排出舍外。负压通风是利用通风机将鸡舍内的污浊空气强行排出舍外，使鸡舍内的压力略低于大气压成负压环境，舍外空气则自行通过进风口流入鸡舍。

（1）横向通风：横向通风有正压系统和负压系统两种设计。正压通风系统是在鸡舍一侧墙壁上靠风机将外界新鲜空气吹入鸡舍内，使舍内空气因气压增大又自行由排气口排出舍外的气体交换方式，该系统可以用于温暖和高温季节鸡舍。

横向负压通风系统设计安装方式较多，较广为采用的主要是穿透式通风。穿透式通风是指将风机安装在一侧墙上，在风机对侧墙壁的对应部位设进风口（可以在进风口安装湿帘以利于夏季在通风同时降温），风机启动后将鸡舍内的空气吸出舍外使舍内形成负压，新鲜空气从进风口流入后，穿过鸡舍的横径，再排出舍外。一般的空气流速夏季为0.5米/秒，冬季为0.1~0.2米/

秒。一般横向通风的鸡舍跨度在6～15米。

（2）纵向负压通风：纵向负压通风是指将风机安装在肉鸡舍的末端山墙上，在鸡舍前端山墙或靠前端山墙的两侧墙壁上设立进风口，风机启动后将舍内空气抽出形成负压，新鲜空气通过进风口进入并穿过鸡舍的纵径排出舍外。在夏季高温时节，为使鸡舍有效降温，通常需在进风口安装湿帘，即湿帘降温。该通风系统具有设计安装简单、成本较低、通风和降温效果良好等优点，在当代养鸡生产上已广为采用。

纵向通风设计的关键是使鸡舍内产生均匀的高气流速度，并使气流沿鸡舍纵轴流动，因而风机宜设于山墙的下部；除进风口外，其他各处要密闭，如果有漏风则会形成气流短路，影响通风效果；鸡舍高度不宜太高，有条件的要设置天花板以缩小过流面积，提高通风效率。该系统适用于长度80米左右的鸡舍。

横向通风、纵向通风设计见图2－14，纵向通风风机安装见图2－15、图2－16。

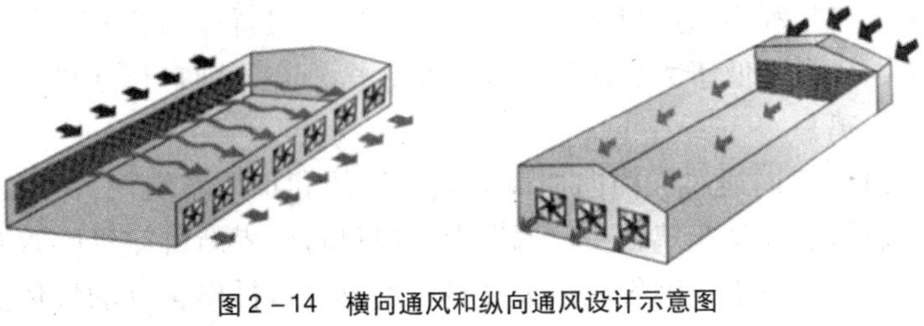

图2－14 横向通风和纵向通风设计示意图

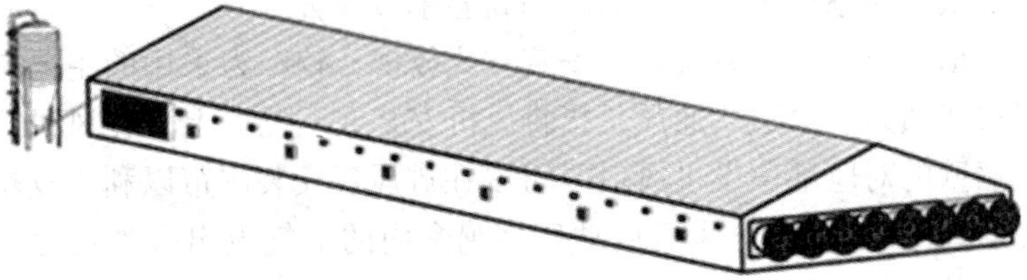

图2－15 肉鸡舍纵向通风风机安装示意图

图2－16　安装在鸡舍末端的风机

进风口设计是通风设计的重要内容，如果采用纵向通风需要将进风口设置在鸡舍的前端，中后部不能有进风的孔隙。进风口的面积是排风口面积的1.5倍以上。为了防止冬季通风时舍温下降过多，防止冷风直接吹到鸡身上，可以在鸡舍前1/3到1/4处设置天花板，屋檐下设置进风口，室外空气通过天花板上面的进风口先到达天花板之上的空间内。

（二）控温设计

温度是影响肉鸡生产性能的重要环境条件，尤其是极端的气候条件如夏季的酷热、冬季的严寒、早春的气温波动等都不利于鸡群的健康和生产。因此，鸡舍以及配套的设备应该能够有效调控鸡舍内的温度，为鸡群提供一个适宜的温度条件。

1. 加热设计　加热可采用燃煤热风炉、燃气热风炉、暖气、电热育雏伞或育雏器。不论采取哪种供温方式，保证鸡群生活区域温度适宜、均匀是关键。

火炉供温的最大优点是方便，升温快，但火炉易倒烟，污染舍内空气。热风炉供温方式的优点是升温快，但缺点是舍内干燥，相对湿度在35%左右，很难提高舍内湿度，不利于雏鸡健康（图2－17、图2－18）。火墙或火道供温方式，舍内无烟污染空气，卫生干净，昼夜供温均衡，温差相对减小，从燃料供应上讲，煤、木材均可，获取燃料方便。

图2－17　安装在舍外的热风炉

2. 降温设计　夏季高温会导致肉鸡增重减慢，饲料报酬率降低，成活率低，经济效益差，因此在鸡舍建设时应尽量采用保温隔热材料，并采取必要的降温措施。当环境温度超过32 ℃时，增加通风量并不能提供舒适凉爽的环境，唯一有效的方法是采用蒸发冷却法。常用的是湿帘降温法。湿帘降温的原理是由波纹状的多层纤维纸通过水的蒸发，使舍外空气穿过这种波纹状的多层

图 2－18　热风炉及配套设备

纤维纸空隙进入鸡舍时使空气冷却，降低舍内温度。有条件的地方如果用深水井的水浸泡湿帘，可以使鸡舍内的温度下降 6～14 ℃。

（三）光照设计

光照是构成鸡舍环境的重要因素，不仅影响鸡的健康和生产力，光照时间的长短和强度以及不同的颜色还会影响鸡只的性机能。为使舍内得到适宜的光照，通常采用自然光照和人工光照相结合。光照与温度一样，整个鸡舍要均匀一致，否则也会造成密度不均匀，最终影响鸡群的均匀度。

1. 自然光照　自然光照就是让太阳直射光或散射光通过鸡舍的开露部分或窗户进入舍内以达到照明的目的。自然光照的面积取决于窗户面积，窗户面积越大，进入舍内的光线越多。但采光面积不仅与冬天的保温和夏天的防辐射热相矛盾，还与夏季通风有密切关系。所以应综合考虑诸方面因素合理确定采光面积。窗户的安装位置也会影响采光效果，位置略高则鸡舍内能够被照亮的地方越大。

有些鸡舍在屋顶每间隔一段距离镶嵌一块白色玻璃钢板，这样能够使鸡舍内的光照更均匀。

2. 人工光照 人工照明可以补充自然光照的不足，而且可以按照动物的生物学要求建立人工照明制度。一般采用电灯作为光源。在舍内安装电灯和电源控制开关，根据不同日龄的光照要求和不同季节的自然光照时间进行控制，使鸡群达到最佳生产性能。

第二节 消毒设施

消毒设施是肉鸡场实施卫生防疫隔离、切断某些传播途径的重要条件，在保证肉鸡安全生产方面具有重要意义。

一、消毒池与消毒室

1. 消毒池 消毒池是对车辆进行消毒的设施，鸡场消毒池有多个，至少有鸡场大门消毒池、生产区大门消毒池、鸡舍门口消毒池、生产区与污物处理区之间消毒池等。

鸡场大门消毒池位于鸡场的大门处，一般的车辆要求停在大门外，凡是进入鸡场的车辆都需要通过大门消毒池进行消毒。

生产区大门平时关闭，只有当运送饲料、设备、雏鸡或出栏鸡只的车辆通过时才将生产区大门打开，车辆经过消毒池后才能进入生产区。

鸡舍门口的消毒池比较小，一般为 1 米长、50 厘米宽、7 厘米深，里面铺有麻袋片，消毒液的深度约 1 厘米，人员进入鸡舍之前要踩一踩消毒液浸泡的麻袋片，对鞋底进行消毒。

生产区与污物处理区之间消毒池是清理鸡粪和垫料的车辆进出生产区和污物处理区需要经过的消毒池，是减少从污物处理区进入生产区的车辆污染生产区的重要环节。

除鸡舍门口的消毒池比较简单外，其他消毒池都有建造要求：消毒池两侧有墙壁，上有顶棚，墙壁内侧和顶部安装有雾化喷头并与消毒泵相连。地面开挖消毒池，池的宽度与两侧墙壁相连，长度4米（能够保证过往车辆轮胎都被消毒液浸泡）、深度12厘米（两端有斜坡）。当车辆进入消毒池的时候，安装在门框上的光电感应器发生反应，启动消毒泵并将消毒液压入管道，以细雾的形式从雾化喷头中喷出，从顶部和两侧对车辆表面进行消毒；车辆经过消毒池时轮胎被池内的消毒液消毒。

2. 消毒室 消毒室主要是对人员和小件物品进行消毒的设施。作为一个规范化的肉鸡场其消毒室应该具备的小间包括：更衣室（一）、淋浴间、更衣室（二）、脚踏消毒过道和小件物品消毒间等。

更衣室（一）是工作人员进入生产区消毒室脱掉日常服装的房间，房间内有专用衣柜，每人一个小柜用于放置衣服和鞋子，小柜子能够锁闭。此处安装有紫外线灯，人员进入前20分钟打开。

淋浴间有若干淋浴喷头，人员从更衣室（一）进入淋浴间洗澡。

更衣室（二）是人员从淋浴间出来后穿工作服的房间，这里的工作服都是经过消毒处理的专用服装，外面的和未经过消毒的服装禁止放在这里。换上工作服和工作鞋后才可以通过脚踏消毒过道进入生产区。

脚踏消毒过道是换好工作服和鞋子的人员进入生产区的消毒通道，地下铺有麻袋（经常喷洒消毒液以保持湿润），上面安装有雾化喷头，当人员进入该过道的时候消毒泵启动，雾化的消毒剂喷洒到人员衣服上。为了保证雾化消毒时间，脚踏消毒过道常常用栏杆做成弯道。

小件物品消毒间是对工作人员需要带进生产区的小件物品（如手机、钱包、化妆品等）、工作服和鞋子、维修人员的工具等进行消毒的房间及设备。

要求消毒室的设计必须保证所有进入生产区的人员都要被强制性地更衣、淋浴并换上专用工作服之后才能通过。

二、消毒设备

1. 鸡舍电净化防疫系统　鸡舍电净化防疫系统包括主电源、控制器、空间电极网络三部分。控制器可安装在鸡舍操作间内或鸡舍内，主电源和空间电极网络安装在鸡舍内。电极网络由一根数个均匀布置在鸡舍天花板或三角架横梁下方的绝缘子悬挂的电极线组成，它可在鸡舍内建立空间电场控制网络，对鸡舍内粉尘、有害气体和微生物能够有效清除（图2－19、图2－20）。

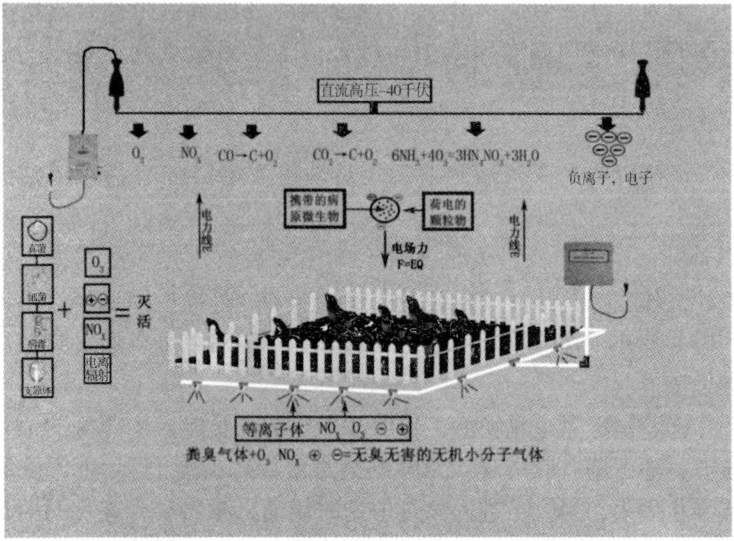

图2－19　鸡舍电净化防疫系统工作原理示意图

图 2－20　鸡舍内安装的电净化防疫系统

2. 喷雾消毒设备　喷雾消毒设备主要是用于对消毒对象喷洒雾化的消毒药物，杀灭消毒对象表面的微生物。

（1）推车式冲洗消毒设备：其组成包括推车式车架 1 个、卷管架 1 套、2 280 升不锈钢水箱 1 个、胶管（ϕ 8）50 米、四孔喷枪 1 支（或可调喷枪 1 支）、发动机 1 台、泵 1 台（图 2－21）。设备在开启后水箱内的消毒药水通过胶水管进入喷枪，在高压力的作用下，消毒药水呈高压的雾状从喷嘴内喷出，将水雾喷洒在物体的表面，既能够将物体表面的附着物冲洗掉，又能够起到喷洒消毒剂的作用。

（2）背负式喷雾器：背负杠杆式手动喷雾器，包括储液桶，密封盖（设在储液桶的顶部），背带（活接在储液桶上），喷杆（接在储液桶上），喷头（接在喷杆上），气筒（设在储液桶外部），气管（设在气筒的气口和储液桶的上部之间），轴座（设在储液桶上），小轴（与轴座连接），手柄上的轴套（接在小轴

图2-21　推车式冲洗消毒设备

上)，拉杆（分别与气筒的活塞杆和手柄连接)。具有不会漏水和药液，操作简便、安全和轻便等优点（图2-22)。

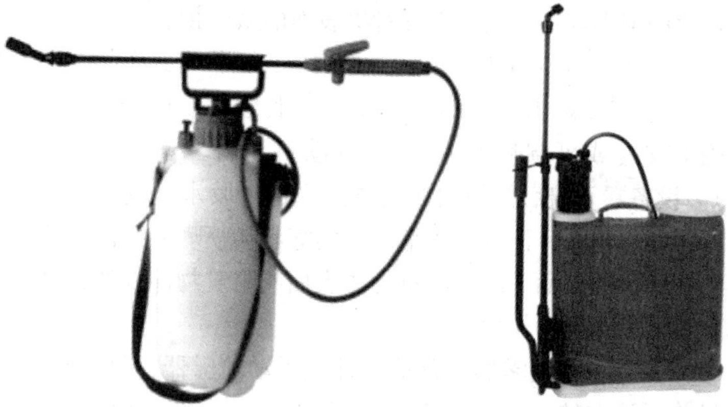

图2-22　背负式喷雾器

3. 紫外线灯　紫外线消毒灯是应用热阴极低压汞紫外线灯管，紫外线辐射184~225纳米。其中184.9紫外线可产生臭氧，其臭氧产量为每小时 5 ~ 23 毫克。可利用紫外线和臭氧的协同作用消毒。紫外线可以杀灭各种微生物，包括细菌繁殖体、芽孢、分支杆菌、病毒、真菌、立克次体和支原体等。不同种类的微生物对紫外线的敏感性不同，用紫外线消毒时必须使用达到杀灭目标微生物所需的照射剂量。紫外线消毒的适宜温度范围是 20 ~ 40 ℃，温度过高或过低均会影响消毒效果，可适当延长消毒时间。用于空气消毒时，消毒环境的相对湿度应低于 60%，否则应延长照射时间。目前，在市面上销售的民用紫外线消毒灯，包括便携式、台式、吊挂式等型号。根据所释放臭氧量的多少紫外线消毒灯可分为低臭氧紫外线消毒灯和高臭氧紫外线消毒灯。低臭氧紫外线消毒灯也是热阴极低压汞灯，可为普通直管形或 U 形，由于灯管玻璃中含有可吸收波长 < 200 纳米紫外线的氧化钛，故臭氧产量很低，要求臭氧产量 < 1 毫克/时；高臭氧紫外线消毒灯由于采取了特殊的工艺，这种灯产生较大比例的波长 184.9 纳米的紫外线，故臭氧产量较高（≥25 毫克/时）。

紫外线消毒灯在使用过程中，要注意保护眼睛，避免紫外线直接照射眼睛和皮肤，同时应保持紫外线灯表面的清洁，一般每两周用酒精棉球擦拭一次，发现灯管表面有灰尘、油污时，应随时擦拭。

4. 病死鸡焚化设备 焚化炉的外壁为金属，炉膛使用专门的耐高温材料制作，承放动物尸体的隔板可以推进或拉出炉膛，隔板的下部为燃烧室。当把动物尸体放在隔板上推进炉膛后可以关闭炉门，启用燃烧室（热源可以是天然气、煤炭或电加热系统），在一定时间内能够将动物尸体焚化成为灰烬。

5. 消毒柜 一般用于衣服和鞋帽的熏蒸消毒。

三、免疫接种设备

1. 兽用连续注射器 兽用连续注射器由注射机构、推动机构和握把组成，注射机构包括装药筒、注射针、活塞杆座、活塞杆、活塞及供药装置，还设有回流管和计数装置。该注射器在排除筒内空气时推出的药液通过回流管，经进气管回收到药瓶中，避免了药液的浪费。在注射时，通过推动机构驱动计数装置，从而实现自动计数。该设计将标记筒、消毒筒、注射针置于注射器中，结构紧凑，使用方便（图 2－23）。

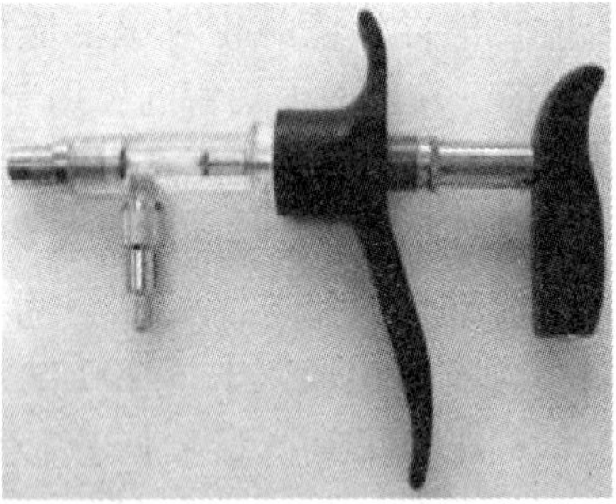

图 2－23　兽用连续注射器

2. 普通注射器　普通注射器由针管、推柄和针头组成（图 2－24）。

图 2－24　普通注射器

3. 滴管 滴管一般使用胶头滴管，用于鸡的滴鼻、点眼、滴口等免疫接种方法（图 2－25）。

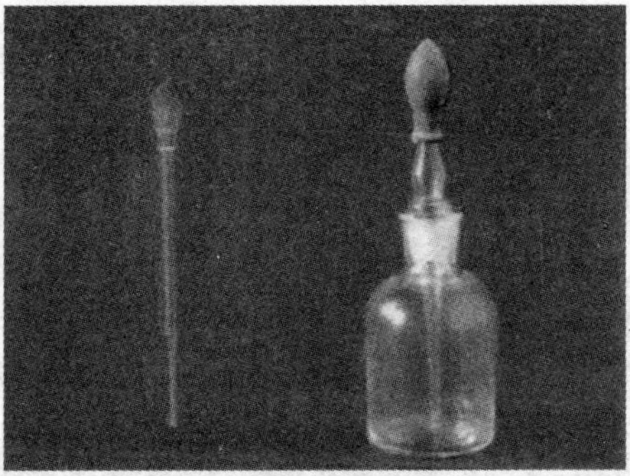

图 2－25 胶头滴管

4. 雏鸡自动接种机 本设备通常用在孵化场，只要工作人员将雏鸡颈部按向针刺孔，注射器就能自动将疫苗接种到皮下（图 2－26）。

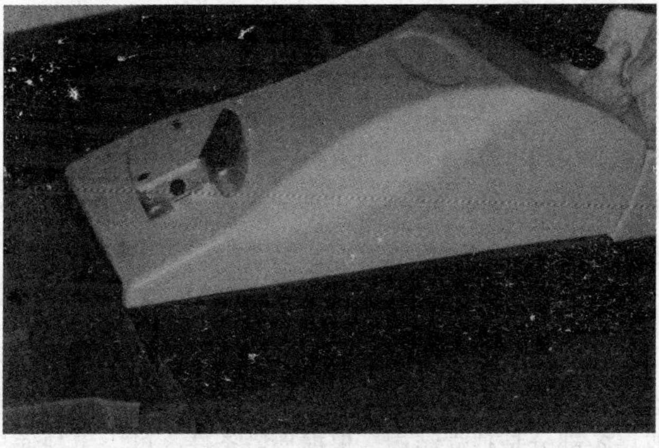

图 2－26 雏鸡自动接种机

5. 气雾免疫机 气雾免疫机由容器壶、加压泵和雾化喷嘴组成。将疫苗稀释后放进容器壶内，启动加压泵，疫苗水就会从雾化喷嘴以细雾滴的形式喷出。雾滴的大小可以调整（图 2－27）。

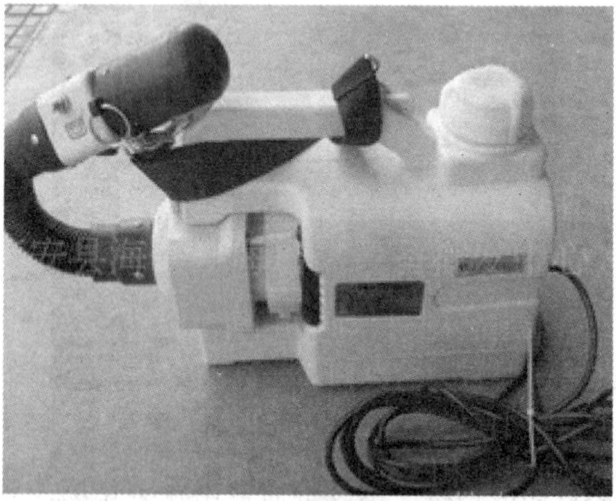

图 2－27　鸡群气雾免疫机

第三节　养殖设备

一、鸡笼设备

鸡笼设备主要用于优质肉种鸡生产，在白羽肉种鸡生产中有少数鸡场使用。商品肉仔鸡很少使用。

1. 育雏笼　育雏笼有叠层式和阶梯式两类。

（1）叠层式育雏笼：这种雏鸡笼养设备带有加热源，适用于 1～45 日龄雏鸡的饲养。由加热笼、保温笼、雏鸡活动笼三部分组成，各部分是独立结构，根据环境条件，可以单独使用，也可进行各部分的组合。加热笼和保温笼前后都有门封闭，运动笼前后则为网。雏鸡在加热笼和保温笼内时，料盘和真空饮水器放在笼内。雏鸡长大后保温笼门可卸下，并装上网，饲槽和水槽可安装在笼的两侧，每层笼下设有粪盘，人工定期清粪（图2-28）。

图2-28　叠层式育雏笼

常见的还有无加热装置的普通育雏笼，整个笼组用镀锌铁丝网片制成，由笼架固定支撑，每层笼间设承粪板，间隙5~7厘米，笼高33厘米。此种育雏笼结构紧凑、占地面积小、饲养密度大，对于整室加温的鸡舍使用效果不错。

有的叠层式育雏笼在每层笼的下面有粪便传送带，可以自动清粪（图2-29）。

（2）阶梯式育雏笼：一般为3~4层，主要靠全鸡舍加热方式供暖，可以在笼下安装自动刮粪板进行自动清粪（图2-30）。

目前，有很多种鸡场使用的是育雏育成一体笼，这种鸡笼的高度和深度稍大，前网为两层，外面的一层可以左右推拉以调节栅格的宽度（既能够保证雏鸡的采食又可以防止幼雏钻出）。雏

图2－29　带有粪便传送带的叠层式育雏笼

图2－30　阶梯式育雏笼

鸡可以在这样的笼内饲养到12周龄前后，直接转入产蛋鸡笼。

2. 育成鸡笼　从结构上分为阶梯式和叠层式两大类，有3层（图2－31）、4层和5层（图2－32）之分，可以与喂料机、乳头式饮水器、清粪设备等配套使用。根据育成鸡的品种与体形，每只鸡占用底网面积在 340～400 平方厘米。

图 2－31　3 层阶梯式育成鸡笼

3. 产蛋鸡笼 优质肉种鸡饲养使用的是中型产蛋鸡笼，多为 3 层全阶梯或半阶梯组合方式。由笼架、笼体和护蛋板组成。笼架由横梁和斜撑组成，一般用厚 2.0～2.5 毫米的角钢或槽钢制成。笼体由冷拔钢丝经点焊成片，然后镀锌再拼装而成，包括顶网、底网、前网、后网、隔网和笼门等。一般前网和顶网压制在一起，后网和底网压制在一起，隔网为单网片，笼门作为前网或顶网的一部分，有的可以取下，有的可以上翻。笼底网要有一定坡度，一般为 6°～9°，伸出笼外 12～16 厘米形成集蛋槽。笼体的规格，一般前高 40～45 厘米，深度为 45 厘米左右，每个小笼养鸡 3～4 只。护蛋板为一条镀锌薄铁皮，放于笼内前下方，下缘与底网间距 5.0～5.5 厘米（图 2－33、图 2－34）。

在一些优质肉种鸡场内，育成鸡在育雏育成一体笼内饲养到 13 周龄前后就转入产蛋鸡笼进行饲养，为了防止有的品种个体较小，从前网与底网之间的缝隙中钻出，专门在底网上加了一个

图 2－32　5 层阶梯式育成鸡笼

图 2－33　3 层阶梯式产蛋鸡笼

笼片，使底网为水平状。当鸡群接近开产的时候将其与前网的固定铁丝取下，该笼片平铺在底网上（图 2－35）。

图2－34　2层阶梯式产蛋鸡笼

图2－35　加有防逃网片的产蛋鸡笼

4. 种公鸡笼　优质肉种鸡的公鸡体型比较大，不能饲养在母鸡笼内，要饲养在专门的种公鸡笼中。种公鸡笼一般为2层阶梯式，每个小单笼内只养1只公鸡，防止相互之间啄斗（图2－36）。

图2－36　种公鸡笼

二、环境控制设备

（一）加热设备

1. 水暖风暖两用热风炉　水暖风暖两用热风炉由主机、辅机、微电脑控制器及循环水泵等共同组成的养殖调温设备，具有冬季加温、夏季降温的双重功效。

（1）主机：以燃煤为主，配装轴流风机。水暖系统采用水包火多管结合的常压设计，运行安全可靠。风暖系统采用多根风管组合设计，热风量大，热利用率95%以上，便于除尘与维修。

（2）辅机：主要由散热器和散热风机组成，作用是把主机热水循环送至的热量通过散热风机和散热器散发到室内，使室内的温度迅速提高。

（3）微电脑控制器：是对风温、水温进行控制的一种新型自动化智能控制器，按照用户设定的程序对生产过程进行自动化管理。控制器在停电时能自动保存数据，来电时自动复位，微电脑控制器是本系统的自控部分，可根据需要锁定温度，以达到自控的目的。

（4）循环水泵：安装在主机的进水管处，主机和辅机是通过镀锌管和PPR管进行连接的，工作时水泵把主机炉体内热水通过管道强制送至辅机散热器内，通过散热器散完热能后再送回主机内。

2. 电热育雏伞　电热育雏伞伞面用铁皮或防火纤维板制成，内侧加装电热丝和控温设备。电热育雏伞适合平面育雏使用，伞四周用20厘米高护板或围栏圈起，随日龄增加扩大面积。伞下及四周温度不同，雏鸡可选择适温区活动。每个育雏伞可育雏250～300只。

3. 红外灯或电热毯保温　红外灯泡悬挂在鸡舍内离地30～50厘米处，并可根据雏鸡温度的需求调节悬挂的高度，每个红外灯泡可保温100～200只雏鸡。电热毯要平铺在细沙地面或垫有旧麻袋的网床上，再在毯上盖一层旧布或纤维袋和塑料薄膜等，然后将雏鸡放在上面保温，单人电热毯可保温100～150只雏鸡，双人电热毯可保温150～250只雏鸡。

4. 火炉加热　火炉是最经济的取暖设备，但使用时要注意防火。如果鸡舍保温性能良好，一般15～20平方米用一个火炉即可。在距火炉15厘米的周围用铁丝或砖隔离，以防雏鸡进入火炉烧死或引燃垫料引起火灾。火炉加温需用铁皮烟筒将废气排出，防止煤气中毒，火炉烟道要根据风向放置，以防烟囱口经常顶风，火炉倒烟。

5. 地热供暖系统

（1）系统组成：该系统由地热井、抽水泵、压力罐、输水系统、散热器、通风管、循环水管、调节阀等构成（图2－37、图2－38、图2－39）。

地热井：根据不同地区的地质和水资源（地热资源）特点，

热水井的深度不一样，多数在 1 000 ~ 2 000 米。

抽水泵：将地热井内的热水抽到地表面的压力罐内。

压力罐：通过加压泵的作用，增大容器内的压力以便于将其中的热水输送到输水系统内。

图 2－37　地热井及加压系统

输水系统：是压力罐通向各个用热水单元的热水管道。

散热器：包括散热片和风机，设备运行后热水通过散热片释放热量，被风机吹到通风管内。

通风管：散热器内送出的热空气通过送风管扩散到指定的范围内。

循环水管：作为辅助性加热系统，可以铺设在鸡舍的局部（尤其是肉鸡刚接入鸡舍后生活的区域），以提高局部温度。

调节阀：用于控制水管内的热水流速以调节温度。

（2）地热供暖系统的特点：该系统适用于较大规模的肉鸡

图 2－38　散热器及通风管

图 2－39　热水流量调节阀

养殖场，以辐射方式向室内散热，使室内地表面温度均匀，室温由下而上逐渐递减，有利于防止肉鸡腹部受凉。热源使用范围广，在间歇供暖情况下，可保持室内恒温，热利用效率高。节省燃料，电力消耗低，操作管理简单，安全可靠，经济实用。减少污浊空气对流，空气洁净无污染，热稳定性好，室内温度变化小。

（3）地热供暖系统的使用效果：从地热井内抽出的热水输送到鸡舍散热器的时候，水温能够达到55℃，可以满足一定范围内的升温需要。如果升温范围较大则需要加铺循环水管以辅助提高局部温度。

6. 地下火道 地下火道是肉鸡养殖过程中使用较多而且效果较好的一种加热设备。它是在鸡舍的一端设置炉灶，灶坑深约1.5米，炉膛比鸡舍内地面低约50厘米，在鸡舍的另一端设置烟囱。炉膛与烟囱之间有3～5条管道相连，管道均匀分布在鸡舍内的地下，一般管道之间的距离在1.5米左右。靠近炉膛处管道上壁距地面约25厘米，靠近烟囱处距地面约7厘米。

使用地下火道加热方式的鸡舍，地面温度高、室内湿度小。缺点是老鼠易在管道内挖洞而堵塞管道，另外，管道设计不合理时室内各处温度不均匀。

7. 地上烟道 地上烟道也称为火垄。地上水平烟道是在育雏室墙外建一个炉灶，根据育雏室面积的大小在室内用砖砌成一个或两个烟道，一端与炉灶相通。烟道排列形式因房舍而定。烟道另一端穿出对侧墙后，沿墙外侧建一个较高的烟囱，烟囱应高出鸡舍1米左右，通过烟道对地面和育雏室空间加温。烟道供温应注意烟道不能漏气，以防煤气中毒。烟道供温时室内空气新鲜，粪便干燥，可减少疾病感染，适用于广大农户养鸡和中小型鸡场，对平养和笼养均适宜。

（二）降温设备

降温设备主要是在夏季高温时对鸡舍进行降温处理。

降温设备目前使用最多的是负压纵向通风－湿帘降温系统，其组成如前所述。此外，还有箱式通风降温设备（图 2－40）。其降温原理与负压纵向通风－湿帘降温系统相似，箱体的四周为湿帘，当设备运行的时候外界空气通过湿帘进入箱体内并使温度下降，之后被风机吹入鸡舍内。

图 2－40　箱式通风降温设备

（三）光照控制设备

不同类型的肉鸡舍对光照的要求差别较大。一般在白天采用自然光照，当外界光线不足的时候舍内补充人工照明。自然光照主要考虑使用窗户和天窗采光，使用窗帘遮光。光照控制设备主要是人工光照的控制。

1. 灯泡　一般选用干净的白炽灯，以 40～60 瓦为宜。为了使光照强度分布均匀，不要使用 60 瓦以上的灯泡。提倡和推荐使用节能荧光灯泡。

2. 灯泡的安装　平养鸡舍灯泡离鸡体的高度为 2 米左右。灯泡与灯泡的间隔距离为 3～3.6 米，交错排列，靠墙的灯泡与墙的距离为 1.5～1.8 米。灯泡不能使用灯线吊挂，应固定位置，以免风吹摇晃使鸡惊恐不安。

笼养鸡舍灯泡安装在走道的中间正上方，距地面1.8米，灯泡安装在横梁上，相互间距3.3米左右。

3. 光照自动控制仪 采用微电脑控制技术，可以人为设定开灯和关灯的时间，到设定时间自动连接或断开电源，实现精确控制舍内光照时间。有的还配备有照度计，在白天开灯的时段内如果鸡舍亮度达到一定水平照明电源也是断开的，实现节能效果（图2－41）。

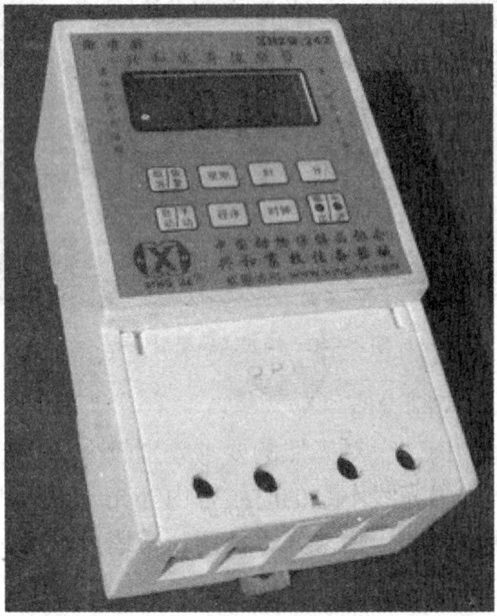

图2－41 鸡舍光照自动控制仪

（四）通风设备

1. 低压大流量轴流风机 这是目前生产上最常用的通风设备（图2－42），风机的直径0.7～1.4米，每小时的换气量17 000～50 000立方米。利用离心原理制作的百叶窗自动开闭系统，可保证百叶窗的完全打开，使风机（扇）一直在最高效率下运行，降低了能耗，增强了空气流量，停机时百叶窗在钢制弹簧的控制下关闭更加严密，防止任何空气的泄漏。电动机装置于顶端，清洁和维护更安全方便。这种风机主要技术参数性能指标见表2－1。

表2－1　低压大流量轴流风机技术参数

型号/规格	风叶直径（毫米）	风叶转速（转/分）	风量（米³/时）	全压（帕）	噪声（分贝）	输入功率（千瓦）	额定电压（伏）	电机转速（转/分）	外形尺寸长×宽×厚（毫米）
QCHS—71	710	560	17 700	55	≤70	0.37	380	≥1 400	800×800×350
QCHS—90	900	525	26 700	60	≤70	0.55	380	≥1 400	1 000×1 000×350
QCHS—100	1 000	560	32 000	62	≤70	0.75	380	≥1 400	1 100×1 100×350
QCHS—125	1 250	325	40 000	55	≤70	0.75	380	≥1 400	1 400×1 400×400
QCHS—140	1 400	325	52 000	60	≤70	1.1	380	≥1 400	1 550×1 550×400

图2－42　低压大流量轴流风机

低压大流量轴流风机经常与湿帘配套组成通风降温系统，用于夏季鸡舍的降温，具有良好效果。

2. 环流通风机 环流通风机广泛应用于温室大棚、畜禽舍的通风换气，尤其对封闭式鸡舍湿气密度大、空气不易流动的场所，按定向排列方式作接力通风，可使鸡舍内的混杂湿热空气流动更加充分，降温效果极佳。该产品具有低噪声，风量大且柔和，低电耗，效率高，重量轻，安装使用方便等特点，是理想的纵向、横向循环风流、通风降温设备（图2－43）。其主要技术参数见表2－2。

图2－43 环流通风机

表2－2 环流通风机主要技术参数

型号/规格	风叶直径（毫米）	转速（转/分）	风量（米^3/时）	功率（瓦）	电压（伏）	外形尺寸 外径×长度（毫米）
HLF—300	300	1 380	1 800	120	380/220	325×360
HLF—400	400	1 380	2 900	150	380/220	430×360
HLF—500	500	1 380	5 500	250/370	380	530×400
HLF—600	600	1 380	9 000	370/550	380	630×400

3. 壁扇 一般的工业壁扇安装在鸡舍的墙壁上，可以向舍外抽风，也可以向舍内吹风。

三、供水设备

（一）乳头式饮水器

乳头式饮水器是在塑料水管上间隔一定距离安装一个饮水乳头，饮水乳头为不锈钢材料，当鸡喙部接触到饮水乳头时，水管中的水就会沿着不锈钢柱流下；当鸡喙部离开饮水乳头时，水管中的水停止下流（图2－44、图2－45、图2－46）。

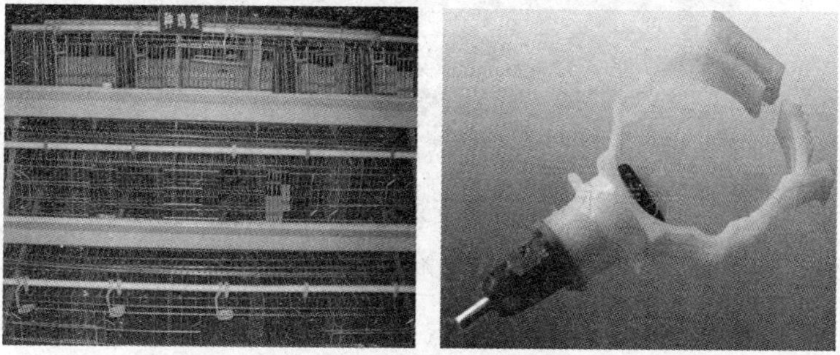

图2－44　乳头式饮水器

图2－45　乳头式饮水器前端的水箱和水管

图2-46　乳头式饮水器末端的水压调节阀

乳头式饮水器具有以下优点：

(1) 节水：据实验，乳头式饮水器比水槽常流水节约用水75%～80%，在水资源缺乏的今天，应用乳头式饮水器具有十分重要的意义。

(2) 减少疾病：由于乳头式饮水器管道系统密封性能好，水不直接暴露在鸡舍内，避免灰尘、病原菌进入水中，也避免鸡因饮水而造成交叉感染，有利于鸡群防疫，减少疾病传播。

(3) 减轻劳动强度：使用乳头式饮水器省去了人工涮水槽的工作，也便于人工投料，提高了劳动生产率。

(4) 节省饲料：据报道，与水槽供水相比，1万只蛋鸡舍每天能节省饲料45千克。

(5) 降低舍内湿度：由于漏水减少、水的挥发减少、鸡粪含水率下降，能够减少鸡舍内空气中的水汽含量。

乳头式饮水器的安装一定要规范，否则容易造成供水量不匀等问题。乳头式饮水器安装完毕后应立即给水，原因是刚装上饮水器，鸡觉得新鲜，用喙去啄，结果一啄就出水，它就形成了条件反射，渴了就去啄。如果装好后不及时给水，鸡啄不出任何东西，就不啄了，给了水也不知道去饮。

（二）真空饮水器

真空饮水器由聚乙烯塑料筒和水盘组成，聚乙烯塑料筒倒扣在水盘上。水由壁上的小孔流入饮水盘，当水将出水小孔盖住时即停止流出，适用于笼养雏鸡和平养鸡（图 2－47）。优点是供水均衡，使用方便，但换水、清洗工作量大，饮水量大时不宜使用。容量大小差别很大，小的容量 0.5 升，大的可以达到 10 升。

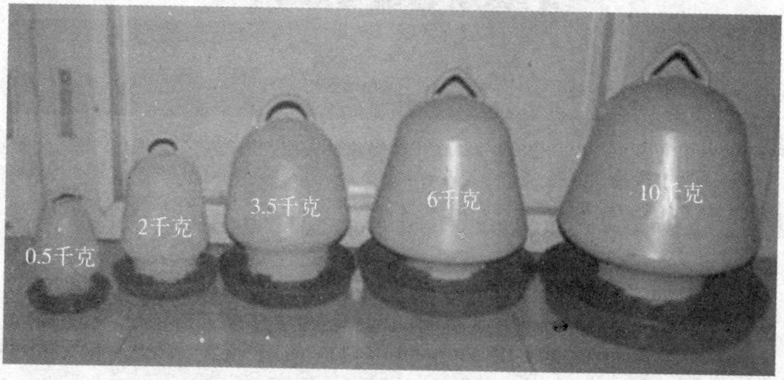

图 2－47　真空饮水器

（三）普拉松饮水器

普拉松饮水器也称为吊盘式饮水器，除少数零件外，其他部位用塑料制成，主要由上部的阀门和下部的吊盘组成。阀门通过弹簧自动调节并保持吊盘内的水位。一般都用绳索或钢丝悬吊在空中，根据鸡体高度调节饮水器高度，故适用于平养，一般可供 50 只鸡饮水用（图 2－48）。优点为节约用水，清洗方便。

（四）饮水过滤设备

饮水过滤器的作用是滤去水中杂质，由壳体、放气阀、密封

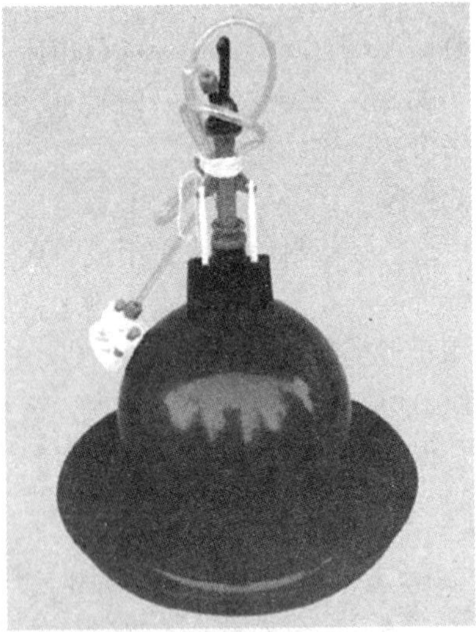

图2－48　普拉松饮水器

圈、上下垫管、弹簧及滤芯等组成。

四、喂料设备

不同类型的肉鸡场所使用的喂料设备有较大差异，自动化程度方面差别最大。规模大的肉鸡场其喂料设备的自动化程度也高。

自动化程度高的喂料系统包括散装饲料运输车、舍外料塔、舍内自动喂料设备三部分。散装饲料运输车直接将饲料厂加工好的配合饲料运送到养鸡场内，并输送到鸡舍外的料塔中，当鸡舍内开始喂料的时候打开开关，料塔内的饲料通过输料管进入舍内喂料设备的料箱中，当料箱内的饲料达到限定量的时候输料系统自动停止，喂料设备向前运行，料箱内的饲料同时从下料管流进料槽。

一些肉鸡场自动化喂料系统不完善，缺少散装饲料运输车或（和）舍外料塔，只是舍内安装有能够前后运行的喂料设备。

1. 室外料塔　室外料塔用于大、中型机械化鸡场，主要用作短期储存干粉状或颗粒状配合饲料。一般建在鸡舍靠近前端的一侧，距离鸡舍约 2 米，有专门的道路供运料罐车靠近。料塔的容量存在大小差异，小的可以装 3 吨饲料，大的可以装 6 吨饲料（图 2－49）。

图 2－49　室外料塔

2. 输料机　输料机是料塔和舍内喂料机的连接纽带，将料塔或储料间的饲料输送到舍内喂料机的料箱内。输料机有螺旋弹簧式、螺旋叶片式、链式。目前使用较多的是前两种。

（1）螺旋弹簧式：螺旋弹簧式输料机由电动机驱动皮带轮带动空心弹簧在输料管内高速旋转，将饲料传送入鸡舍，通过落料管依次落入喂料机的料箱中。当最后一个料箱落满料时，该料箱上的料位器弹起切断电源，使输料机停止输料。反之，当最后料箱中的饲料下降到某一位置时，料位器则接通电源，输料机又重新开始工作。

（2）螺旋叶片式：螺旋叶片式输料机是一种广泛使用的输料设备，主要工作部件是螺旋叶片。在完成由舍外向舍内输料作业时，由于螺旋叶片不能弯成一定角度，故一般由两台螺旋叶片式输料机组成，一台倾斜输料机将饲料送入水平输料机和料斗内，再由水平输料机将饲料输送到喂料机各料箱中。

3. 自动喂料设备 优质肉种鸡场主要采用笼养方式，场内常用的喂料设备主要是骑跨式和轨道车式两种。

（1）骑跨式自动喂料系统：用于多层笼养鸡舍，是一种骑跨在鸡笼上的喂料车，沿鸡笼上或旁边的轨道缓慢行走，将料箱中的饲料分送至各层食槽中。跨笼料箱喂料机根据鸡笼形式配置，每列食槽上都跨设一个矩形小料箱，料箱下部锥形扁口通向食槽中，当沿鸡笼移动时，饲料便沿锥面下滑落入食槽中。有的输料管末端与料槽接触处有一个出料调节装置，可以调整出料量，减少添加不匀现象的发生（图 2－50）。

图 2－50　骑跨式自动喂料设备（左为成年鸡笼，右为育雏笼）

（2）轨道车式自动喂料系统：类似天车的形式，横梁上安装与鸡笼列数相同的料箱，每个料箱有若干个出料管与每个食槽相接触。每个走道有一条轨道，天车的支撑柱以滑轮与轨道接触并在轨道上运行。当输料系统将饲料从室外料塔向天车上的料箱输送完成后，启动天车行走开关，天车运行过程中就将饲料均匀地加入料槽中（图 2－51）。

图 2－51　轨道车式自动喂料系统

此外，还有几种自动喂料机，如顶料箱行车式喂料机和链板式喂饲机。

顶料箱行车式喂料机只有一个料桶，料箱底部装有搅龙，当喂料机工作时搅龙随之运转，将饲料推出料箱沿流管均匀流入食槽。

链板式喂饲机在以往使用比较多，目前在生产中使用很少。当前主要应用于平养成年种鸡舍。它由料箱、链环、长饲槽、驱动器、转角轮和饲料清洁器等组成，链环经过饲料箱时将饲料带至食槽各处（图 2－52）。

4. 料槽　料槽安装在鸡笼前面靠中下部，自动喂料设备将饲料加入到料槽中后，鸡群可以在一定时间内从料槽中采食。

料槽的外侧面略向外倾斜并比内侧面稍高，以便于在添加饲

图 2－52 链板式喂饲机

料的时候减少饲料的抛撒。内侧壁垂直，顶部向内卷曲，可以防止鸡采食过程中将饲料钩到槽外（图 2－53）。

图 2－53 安装在鸡笼上的料槽

5. 螺旋弹簧式喂料机 主要由机头驱动部分、料箱、螺旋

图 2－54　螺旋弹簧式喂料机

弹簧、输料管、料盘、悬挂钢丝绳、机尾等组成。属于直线形喂料设备，料线长度从 40～120 米均可，根据鸡舍长度确定（图2－55）。

图 2－55　料桶

工作过程为：驱动器带动螺旋弹簧转，弹簧的螺旋面就连续地把饲料向前推进，通过落料口落放每个料盘，当所有料盘都加满料后，最后一个料槽中的料位器就会自动控制电动机停止转动，从而停止输料。当料盘中的饲料随着鸡的采食减少到料位器启动位置时，电动机又开始转动，螺旋弹簧又将饲料推送至每一个料盘，如此使喂料机周而复始地自动工作；也可以人工定时开启设备，定时喂料。

6. 料桶　由盛料筒和底盘组成，前者为圆筒状，后者为圆盘状而且中间呈圆锥形凸起，两者之间有约1厘米的缝隙可供筒内饲料流到底盘中，底盘边缘高约5厘米。盘上可以安装格栅防止鸡只刨料。多用于平养鸡舍（图2－56）。

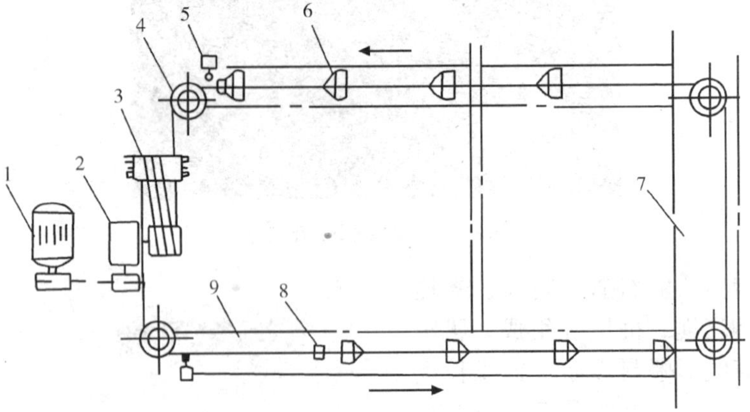

图2－56　自动刮粪板示意图

1. 电动机　2. 蜗轮减速器　3. 绕绳滚轮　4. 转向滑轮　5. 行程开关　6. 刮粪板滑架　7. 粪便干沟　8. 撞块　9. 舍内粪沟

五、清粪设备

1. 自动刮粪板　自动刮粪板清粪在笼养鸡舍中比较常用，亦分为明沟法和暗沟法两种，不论哪一种，都是采用电动机带动刮粪机具的钢绳，牵动钢绳上的刮板做往复运动，进行单向刮粪（图2－57、图2－58）。一般采用自动控制，一天刮粪3次，亦可人工开机刮粪。

安装调节要求：牵引主机宜安装在室外，其安装平台高度应与粪槽底水平位基本一致，刮粪板基本宽度1.8米，特殊宽度可

图 2－57　安装在鸡舍内的刮粪板

图 2－58　叠层式鸡笼粪便传送带

定制；粪槽深度要求 30 厘米以上，两壁及底部要求较平直，粪道中无障碍物；主机及转角能安装固定件应预埋，安装牢固；按照厂方提供的安装图进行安装和线路连接。其工作原理是由减速电动机输出轴将动力经链轮传动传至牵引机主绳轮，由绳轮与牵引绳间的挤压摩擦力获得牵引力，从而带动刮板装置进行清粪作业。牵引机采用双绳轮单驱动的形式。刮板装置主要利用摩擦力自动落下抬起，工作时刮板自动落下，返回时刮板自动抬起。

2. 传送带式清粪系统 这种清粪系统用于笼养鸡舍，以前主要用在叠层式鸡笼（图 2－59），现在也用于阶梯式种鸡笼（图 2－60）。

图 2－59 阶梯式鸡笼粪便传送带

3. 其他清粪工具 在肉鸡场内用于清粪的工具还有铁锹、小型农用车、手推车等。商品肉鸡场通常在鸡群出栏后直接将手推车或农用车开进鸡舍，用铁锹将粪便和垫料一起装车运走；笼养肉种鸡采用自动清粪设备将粪便输送到鸡舍外部一端，也需要使用铁锹和推车将粪便运送到污物处理区。

第四节　辅助设施

在很多肉鸡场内一些辅助设施也是不可或缺的。

一、药房

用于存放各类药物，一般建在辅助生产区，既便于管理和检查，又便于生产过程中的使用。

药房内存放的药物类型主要有：抗生素类、抗寄生虫类、消毒药物、疫苗类、抗体类等。各类药物要分类存放，药房内要分区设置物品柜用于存放不同类型的药物。有些药物需要冷冻或冷藏保存，必须配备冰柜或冰箱。

药房内的剧毒物品、高腐蚀性药品必须使用能够锁闭的柜子，专人负责，防止被误用造成严重后果。

药房要有详细的档案记录，包括各类药物的名称、购入时间、数量、部门，生产单位、批号、生产日期、存放要求，领用药品的名称、时间、数量、领用人等。

二、兽医室

用于鸡群的病理解剖、化验等诊断性试验和处理，一般建在生产区靠近污物处理区的附近。

兽医室要有严格的隔离和消毒设施，病死鸡诊断后需要经过消毒处理再送往污物处理区做无害化处理。

兽医室通常分为病死鸡接收区、病理剖检区、实验诊断区、打包消毒区。兽医室内的各种物品只能在规定的范围内使用，不允许带出兽医室。

兽医室的各项工作要有详细记录，包括诊断的病死鸡来源

（鸡舍号）、日龄、品种（配套系）、临床诊断依据和初诊结论、实验诊断方法和结果、处理建议、病死鸡的无害化处理等。各项诊断工作结束后要及时向有关部门负责人和饲养人员提供处理建议。

三、料库

如果一个规模化肉鸡场实现全自动化喂料系统（散装饲料运输车、室外料塔、室内自动喂料设备等）则不需要在鸡场内设置料库。但是，当前的大多数肉鸡场或肉种鸡场还不具备这种条件，需要在场内设置料库用于存放饲料。

料库要建在辅助生产区，一面有门窗与管理区相通，便于来自外面的饲料通过这侧门窗送进料库；另一面有门与生产区相连，便于将饲料从料库运往鸡舍。

料库的大小要与鸡场的生产规模相配套，一般要求料库内存放的饲料能够满足全场鸡群 10 天左右的需要量。以一个每批饲养 5 万只白羽肉鸡的商品肉仔鸡场为例，在第 6 周龄时平均每只鸡的日采食量约为 180 克，每天全场总耗料量约为 9 吨，这样要求料库能够容纳 90 吨的饲料。一般饲料袋的堆码为 5 ~ 6 层，用于堆放饲料的库内场地约 340 平方米，留出过道和放置其他物品的地方，需要 500 平方米的库房面积。

种鸡场内由于有不同饲养阶段的鸡群，所使用的饲料也有多种类型，要注意分类存放，避免混淆。

饲料库要有详细的入库、出库记录。

第三章　肉鸡场环保要求

肉鸡场的环境保护是实施防疫制度化的重要条件，当今肉鸡安全生产方面的疾病问题很多与养殖环境污染有关。然而，在国内很多肉鸡场没有对养殖环境保护给予足够重视，相应的配套设施不完善，污染问题依然严重，这也是肉鸡场疾病难以从根本上控制的根源。因此，对于现代肉鸡生产来说，加强肉鸡场的环境保护是实现标准化、示范化的重要基础。

一、粪污处理

肉鸡每天摄入的营养中有约40%通过粪便排泄，而且粪便中的有机质含量较高；鸡粪在微生物作用下，有机物质被分解而产生氨气、硫化氢等恶臭气体，对人的感觉器官及整个身体发育都有重大影响。同时，肠道内的微生物也主要通过粪便排泄到外环境中。养鸡过程中为了防治多发性疾病，多在饲料中添加抗生素，大多数的抗生素随粪便排出鸡体外，对人畜及环境造成危害和污染。此外，鸡粪还存在重金属和氮、磷的污染。因此，粪便是肉鸡场重要的污染源，如果不进行无害化处理则可能造成严重的环境污染。

当前，肉鸡场的鸡粪处理方法主要有以下几种：

1. 自然干燥法　每天将新鲜鸡粪收集起来，放在水泥地面或苇席上，使之自然风干或晒干（图3－1）。干燥的速度越快越好，既可避免鸡粪中营养物质损失，又可减少粪中有害物质的产生。也可当水分降到35%左右时加入0.5%的甲醛水溶液，充分搅拌后风干，水分降到12%左右时，粉碎、过筛去杂后装入塑料袋密封，保存备用。

图3－1　自然晾晒的鸡粪

塑料大棚自然干燥法也是一种简易鸡粪干燥法。大棚一般长45米、宽4.5米，鸡粪平铺于地面上，棚内设有两根铁轨，上有可活动的干燥搅拌机，装有风扇。这种方法不怕雨淋，不消耗燃料，比较易于推广。

2. 鸡粪烘干处理　可以将高达70%～80%含水量的粪便一次直接烘干至13%的安全储藏水分，整个过程在鸡粪烘干机的封闭系统内进行，从而减少干燥过程中对环境的污染。设备由燃烧炉、搅龙进料装置、滚筒破碎干燥机、搅龙出料装置、除尘装置和排烟系统等组成（图3－2）。

3. 发酵法

（1）自然发酵法：鸡粪70%，草料或秸秆粉20%，糠麸

图3-2 鸡粪烘干处理

10%，按比例混合好，调节混合物料水分含量约到60%（用手握料见水迹而不滴水珠），入池（窖）内踏实，密封4~6周即可完成发酵过程。

也可以将鸡粪运到粪场堆积，拍打平整，盖上10厘米厚土并用泥抹平，使其不进气、不漏气，让微生物发酵产热，杀灭病菌和寄生虫。此法适用于鸡粪长期堆放。

（2）用微生物秸秆发酵剂发酵鸡粪作肥料：将干鸡粪平铺在地上，按鸡粪重的35%浇水。每吨鸡粪撒秸秆发酵剂2千克，加草粉或草炭100~150千克，过磷酸钙15千克用于除臭。秸秆发酵剂先加入米糠或麦麸稀释后再拌入鸡粪混合料中。将混合物料翻倒两三遍，堆成高约1米、宽2米的长方形物料堆，在堆顶打孔通气，用长方形塑料布覆盖，塑料布垂到地面，每隔1米压一重物，使膜内既通风又避免被大风吹起。夏、秋季早晚要揭膜通风1次（1～2小时）。堆沤4～6天后，堆温可升至60～70℃。堆沤10天后可翻堆1次，堆沤20天即能熟透。如为鲜鸡粪，应在地上铺一层秸秆粉（可用草粉、花生壳粉、草炭等蓬松物料替代），将湿鸡粪铺在上面，每吨物料撒入尿素1千克，过磷酸钙20千克，2千克发酵剂（先与米糠或麦麸混合）。堆成宽1.5～2米、高1米左右、长度不限的堆，堆内打通气孔，盖上塑料布保温、保湿、保肥。

（3）用EM菌（有效微生物群）发酵制饲料：按500千克鸡粪、400毫升EM原液、400克红糖的比例进行配合。先用少量50℃左右的温开水把红糖溶解，然后加适量冷开水稀释，随之加入所需EM原液，并按处理鸡粪的5%加足清水备用。将鸡粪分层装入发酵池内，每层20厘米，每层按比例均匀喷洒EM稀释液，控制发酵鸡粪最后的水分含量达到40%左右，储满后用塑料布密封发酵。鸡粪的EM发酵夏天需3天，冬天需5～7天。发酵鸡粪表面有白色菌丝覆盖，即认为发酵成功。

（4）袋装发酵法：直接将鸡粪装入塑料袋中进行发酵，这种方法简单经济，占地面积少，并且堆肥产物能达到堆肥腐熟度的要求。

二、病死鸡无害化处理

规模化肉鸡场每天都会有一定数量的病死鸡出现，这些病死鸡体内有大量的微生物，是重要的传染源。病死畜禽要严格按照《病害动物和病害动物产品生物安全处理规程》（GB 16548—2006）规定进行运送、销毁及无害化处理，处理的全过程均应有市动物防疫监督管理机构人员或乡镇畜牧兽医监督管理员到场监督，并如实、规范填写病死畜禽无害化处理补助申请表。病死鸡的处理方法主要有以下几种：

1. 深埋　深埋点要与鸡舍保持50米以上的距离，应远离居民区、水源和交通要道，避开公众视野，设置清楚标志。坑的覆盖土层厚度应大于1.5米，坑底铺垫生石灰，覆盖土前再撒一层生石灰。坑的位置和类型应有利于防洪。鸡尸体置于坑中后，浇油焚烧，然后用土覆盖，与周围持平。填土不要太实，以免腐尸产气造成气泡冒出和液体渗漏。被污染的饲料、污染物以及禽蛋等置于坑中，喷洒消毒剂后掩埋。

2. 焚烧焚化　根据疫情所在地实际情况，在充分考虑环境保护的原则下，采用浇油焚烧或焚尸焚化等焚烧方法进行处理（图3－3）。

图3－3　病死鸡尸体焚烧炉

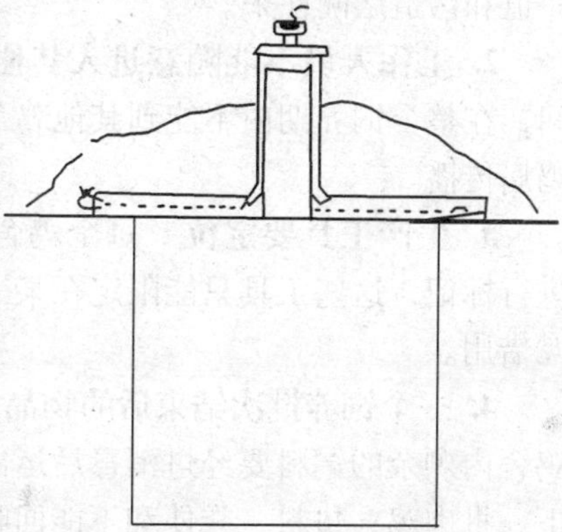

图3－4　病死鸡化尸罐

3. 发酵　将死鸡与被污染的饲料、粪便、垫料等在指定地点堆积，20℃以上环境条件下密封发酵至少42天。

有些鸡场使用化尸罐处理病死鸡，化尸罐为玻璃钢材质，由罐体、进料口和盖子组成。罐体为圆柱体，直径约2米、高度约2.5米，进料口高度约1.2米、直径约0.6米。使用时将化尸罐罐体埋在鸡场的污物处理区的特定位置，上面用土掩盖，进料口高出堆土30厘米。每次将病死鸡投入化尸罐后将进料口顶部的盖子盖严（图3－4）。

4. 高温高压处理 使用专门的畜禽无害化处理设备，其工艺是将病死鸡经过高温高压灭菌熟化后，脱去脂肪和水，脂肪可以用作生物质燃料或工业原料，固形物干燥粉碎后可以作为有机肥原料。

三、防止交叉污染

1. 净道和污道要严格分开 净道要设置在鸡舍的前端，污道设置在鸡舍后端，两者不能出现交叉。人员和车辆不能随意在净道和污道之间往来。

2. 工作人员不能随意进入其他鸡舍 饲养员要固定饲养车间，在整个饲养期内不能到其他鸡舍，防止由于人员走动造成的鸡病传播。

3. 生产工具要定位 每个鸡舍所需要的生产工具都要编号进行标记，这些工具只能限定在某一个饲养车间中使用，不能相互借用。

4. 一个饲养批次结束后的物品处理 一个饲养批次结束后，鸡舍内剩余的饲料要经过消毒后运出鸡场做他用，不能用于喂饲下一批肉鸡；垫料、粪便和不能回收利用的物品要在粪污处理区进行无害化处理；其他物品都要经过冲洗、消毒后才可以利用。防止上一批鸡群的疾病传播给下一批鸡。

四、环境卫生

保持环境卫生也是搞好卫生防疫工作的重要环节。要求生活办公区和生产区要每天打扫、清理垃圾并定点存放和定时清运垃圾。

在道路、绿地和空场地上不能有各种生活垃圾、生产垃圾和鸡毛等杂物。

第四章　肉鸡的饲料

饲料是保证肉鸡快速生长、肉质优良，种鸡高繁殖力的重要基础。现代白羽快长型肉鸡5周龄体重能够达到2千克，每千克体增重的饲料消耗约1.87千克，这种生长速度和饲料效率是畜牧业生产中所罕见的性能指标。之所以能够达到这样的性能指标，重要原因之一就是肉鸡的饲料营养研究和饲料配制技术达到了一个很高的水平。

一、肉鸡的饲养标准

（一）概念

饲养标准是根据大量饲养实验结果和动物生产实践的经验总结，对各种特定动物所需要的各种营养物质的定额做出的规定，这种系统的营养定额及有关资料统称为饲养标准。饲养标准的种类大致可分为两类：一类是国家规定和颁布的饲养标准，称为国家标准；另一类是大型育种公司根据自己培育出的优良品种或品系的特点，制定的符合该品种或品系营养需要的饲养标准，称为专用标准。

饲养标准中提供的营养指标有能量（代谢能、消化能、净能）、蛋白质（粗蛋白质）、蛋白能量比、粗脂肪、粗纤维、钙、磷（有效磷、总磷）、各种氨基酸，各种微量矿物质元素和维生素等，这些营养指标的不足和过量对动物生产性能都会产生不良影响。

肉鸡的饲料就是根据饲养标准的要求配制出来的。

（二）我国肉鸡的饲养标准

我国家禽饲养标准主要参考美国家禽饲养标准的相关数据，在1988年制定了《中国家禽饲养标准（试行）》，经过一段时期的应用，在2004年进行修订后发布了鸡饲养标准（NY/T 33—2004）。

1. 白羽快长型肉仔鸡饲养标准

根据这个类型肉仔鸡的生长特点，确定其不同生长时期的营养素需要量。其中，标准一的总体营养水平略低于标准二，见表4－1至表4－4。

表4－1　我国肉仔鸡的饲养标准二（能量、蛋白质、氨基酸、亚油酸部分，2004）

营养指标	单位	0～3周龄	4～6周龄	7周龄后
代谢能	兆焦/千克（兆卡/千克）	12.54（3.00）	12.96（3.10）	13.17（3.15）
粗蛋白质	%	21.5	20.0	18.0
蛋白能量比	克/兆焦（克/兆卡）	17.14（71.67）	15.43（64.52）	13.67（57.14）
赖氨酸能量比	克/兆焦（克/兆卡）	0.92（3.83）	0.77（3.23）	0.67（2.81）
赖氨酸	%	1.15	1.0	0.87
蛋氨酸	%	0.5	0.4	0.34
蛋氨酸＋胱氨酸	%	0.91	0.76	0.65
苏氨酸	%	0.81	0.72	0.68
色氨酸	%	0.21	0.18	0.17
精氨酸	%	1.20	1.12	1.01

续表

营养指标	单位	0～3周龄	4～6周龄	7周龄后
亮氨酸	%	1.26	1.05	0.94
异亮氨酸	%	0.81	0.75	0.63
苯丙氨酸	%	0.71	0.66	0.58
组氨酸	%	0.35	0.32	0.27
脯氨酸	%	0.58	0.54	0.47
缬氨酸	%	0.85	0.74	0.64
亚油酸	%	1	1	1

表4－2　我国肉仔鸡的饲养标准一（矿物质、维生素部分，2004）

营养指标	单位	0～3周龄	4～6周龄	7周龄后
钙	%	1.0	0.9	0.8
总磷	%	0.68	0.65	0.60
非植酸磷	%	0.45	0.40	0.35
钠	%	0.20	0.15	0.15
铁	毫克/千克	100	80	80
铜	毫克/千克	8	8	8
锌	毫克/千克	100	80	80
锰	毫克/千克	120	100	80
碘	毫克/千克	0.7	0.7	0.7
硒	毫克/千克	0.3	0.3	0.3
维生素A	国际单位/千克	8 000	6 000	2 700
维生素D	国际单位/千克	1 000	750	400
维生素E	国际单位/千克	20	10	10
维生素K	毫克/千克	0.5	0.5	0.5
硫胺素	毫克/千克	2	2	2

续表

营养指标	单位	0～3周龄	4～6周龄	7周龄后
核黄素	毫克/千克	8	5	5
泛酸	毫克/千克	10	10	10
烟酸	毫克/千克	35	30	30
吡哆醇	毫克/千克	3.5	3.0	3.0
生物素	毫克/千克	0.18	0.15	0.10
叶酸	毫克/千克	0.55	0.55	0.50
维生素 B_{12}	毫克/千克	0.01	0.01	0.007
胆碱	毫克/千克	1 300	1 000	750

表4－3　我国肉仔鸡的饲养标准二（能量、蛋白质、氨基酸、亚油酸部分，2004）

营养指标	单位	0～3周龄	4～6周龄	7周龄后
代谢能	兆焦/千克（兆卡/千克）	12.75（3.05）	12.96（3.10）	13.17（3.15）
粗蛋白质	%	22	20.0	17.0
蛋白能量比	克/兆焦（克/兆卡）	17.25（72.13）	15.43（64.52）	12.91（53.97）
赖氨酸能量比	克/兆焦（克/兆卡）	0.88（3.627）	0.77（3.23）	0.62（2.60）
赖氨酸	%	1.2	1.0	0.82
蛋氨酸	%	0.52	0.4	0.32
蛋氨酸＋胱氨酸	%	0.92	0.76	0.63
苏氨酸	%	0.84	0.72	0.64
色氨酸	%	0.21	0.18	0.16
精氨酸	%	1.25	1.12	0.95
亮氨酸	%	1.26	1.05	0.94

续表

营养指标	单位	0～3 周龄	4～6 周龄	7 周龄后
异亮氨酸	%	0.84	0.75	0.59
苯丙氨酸	%	0.74	0.66	0.55
组氨酸	%	0.36	0.32	0.25
脯氨酸	%	0.60	0.54	0.44
缬氨酸	%	0.90	0.74	0.72
亚油酸	%	1	1	1

表 4－4　我国肉仔鸡的饲养标准二（矿物质、维生素部分，2004）

营养指标	单位	0～3 周龄	4～6 周龄	7 周龄后
钙	%	1.05	0.95	0.8
总磷	%	0.68	0.65	0.60
非植酸磷	%	0.50	0.40	0.35
钠	%	0.20	0.15	0.15
铁	毫克/千克	120	80	80
铜	毫克/千克	10	8	8
锌	毫克/千克	120	80	80
锰	毫克/千克	120	100	80
碘	毫克/千克	0.7	0.7	0.7
硒	毫克/千克	0.3	0.3	0.3
维生素 A	国际单位/千克	10 000	6 000	2 700
维生素 D	国际单位/千克	2 000	1 000	400
维生素 E	国际单位/千克	30	10	10
维生素 K	毫克/千克	1.0	0.5	0.5
硫胺素	毫克/千克	2	2	2
核黄素	毫克/千克	10	5	5

续表

营养指标	单位	0~3周龄	4~6周龄	7周龄后
泛酸	毫克/千克	10	10	10
烟酸	毫克/千克	45	30	30
吡哆醇	毫克/千克	4.0	3.0	3.0
生物素	毫克/千克	0.20	0.15	0.10
叶酸	毫克/千克	1.0	0.55	0.50
维生素 B_{12}	毫克/千克	0.01	0.01	0.007
胆碱	毫克/千克	1 500	1 200	750

2. 白羽肉种鸡的饲养标准

白羽肉种鸡具有早期生长速度快、腹部脂肪沉积快的遗传基础。但是，作为种鸡不需要早期体重增加太快，更不需要腹部沉积较多的脂肪，更重要的是在育成期要控制体重增长，以保证性成熟后有良好的繁殖性能。因此，其饲料营养水平显著低于肉仔鸡，见表4-5和表4-6。

表4-5 肉种鸡饲养标准（能量、蛋白质、氨基酸、亚油酸部分，2004）

营养指标	单位	0~6周龄	7~18周龄	19周龄至开产	开产至产蛋高峰	高峰期后
代谢能	兆焦/千克（兆卡/千克）	12.12（2.90）	11.91（2.85）	11.70（2.80）	11.70（2.80）	11.70（2.80）
粗蛋白质	%	18	15	16	17	16
蛋白能量比	克/兆焦（克/兆卡）	14.85（62.07）	12.59（52.63）	13.68（57.14）	14.53（60.71）	13.68（57.14）
赖氨酸能量比	克/兆焦（克/兆卡）	0.76（3.17）	0.55（2.28）	0.64（2.68）	0.68（2.86）	0.64（2.68）
赖氨酸	%	0.92	0.65	0.75	0.80	0.75
蛋氨酸	%	0.34	0.30	0.32	0.34	0.30

续表

营养指标	单位	0~6 周龄	7~18 周龄	19 周龄至开产	开产至产蛋高峰	高峰期后
蛋氨酸+胱氨酸	%	0.72	0.56	0.62	0.64	0.60
苏氨酸	%	0.52	0.48	0.50	0.55	0.50
色氨酸	%	0.20	0.17	0.16	0.17	0.16
精氨酸	%	0.90	0.75	0.90	0.90	0.88
亮氨酸	%	1.05	0.81	0.86	0.86	0.81
异亮氨酸	%	0.66	0.58	0.58	0.58	0.58
苯丙氨酸	%	0.52	0.39	0.42	0.51	0.48
组氨酸	%	0.26	0.21	0.22	0.24	0.21
脯氨酸	%	0.50	0.41	0.44	0.45	0.42
缬氨酸	%	0.62	0.47	0.50	0.66	0.51
亚油酸	%	1	1	1	1	1

表 4-6　肉种鸡饲养标准（矿物质、维生素部分，2004）

营养指标	单位	0~6 周龄	7~18 周龄	19 周龄至开产	开产至产蛋高峰	高峰期后
钙	%	1.0	0.9	2.0	3.3	3.5
总磷	%	0.68	0.65	0.65	0.68	0.65
非植酸磷	%	0.45	0.40	0.42	0.45	0.42
钠	%	0.18	0.18	0.18	0.18	0.18
铁	毫克/千克	60	60	80	80	80
铜	毫克/千克	6	6	8	8	8
锌	毫克/千克	80	80	100	100	100
锰	毫克/千克	60	60	80	80	80
碘	毫克/千克	0.7	0.7	1.0	1.0	1.0

续表

营养指标	单位	0~6 周龄	7~18 周龄	19 周龄至开产	开产至产蛋高峰	高峰期后
硒	毫克/千克	0.3	0.3	0.3	0.3	0.3
维生素 A	国际单位/千克	8 000	6 000	9 000	12 000	12 000
维生素 D	国际单位/千克	1 600	1 200	1 800	2 400	2 400
维生素 E	国际单位/千克	20	10	10	30	30
维生素 K	毫克/千克	1.5	1.5	1.5	1.5	1.5
硫胺素	毫克/千克	1.8	1.5	1.5	2.0	2.0
核黄素	毫克/千克	8	6	6	9	9
泛酸	毫克/千克	12	10	10	12	12
烟酸	毫克/千克	30	20	20	35	35
吡哆醇	毫克/千克	3.0	3.0	3.0	4.5	4.5
生物素	毫克/千克	0.15	0.10	0.10	0.20	0.20
叶酸	毫克/千克	1.0	0.5	0.5	1.2	1.2
维生素 B_{12}	毫克/千克	0.01	0.006	0.008	0.012	0.012
胆碱	毫克/千克	1 300	900	500	500	500

3. 优质肉鸡饲养标准

优质肉鸡由于生长速度慢，其饲料的营养水平略低于快长型肉仔鸡，见表 4－7 和表 4－8。优质肉种鸡的饲养标准见表 4－9 和表 4－10。

表 4－7　优质肉仔鸡的饲养标准（能量、蛋白质、氨基酸、亚油酸部分，2004）

营养指标	单位	♂0~3 周龄 ♀0~4 周龄	♂4~5 周龄 ♀5~8 周龄	♂5 周龄后 ♀8 周龄后
代谢能	兆焦/千克 （兆卡/千克）	12.12 （2.90）	12.54 （3.00）	12.96 （3.10）

续表

营养指标	单位	♂0~3周龄 ♀0~4周龄	♂4~5周龄 ♀5~8周龄	♂5周龄后 ♀8周龄后
粗蛋白质	%	21	19	16
蛋白能量比	克/兆焦 (克/兆卡)	17.33 (72.41)	15.15 (63.3)	12.34 (51.61)
赖氨酸能量比	克/兆焦 (克/兆卡)	0.87 (3.62)	0.78 (3.27)	0.66 (2.74)
赖氨酸	%	1.05	0.98	0.85
蛋氨酸	%	0.46	0.40	0.34
蛋氨酸+胱氨酸	%	0.85	0.72	0.65
苏氨酸	%	0.76	0.74	0.68
色氨酸	%	0.19	0.18	0.16
精氨酸	%	1.19	1.10	1.00
亮氨酸	%	1.15	1.09	0.93
异亮氨酸	%	0.76	0.73	0.62
苯丙氨酸	%	0.69	0.65	0.56
苯丙氨酸+酪氨酸	%	1.28	1.22	1.00
脯氨酸	%	0.57	0.55	0.46
缬氨酸	%	0.86	0.82	0.70
亚油酸	%	1	1	1

表4-8　优质肉仔鸡的饲养标准（矿物质、维生素部分，2004）

营养指标	单位	♂0~3周龄 ♀0~4周龄	♂4~5周龄 ♀5~8周龄	♂5周龄后 ♀8周龄后
钙	%	1.00	0.90	0.80
总磷	%	0.68	0.65	0.60

续表

营养指标	单位	♂0～3 周龄 ♀0～4 周龄	♂4～5 周龄 ♀5～8 周龄	♂5 周龄后 ♀8 周龄后
非植酸磷	%	0.45	0.40	0.35
钠	%	0.15	0.15	0.15
铁	毫克/千克	80	80	80
铜	毫克/千克	8	8	8
锌	毫克/千克	60	60	60
锰	毫克/千克	80	80	80
碘	毫克/千克	0.35	0.35	0.35
硒	毫克/千克	0.15	0.15	0.15
维生素 A	国际单位/千克	5 000	5 000	5 000
维生素 D	国际单位/千克	1 000	1 000	1 000
维生素 E	国际单位/千克	10	10	10
维生素 K	毫克/千克	0.50	0.50	0.50
硫胺素	毫克/千克	1.80	1.80	1.80
核黄素	毫克/千克	3.60	3.60	3.00
泛酸	毫克/千克	10	10	10
烟酸	毫克/千克	35	30	25
吡哆醇	毫克/千克	3.5	3.5	3.0
生物素	毫克/千克	0.15	0.15	0.15
叶酸	毫克/千克	0.55	0.55	0.55
维生素 B_{12}	毫克/千克	0.010	0.010	0.010
胆碱	毫克/千克	1 000	750	500

表4－9　黄羽肉种鸡饲养标准（能量、蛋白质、氨基酸、亚油酸部分，2004）

营养指标	单位	0～6周龄	7～18周龄	19周龄至开产	产蛋期
代谢能	兆焦/千克（兆卡/千克）	12.12（2.90）	11.70（2.70）	11.50（2.75）	11.50（2.75）
粗蛋白质	%	20	15	16	16
蛋白能量比	克/兆焦（克/兆卡）	16.50（68.96）	12.82（55.56）	13.91（58.18）	13.91（58.18）
赖氨酸能量比	克/兆焦（克/兆卡）	0.74（3.10）	0.56（2.32）	0.70（2.91）	0.70（2.91）
赖氨酸	%	0.90	0.75	0.80	0.80
蛋氨酸	%	0.38	0.29	0.37	0.40
蛋氨酸＋胱氨酸	%	0.69	0.61	0.69	0.80
苏氨酸	%	0.58	0.52	0.55	0.56
色氨酸	%	0.18	0.16	0.17	0.17
精氨酸	%	0.99	0.87	0.90	0.95
亮氨酸	%	0.94	0.74	0.83	0.86
异亮氨酸	%	0.60	0.55	0.56	0.60
苯丙氨酸	%	0.51	0.48	0.50	0.51
苯丙氨酸＋酪氨酸	%	0.86	0.81	0.82	0.84
脯氨酸	%	0.43	0.39	0.40	0.42
缬氨酸	%	0.60	0.52	0.57	0.70
亚油酸	%	1	1	1	1

表 4－10　黄羽肉种鸡饲养标准（矿物质、维生素部分，2004）

营养指标	单位	0～6 周龄	7～18 周龄	19 周龄至开产	开产至产蛋高峰	高峰期后
钙	%	0.90	0.90	2.00	3.00	
总磷	%	0.65	0.61	0.63	0.65	
非植酸磷	%	0.40	0.36	0.38	0.41	
钠	%	0.16	0.16	0.16	0.16	
铁	毫克/千克	54	54	72	72	
铜	毫克/千克	5.4	5.4	7.0	7.0	
锌	毫克/千克	54	54	72	72	
锰	毫克/千克	72	72	90	90	
碘	毫克/千克	0.60	0.60	0.90	0.90	
硒	毫克/千克	0.27	0.27	0.27	0.27	
维生素 A	国际单位/千克	7 200	5 400	7 200	10 800	
维生素 D	国际单位/千克	1 440	1 080	1 620	2 160	
维生素 E	国际单位/千克	18	9	9	27	
维生素 K	毫克/千克	1.4	1.4	1.4	1.4	
硫胺素	毫克/千克	1.6	1.4	1.4	1.8	
核黄素	毫克/千克	7	5	5	8	
泛酸	毫克/千克	11	9	9	11	
烟酸	毫克/千克	27	18	18	32	
吡哆醇	毫克/千克	2.7	2.7	2.7	4.1	
生物素	毫克/千克	0.14	0.09	0.09	0.18	
叶酸	毫克/千克	0.90	0.45	0.45	1.08	
维生素 B_{12}	毫克/千克	0.009	0.005	0.007	0.010	
胆碱	毫克/千克	1 170	810	450	450	

（三）美国肉鸡的饲养标准（NRC）

NRC 家禽饲养标准是世界上应用最广泛的饲养标准，我国家禽饲养标准的制定在很大程度上都是以 NRC 家禽饲养标准为蓝本的。其参考标准见表 4－11 和表 4－12。

表 4－11　美国 NRC 肉仔鸡饲养标准

营养指标	单位	0～3 周龄	3～6 周龄	6～8 周龄
代谢能	兆焦/千克	13.38	13.38	13.38
粗蛋白质	%	23.0	20.0	18.0
钙	%	1.0	0.9	0.8
有效磷	%	0.45	0.40	0.35
钠	%	0.15	0.15	0.15

表 4－12　美国 NRC 肉种鸡饲养标准

代谢能	蛋白质	蛋氨酸	赖氨酸	苏氨酸	精氨酸	钙	有效磷
11.92 兆焦/千克	14.5%	0.35%	0.51%	0.48%	0.71%	2.75%	0.25%

（四）育种公司提供的肉鸡饲养标准

很多家禽育种公司在其饲养管理手册中都提供有该配套系各个代次鸡群的饲养标准，这些标准都是育种公司经过长期的实验所取得的最佳数据，在生产中具有很高的应用价值。一些公司的参考饲养标准见表 4－13 至表 4－16。

表 4－13　AA 父母代种鸡各期营养标准

营养指标	单位	育雏料 0～5 周	育成料 6～18 周	产前料 19～23 周	种鸡料 24～64 周	种鸡料 炎热天气	种公鸡料 配种期
代谢能	兆焦/千克	11.5～11.7	11.09～11.3	11.3～11.5	11.3～11.5	11.3～11.7	11.09～11.3
粗蛋白	%	18～20	15～16	16～17	15～16	16～17	13～14
亚油酸	%	1.5	1.5	1.7～1.8	1.5	1.5	1.5

续表

营养指标	单位	育雏料 0～5周	育成料 6～18周	产前料 19～23周	种鸡料 24～64周	种鸡料 炎热天气	种公鸡料 配种期
赖氨酸	%	1.10	0.75	0.85	0.75	0.90	0.70
蛋氨酸＋胱氨酸	%	0.80	0.60	0.65	0.60	0.68	0.60
蛋氨酸	%	0.45	0.36	0.40	0.36	0.44	0.32
苏氨酸	%	0.70	0.55	0.50	0.60	0.65	0.60
色氨酸	%	0.20	0.16	0.17	0.19	0.20	0.17
钙	%	0.90～1.10	0.90～1.10	1.20～1.40	3.00～3.20	3.00～3.30	0.90～1.10
有效磷	%	0.45～0.50	0.40～0.45	0.38～0.40	0.38～0.40	0.40～0.45	0.40～0.45
钠	%	0.16～0.18	0.16～0.18	0.16～0.18	0.16～0.20	0.16～0.20	0.15～0.20
氯	%	0.10～0.22	0.18～0.22	0.15～0.20	0.18～0.20	0.22～0.27	0.15～0.20
钾	%	0.70～0.75	0.70～0.75	0.70～0.75	0.70～0.75	0.70～0.75	0.55～0.65
锰	毫克/千克		80			100	
锌	毫克/千克		80			100	
铁	毫克/千克		60			60	
铜	毫克/千克		5			10	
硒	毫克/千克		0.4			0.4	
碘	毫克/千克		1.0			2.0	
钴	毫克/千克		0.5			0.5	
维生素A	国际单位/千克	12 000		15 0000	15 0000		15 0000

续表

营养指标	单位	育雏料 0～5周	育成料 6～18周	产前料 19～23周	种鸡料 24～64周	种鸡料 炎热天气	种公鸡料 配种期
维生素 D_3	国际单位/千克		3 000	3 000	3 000		3 000
维生素 E	国际单位/千克		40	60	150		60
维生素 K	毫克/千克		2	5	5		5
维生素 B_1	毫克/千克		2	3	3		3
维生素 B_2	毫克/千克		8	12	12		12
维生素 B_3	毫克/千克		10	15	15		15
烟酸 B_5	毫克/千克		60	60	60		60
维生素 B_6	毫克/千克		3	5	5		5
叶酸 B_{10}	毫克/千克		1	2	2		2
维生素 B_{12}	毫克/千克		0.02	0.03	0.03		0.03
生物素 H	毫克/千克		0.15	0.20	0.20		0.20
胆碱	毫克/千克		750	750	750		750

表4－14　AA肉鸡商品代饲养标准

营养素	单位	1～14天	15～28天	28天以后
代谢能	兆焦/千克	14	14.3	14.5
粗蛋白质	%	22	20	118
赖氨酸	%	1.35	1.10	1.01
蛋氨酸	%	0.53	0.43	0.40
钙	%	1.0	0.9	0.85
有效磷	%	0.40	0.40	0.40

表 4－15　罗斯 308 肉鸡父母代种鸡各期营养标准

营养素	单位	幼雏（1～21 天）	大雏（22～41 天）	育成鸡（42～104 天）	产前鸡（105 天至产蛋率达 5%）	产蛋鸡（产蛋率 5% 以上）
代谢能	兆焦/千克	11.7	11.7	10.9	11.7	11.7
粗蛋白质	%	20	18	14	14.5～15.5	14.5～15.5
赖氨酸	%	1.07	0.84	0.62	0.65	0.65
蛋氨酸	%	0.4	0.33	0.25	0.3	0.3
苏氨酸	%	0.74	0.61	0.46	0.45	0.48
钙	%	1.0	1.0	0.9	1.2	3.0
有效磷	%	0.45	0.45	0.35	0.35	0.35

表 4－16　中速型优质肉鸡父母代种鸡各期参考营养标准

营养素	单位	雏鸡（1～42 天）	育成鸡（43～126 天）	产蛋前期鸡（127～300 天）	产蛋后期鸡（300 天以后）
代谢能	兆焦/千克	11.7	10.9	11.6	11.5
粗蛋白质	%	18	14	16	15
赖氨酸	%	1.00	0.64	0.68	0.66
蛋氨酸	%	0.4	0.26	0.35	0.35
钙	%	1.05	0.95	3.40	3.40
有效磷	%	0.45	0.35	0.35	0.35

二、常用饲料原料的营养素含量

在肉鸡生产中常用的饲料原料有 20 多种，另外维生素、微量元素、氨基酸和酶制剂等都以添加剂的形式加入饲料中。饲料原料包括能量饲料（如玉米、小麦、次粉、油脂等）、蛋白质饲料（如豆粕、花生粕、棉仁粕、菜籽粕、酒糟蛋白质饲料、鱼粉、肉粉等）、矿物质饲料（如石粉、贝壳粉、骨粉、磷酸氢钙、食盐等）和添加剂。

各种饲料原料在不同类型鸡群的配合饲料中的添加比例是相对固定的。但是，会因为一些外在因素而有所变动。

常见饲料原料的营养素含量见表 4－17。

表 4－17 饲料常规成分

中国饲料编码(CFN)	名称	干物质(DM)%	代谢能(ME)兆焦/千克	粗蛋白质(CP)%	粗脂肪(EE)%	粗纤维(CF)%	无氮浸出物(NFE)%	粗灰分(Ash)%	中性洗涤纤维(NDF)%	酸性洗涤纤维(ADF)%	钙(Ca)%	磷(P)%	有效磷(A－P)%
4－07－0278	高蛋白质玉米	86	13.31	9.4	3.1	1.2	71.1	1.2	9.4	3.5	0.09	0.22	0.09
4－07－0288	高赖氨酸玉米	86	13.6	8.5	5.3	2.6	68.3	1.3	9.4	3.5	0.16	0.25	0.09
4－07－0279	玉米	86	13.56	8.7	3.6	1.6	70.7	1.4	9.3	2.7	0.02	0.27	0.11
4－07－0280	玉米	86	13.47	7.8	3.5	1.6	71.8	1.2	7.9	2.6	0.02	0.27	0.12
4－07－0272	高粱	86	12.3	9	3.4	1.4	70.4	1.8	17.4	8	0.13	0.36	0.13
4－07－0270	小麦	88	12.72	13.4	1.7	1.9	69.1	1.9	13.3	3.9	0.17	0.41	0.13
4－07－0274	裸大麦	87	11.21	13	2.1	2	67.7	2.2	10	2.2	0.04	0.39	0.12
4－07－0277	皮大麦	87	11.3	11	1.7	4.8	67.1	2.4	18.4	6.8	0.09	0.33	0.11
4－07－0281	黑麦	88	11.25	9.5	1.5	2.2	73	1.8	12.3	4.6	0.05	0.3	0.15
4－07－0273	稻谷	86	11	7.8	1.6	8.2	63.8	4.6	27.4	28.7	0.03	0.36	0.13
4－07－0276	糙米	87	14.06	8.8	2	0.7	74.2	1.3	1.6	0.8	0.03	0.35	0.12
4－07－0275	碎米	88	14.23	10.4	2.2	1.1	72.7	1.6	0.8	0.6	0.06	0.35	0.09

续表

中国饲料编码(CFN)	名称	干物质(DM)%	代谢能(ME)兆焦/千克	粗蛋白质(CP)%	粗脂肪(EE)%	粗纤维(CF)%	无氮浸出物(NFE)%	粗灰分(Ash)%	中性洗涤纤维(NDF)%	酸性洗涤纤维(ADF)%	钙(Ca)%	磷(P)%	有效磷(A－P)%
4－07－0479	粟(谷子)	86.5	11.88	9.7	2.3	6.8	65	2.7	15.2	13.3	0.12	0.3	
4－04－0067	木薯干	87	12.38	2.5	0.7	2.5	79.4	1.9	8.4	6.4	0.27	0.09	
4－04－0068	干薯干	87	9.79	4	0.8	2.8	76.4	3	8.1	4.1	0.19	0.02	0.15
4－08－0104	次粉	88	12.76	15.4	2.2	1.5	67.1	1.5	18.7	4.3	0.08	0.48	0.15
4－08－0105	次粉	87	12.51	13.6	2.1	2.8	66.7	1.8	31.9	10.5	0.08	0.48	0.28
4－08－0069	小麦麸	87	5.69	15.7	3.9	6.5	56	4.9	37	13	0.11	0.92	0.28
4－08－0070	小麦麸	87	5.65	14.3	4	6.8	57.1	4.8	41.3	11.9	0.1	0.93	0.2
4－08－0041	未脱脂米糠	87	11.21	12.8	16.5	5.7	44.5	7.5	22.9	13.4	0.07	1.43	0.24
4－10－0025	米糠饼	88	10.17	14.7	9	7.4	48.2	8.7	27.7	11.6	0.14	1.69	0.25
4－10－0018	米糠粕	87	8.28	15.1	2	7.5	53.6	8.8	23.3	10.9	0.15	1.82	0.14
5－09－0127	大豆	87	13.56	35.5	17.3	4.3	25.7	4.2	7.9	7.3	0.27	0.48	0.14
5－09－0128	湿法膨化全脂大豆	88	15.69	35.5	18.7	4.6	25.2	4	11	6.4	0.32	0.4	0.17
5－10－0241	大豆饼	89	10.54	41.8	5.8	4.8	30.7	5.9	18.1	15.5	0.31	0.5	0.22

续表

中国饲料编码(CFN)	名称	干物质(DM)%	代谢能(ME)兆焦/千克	粗蛋白质(CP)%	粗脂肪(EE)%	粗纤维(CF)%	无氮浸出物(NFE)%	粗灰分(Ash)%	中性洗涤纤维(NDF)%	酸性洗涤纤维(ADF)%	钙(Ca)%	磷(P)%	有效磷(A-P)%
5-10-0103	大豆粕	89	10.58	47.9	1.5	3.3	29.7	4.9	8.8	5.3	0.34	0.65	0.21
5-10-0102	大豆粕	89	10	44.2	1.9	5.9	28.3	6.1	13.6	9.6	0.33	0.62	0.28
5-10-0118	棉籽饼	88	9.04	36.3	7.4	12.5	26.1	5.7	32.1	22.9	0.21	0.83	0.38
5-10-0119	棉籽粕	90	7.78	47	0.5	10.2	26.3	6	22.5	15.3	0.25	1.1	0.36
5-10-0117	棉籽粕	90	8.49	43.5	0.5	10.5	28.9	6.6	28.4	19.4	0.28	1.04	0.29
5-10-0220	棉籽蛋白	92	9.04	51.1	1	6.9	27.3	5.7	20	13.7	0.29	0.89	0.33
5-10-0183	菜籽饼	88	8.16	35.7	7.4	11.4	26.3	7.2	33.3	26	0.59	0.96	0.35
5-10-0121	菜籽粕	88	7.41	38.6	1.4	11.8	28.9	7.3	20.7	16.8	0.65	1.02	0.16
5-10-0116	花生仁饼	88	11.63	44.7	7.2	5.9	25.1	5.1	14	8.7	0.25	0.53	0.17
5-10-0115	花生仁粕	88	10.88	47.8	1.4	6.2	27.2	5.4	15.5	11.7	0.27	0.56	0.22
5-10-0031	向日葵仁饼	88	6.65	29	2.9	20.4	31	4.7	41.4	29.6	0.24	0.87	0.29
5-10-0242	向日葵粕	88	9.71	36.5	1	10.5	34.4	5.6	14.9	13.6	0.27	1.13	0.26
5-10-0243	向日葵粕	88	8.49	33.6	1	14.8	38.8	5.3	32.8	23.5	0.26	1.03	
5-10-0119	亚麻仁饼	88	9.79	32.2	7.8	7.8	34	6.2	29.7	27.1	0.39	0.88	

续表

中国饲料编码(CFN)	名称	干物质(DM)%	代谢能(ME)兆焦/千克	粗蛋白质(CP)%	粗脂肪(EE)%	粗纤维(CF)%	无氮浸出物(NFE)%	粗灰分(Ash)%	中性洗涤纤维(NDF)%	酸性洗涤纤维(ADF)%	钙(Ca)%	磷(P)%	有效磷(A-P)%
5-10-0120	亚麻仁粕	88	7.95	34.8	1.8	8.2	36.6	6.6	21.6	14.4	0.42	0.95	0.22
5-10-0246	芝麻饼	92	8.95	39.2	10.3	7.2	24.9	10.4	18	13.2	2.24	1.19	0.16
5-11-0001	玉米蛋白粉	90.1	16.23	63.5	5.4	1	19.2	1	8.7	4.6	0.07	0.44	0.15
5-11-0002	玉米蛋白粉	91.2	14.27	51.3	7.8	2.1	28	2	10.1	7.5	0.06	0.42	0.31
5-11-0008	玉米蛋白粉	89.9	13.31	44.3	6	1.6	37.1	0.9	29.1	8.2	0.12	0.5	0.17
5-11-0003	玉米蛋白饲料	88	8.45	19.3	7.5	7.8	48	5.4	33.6	10.5	0.15	0.7	0.15
4-10-0026	玉米胚芽饼	90	9.37	16.7	9.6	6.3	50.8	6.6	28.5	7.4	0.04	0.5	0.15
4-10-0244	玉米胚芽粕	90	8.66	20.8	2	6.5	54.8	5.9	38.2	10.7	0.06	0.5	0.48
5-11-0007	DDGS	89.2	9.2	27.5	10.1	6.6	39.9	5.1	27.6	12.2	0.05	0.71	0.18
5-11-0009	蚕豆粉浆蛋白粉	88	14.52	66.3	4.7	4.1	10.3	2.6	13.7	9.7	0	0.59	
5-11-0004	麦芽根	89.7	5.9	28.3	1.4	12.5	41.4	6.1	40	15.1	0.22	0.73	2.88
5-13-0044	进口特级鱼粉 CP67%	92.4	12.97	67	8.4	0.2	0.4	16.4	0	0	4.56	2.88	2.9

续表

中国饲料编码(CFN)	名称	干物质(DM)%	代谢能(ME)兆焦/千克	粗蛋白质(CP)%	粗脂肪(EE)%	粗纤维(CF)%	无氮浸出物(NFE)%	粗灰分(Ash)%	中性洗涤纤维(NDF)%	酸性洗涤纤维(ADF)%	钙(Ca)%	磷(P)%	有效磷(A-P)%
5-13-0046	沿海产脱脂鱼粉 CP60.2%	90	11.8	60.2	4.9	0.5	11.6	12.8	0	0	4.04	2.9	3.2
5-13-0077	沿海产脱脂鱼粉 CP53.5%	90	12.13	53.5	10	0.8	4.9	20.8	0	0	5.88	3.2	0.31
5-13-0036	喷雾干燥血粉	88	10.29	82.8	0.4	0	1.6	3.2	0	0	0.29	0.31	0.68
5-13-0037	水解羽毛粉	88	11.42	77.9	2.2	0.7	1.4	5.8	0	0	0.2	0.68	0.15
5-13-0038	皮革粉	88	6.19	74.7	0.8	1.6	0	10.9	0	0	4.4	0.15	4.7
5-13-0047	肉骨粉	93	9.96	50	8.5	2.8	0	31.7	32.5	5.6	9.2	4.7	3.88
5-13-0048	脱脂肉粉	94	9.2	54	12	1.4	4.3	22.3	31.6	8.3	7.69	3.88	0.51
1-05-0074	苜蓿草粉 CP19%	87	4.06	19.1	2.3	22.7	35.3	7.6	36.7	25	1.4	0.51	0.22
1-05-0075	苜蓿草粉 CP17%	87	3.64	17.2	2.6	25.6	33.3	8.3	39	28.6	1.52	0.22	0.19

续表

中国饲料编码(CFN)	名称	干物质(DM)%	代谢能(ME)兆焦/千克	粗蛋白质(CP)%	粗脂肪(EE)%	粗纤维(CF)%	无氮浸出物(NFE)%	粗灰分(Ash)%	中性洗涤纤维(NDF)%	酸性洗涤纤维(ADF)%	钙(Ca)%	磷(P)%	有效磷(A－P)%
1－05－0076	苜蓿草粉CP14%～15%	87	3. 51	14. 3	2. 1	29. 8	33. 8	10. 1	36. 8	2. 9	1. 34	0. 19	0. 14
5－11－0005	啤酒糟	88	9. 92	24. 3	5. 3	13. 4	40. 8	4. 2	39. 4	24. 6	0. 32	0. 42	0. 46
7－15－0001	啤酒酵母	91. 7	10. 54	52. 4	0. 4	0. 6	33. 6	4. 7	6. 1	1. 8	0. 16	1. 02	0. 79
4－13－0075	乳清粉	94	11. 42	12	0. 7	0	71. 6	9. 7	0	0	0. 87	0. 79	0. 32
5－01－0162	脱水酪蛋白	91	17. 28	84. 4	0. 6	0	2. 4	3. 6	0	0	0. 36	0. 32	0
5－14－0503	明胶	90	9. 87	88. 6	0. 5	0	0. 59	0. 31	0	0	0. 49	0	0. 62
4－06－0076	牛奶乳糖（进口乳糖80%以上）	96	11. 25	3. 5	0. 5	0	82	10	0	0	0. 52	0. 62	0
4－06－0077	乳糖	96	11. 3	0. 3	0	0	95. 7	0	0	0	0	0	0
4－06－0078	葡萄糖	90	12. 89	0. 3	0	0	89. 7	0	0	0	0. 04	0	0. 01
4－06－0079	蔗糖	99	16. 32	0	0	0	98. 5	0. 5	0	0	0	0. 01	0. 01
4－02－0889	玉米淀粉	99	13. 22	0. 3	0. 2	0	98. 5	0	0	0	0	0. 03	0

续表

中国饲料编码(CFN)	名称	干物质(DM)%	代谢能(ME)兆焦/千克	粗蛋白质(CP)%	粗脂肪(EE)%	粗纤维(CF)%	无氮浸出物(NFE)%	粗灰分(Ash)%	中性洗涤纤维(NDF)%	酸性洗涤纤维(ADF)%	钙(Ca)%	磷(P)%	有效磷(A－P)%
4－17－0001	牛脂	99	32.55	0	98	0	0.5	0.5	0	0	0	0	0
4－17－0002	猪油	99	38.11	0	98	0	0.5	0.5	0	0	0	0	0
4－17－0003	家禽脂肪	99	39.16	0	98	0	0.5	0.5	0	0	0	0	0
4－17－0004	鱼油	99	35.35	0	98	0	0.5	0.5	0	0	0	0	0
4－17－0005	菜籽油	99	38.53	0	98	0	0.5	0.5	0	0	0	0	0
4－17－0006	椰子油	99	40.42	0	98	0	0.5	0.5	0	0	0	0	0
4－17－0007	玉米油	99	36.83	0	98	0	0.5	0.5	0	0	0	0	0
4－17－0008	棉籽油	99	37.87	0	98	0	0.5	0.5	0	0	0	0	0
4－17－0009	棕榈油	99	24.27	0	98	0	0.5	0.5	0	0	0	0	0
4－17－0010	花生油	99	39.16	0	98	0	0.5	0.5	0	0	0	0	0
4－17－0011	芝麻油	99	35.48	0	98	0	0.5	0.5	0	0	0	0	0
4－17－0012	粗制大豆油	99	35.02	0	98	0	0.5	0.5	0	0	0	0	0
4－17－0013	葵花油	99	40.42	0	98	0	0.5	0.5	0	0	0	0	0

同一种饲料原料的营养成分也会存在差异，如原料的产地、收集季节、作物生长期的土肥水情况、收集后存放条件、原料中的杂质含量、原料的加工方法等。在使用的过程中需要对其主要成分进行现场分析化验，以保证相应数据的准确性。

三、肉鸡饲料配方设计

全价配合饲料的品质取决于饲料原料质量、饲料配方水平以及饲料加工质量。饲料配方是加工全价饲料的依据，各种原料的使用数量都通过饲料配方体现。在规模化配合饲料加工厂都有专门的配方师，其主要工作就是根据鸡群的特点、饲料原料特征和类型、价格等设计合理的饲料配方。

1. 使用饲料配方设计软件　以往有的饲料厂靠经验和计算器设计饲料配方，这样设计出的配方相对比较粗糙。对于专业化的饲料生产企业，都购买有商业化的配方软件，例如国产的资源配方软件、美国的 Brill 配方软件等。使用这类商业化的配方软件能够根据企业现有的饲料原料类型和质量、所饲养鸡群的具体营养标准需要，设计出能够满足营养需要、价格最低的配方。

2. 建立原料数据库　在饲料配方软件中都包含有原料数据库，设计配方的主要数据库之一就是饲料原料数据库，原料数据库中包括饲料原料的价格、原料的营养素含量。在营养素含量方面，数据要求尽量全面，不仅包括粗蛋白、能量、氨基酸、常量矿物质，还应该包括氨基酸消化率数据。

由于饲料原料的来源不同甚至批次不同，其营养水平就可能存在差异，因此要求原料数据库中各种原料的营养参数应该与实际采购的原料一致，要经常根据原料的实测值及时修正数据库。

3. 建立配方营养标准　通常情况下营养标准包含的指标为能量（消化能、代谢能或者净能）、粗蛋白、氨基酸或者可消化氨基酸（一般考虑前几位限制性氨基酸）、钙、有效磷、钠、复合维生素、微量元素。

在饲料配方软件中提供的营养标准可能有国家的肉鸡饲养标准和有关育种公司的饲养标准。但是，在不同地区和季节鸡群对一些营养素的需要会有差异，这就造成了营养标准成为了一个动态的标准。在使用的时候需要根据不同的条件（环境、季节、产品定位）在一定范围内对相关数据进行适当的调整，配方标准的确定和调整应该建立在实验和经验的基础上。

4. 从原料数据库中选择合适的原料 合适的原料一般包括能量原料、蛋白原料、矿物质原料以及多维多矿预混料。其中有一个很关键的步骤，就是根据原料的特性，设定适合该类动物的原料以及确定各原料在配方中限量。同时，还要选择添加剂，并确定添加剂的添加量。

5. 结果 利用配方软件进行配方优化计算。根据优化计算的结果，再做适当调整。

四、肉鸡的饲料类型

在生产中最终使用的肉鸡配合饲料包括颗粒饲料、花料（碎粒料）和干粉状料3种。

1. 颗粒饲料 颗粒饲料是商品白羽肉鸡生产中使用最广泛的饲料类型，它是饲料厂内按照饲料配方要求将各种原料按照比例混合均匀后，再经过制粒机制成的颗粒状全价饲料（图4-1）。颗粒的直径和长度可以调整，不同周龄阶段肉鸡要求的饲料颗粒大小有差异。

颗粒饲料的优点包括：能够提高饲料消化率（经过高温处理后一些营养素更容易被消化吸收），适口性好，能够减少肉鸡的挑食，储存运输更为经济，避免饲料成分的自动分层，减少环境污染，能够杀灭动物饲料中的沙门菌。

不足之处在于其生产成本较高，在喂饲期间向饲料中添加其

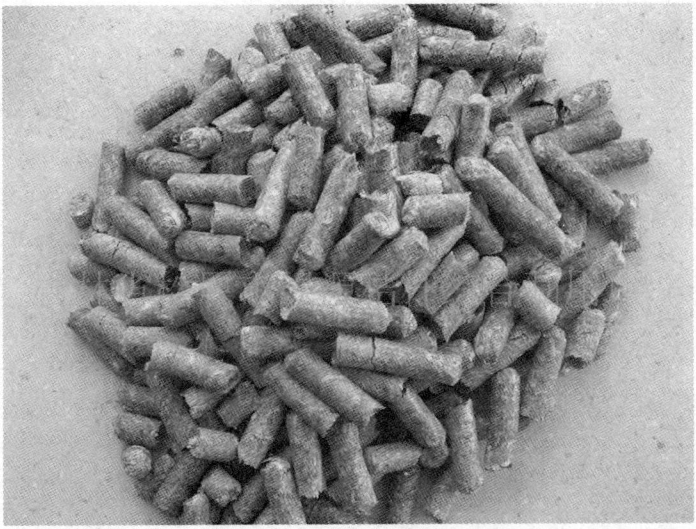

图 4 – 1　颗粒饲料

他成分很难。

2. 碎粒料　是将制成的颗粒饲料经适当破碎处理后的产品，这样更有利于小鸡的采食。主要用于 10 日龄前的肉鸡（图 4 – 2）。

3. 干粉状饲料　是将各种粉状的饲料原料按照配方的比例要求混合均匀后的粉状产品，由于各种原料都处于风干状态，便于储存和运输。在肉种鸡生产中基本都使用这种类型的配合饲料。

其缺点在于会造成鸡只挑食，采食过程中出现不同原料的分层等。

图 4－2　碎粒料

第五章　肉鸡的品种与繁育

品种是经过系统选育、具有高的生产性能、相对一致的外貌特征、遗传性能稳定、数量达到一定规模的优良群体。肉鸡品种同样是需要符合上述各项条件要求的。但是，在当今的肉鸡生产中应用最多的是配套系，即在品种的基础上经过专门化品系选育，之后再进行配合力测定，筛选出最佳品系组合即组成配套系，用于商品生产。

在我国肉鸡生产中，优质肉鸡占有一定的份额，大量的地方品种鸡被直接作为优质肉鸡饲养，或通过杂交培育高产的群体。在2012年出版的《中国畜禽遗传资源志·家禽志》中列出的国家级畜禽遗传资源保护名录中，地方鸡品种有23个，分别是：九斤黄鸡、大骨鸡、鲁西斗鸡、吐鲁番斗鸡、西双版纳斗鸡、漳州斗鸡、白耳黄鸡、仙居鸡、北京油鸡、丝羽乌骨鸡、茶花鸡、狼山鸡、清远麻鸡、藏鸡、矮脚鸡、浦东鸡、溧阳鸡、文昌鸡、惠阳胡须鸡、河田鸡、边鸡、金阳丝毛鸡和静原鸡。

一、肉鸡配套系

（一）白羽快大型肉鸡配套系

近10年来，国际肉鸡育种公司数量显著减少，推出的新配套系数量也很少，主要是使原有的一些配套系生产性能进一步提高。目前，世界知名肉鸡育种公司及其推出的肉鸡配套系见表

5－1。

表5－1 国际著名的家禽育种公司及产品

育种公司	所属国家	子公司	主推配套系
EW集团	德国	安伟捷集团	爱拔益加肉鸡、罗斯肉鸡、印第安河肉鸡
泰森集团	美国		艾维茵肉鸡、科宝肉鸡、海波罗肉鸡
克里莫集团	法国		哈伯德肉鸡

白羽肉鸡的父本品系基本上都是以白科尼什为育种素材选育出的高产品系，而母本品系则是以白洛克为素材选育出的高产品系。因此，不同育种公司推出的肉鸡配套系的外貌特征都很近似（图5－1、图5－2）。

图5－1 商品代白羽肉鸡

1. 爱拔益加肉鸡 在国内一般称为“AA”肉鸡，是德国安伟捷集团的主要肉鸡配套系，是原美国爱拔益加家禽育种公司培育的高产肉鸡配套系，该公司后来被安伟捷集团收购。该配套系是当前国内饲养最多的肉鸡，分为常规系和羽速自别系。

常规系肉鸡父母代性成熟期为175日龄，性成熟体重2.83～

图5-2　父母代白羽肉种鸡

3.06千克，高峰期产蛋率可达87%，65周龄入舍母鸡产蛋数185个，能够提供雏鸡159只。商品代肉仔鸡42日龄平均体重2.35千克，料肉比为2.2∶1。

羽速自别系肉鸡父母代性成熟期为175日龄，性成熟体重2.83~3.06千克，高峰期产蛋率可达86%，65周龄入舍母鸡产蛋数182个，能够提供雏鸡155只。商品代肉仔鸡42日龄平均体重2.44千克，料肉比为2.2∶1；肉仔鸡出壳后可以根据主翼羽和覆主翼羽的长度对比进行雌雄鉴别（公雏为慢羽，其主翼羽和覆主翼羽的长度相同，或主翼羽长度短于覆主翼羽；母雏为快羽，其主翼羽长度长于覆主翼羽），有利于进行公母分养。

2. 罗斯肉鸡 是德国安伟捷集团的主要肉鸡配套系，是原英国罗斯家禽育种公司培育的高产肉鸡配套系，该公司后来被安伟捷集团收购。目前市场上饲养的是罗斯308配套系，是生长速度最快的肉鸡配套系，在国内的养殖量较大。

父母代性成熟期为168日龄，母鸡性成熟体重2.7千克，高峰期产蛋率可达86%，65周龄入舍母鸡产蛋数180个，能够提供雏鸡148只。商品代肉仔鸡35日龄平均体重1.88千克，料肉比为1.65∶1；42日龄平均体重2.47千克，料肉比为1.8∶1。

3. 印第安河肉鸡 是德国安伟捷集团的主要肉鸡配套系，是原美国海兰印第安河公司培育的白羽鸡品种。该鸡商品代肉仔鸡6周龄平均体重达2千克，料肉比约2∶1。该配套系在国内已经很少养殖。

4. 艾维茵肉鸡 是美国泰森集团艾维茵家禽育种公司培育的肉鸡配套系。

父母代种鸡24周龄达到性成熟，高峰期产蛋率86.9%，65周龄可产蛋187个，产种蛋数177个，入舍母鸡产健雏数154只。商品代肉仔鸡6周龄平均体重2.15千克，料肉比约1.9∶1。

5. 科宝肉鸡 是美国泰森集团培育的肉鸡配套系，目前饲养的配套系主要是科宝500。

父母代种鸡24周龄开产，体重2 700克，30～32周龄达到产蛋高峰，产蛋率86%～87%，66周龄产蛋数175个，全期受精率87%，平均孵化率87%，每只母鸡可产商品代雏鸡118只。商品代肉仔鸡40～45日龄上市，体重2 000克以上。

6. 海波罗肉鸡 是美国泰森集团推出的肉鸡配套系（由其子公司荷兰海波罗公司培育），父母代种鸡64周龄入舍母鸡产蛋数178个，其中可孵蛋数162个；入孵蛋平均孵化率84.2%，每只入舍母鸡产雏数145只。商品代肉仔鸡35日龄平均体重1.83

千克，42日龄平均体重2.4千克。目前，该配套系在国内饲养量不大。

7. 哈伯德肉鸡　是法国克里莫集团推出的肉鸡配套系，国内饲养的主要是宽胸系（另外还有常规系），该系的胸肉产出率较高。父母代种鸡24周龄达到性成熟期，母鸡体重约2.83千克；65周龄入舍母鸡产蛋数179个，其中可孵蛋数172个；每只入舍母鸡产雏数148只。商品代肉仔鸡35日龄平均体重常规系1.8千克，宽胸系1.75千克；42日龄平均体重常规系2.3千克，宽胸系2.24千克。

（二）黄（麻）羽肉鸡配套系

国内优质肉鸡绝大多数羽毛的颜色为黄色或麻色（图5-3、图5-4）。许多大中型优质肉鸡种鸡场都在进行不同程度的选育工作，近年来有35个配套系已经通过国家优质肉鸡配套系认定，分别是：康达尔黄鸡、江村黄鸡JH-2号、江村黄鸡JH-3号、新兴黄鸡Ⅱ号、新兴矮脚黄鸡、新兴麻鸡4号、粤禽黄2号、粤禽黄3号、岭南黄鸡Ⅰ号、岭南黄鸡Ⅱ号、岭南黄鸡Ⅲ号、金钱麻鸡1号、南海黄麻鸡1号、新广铁脚麻鸡、京星黄鸡、鲁禽1号麻鸡、鲁禽3号麻鸡、皖南黄鸡、皖南青脚鸡、皖江黄鸡、皖江麻鸡、邵伯鸡、良凤花鸡、金陵黄鸡、凤翔青脚麻鸡等。这里选择几个配套系进行介绍。

1. 京星黄鸡　京星黄鸡配套系，是由中国农业科学院北京畜牧兽医研究所，在闭锁群家系选育的基础上，采用分子标记辅助选择，对纯系开展风味物质含量和抗病力的选育提高，并采用平衡制种技术综合提高配套系遗传性能而选育成功的优质肉鸡新品系，包括京星黄鸡100配套系和京星黄鸡102配套系。该品系已通过国家审定。

该品系父母代母本含有矮小型基因，繁殖性能高，节省饲养空间和饲料10%~15%。其中，京星黄鸡100配套系商品代肉鸡

图5－3　三黄鸡

为矮脚型，80～90日龄上市，体型团圆，皮下脂肪均匀，胸肌内脂肪含量达到3.6%；京星黄鸡102配套系商品代为正常型，56～63日龄上市，适应性强，成活率高。

2. 岭南黄鸡　岭南黄鸡配套系是广东省农业科学院畜牧研究所岭南家禽育种公司经过多年培育而成的黄羽肉鸡配套系。通过国家审定的有岭南黄鸡Ⅰ号、Ⅱ号和Ⅲ号。

岭南黄鸡Ⅰ号由三系配套而成。其配套模式为：F×E1B。其中F系是从1996年开始利用岭南黄鸡c系与红波罗鸡杂交后经横交固定而育成，E1系是利用法国新安康红父母代母鸡与石岐杂鸡杂交于1991年分离后育成的，B系则来源于石岐杂鸡，

图5－4　麻羽肉鸡

从1991年开始进行闭锁繁育后育成。

父母代公鸡为快羽，金黄羽，胸宽背直，单冠，胫较细，性成熟早。母鸡为快羽（母系可羽速自别雌雄，公鸡为慢羽，母鸡为快羽），矮脚，三黄，胸肌发达，体型浑圆，单冠，性成熟早。开产周龄23周，开产体重1.5千克，68周入舍母鸡产蛋185个，产健雏数143只。

商品鸡公鸡出栏日龄56天，体重1.4千克，母鸡出栏日龄70天，体重1.5千克。

3. 新兴黄鸡　由广东温氏食品集团有限公司培育，温氏黄鸡品种中共有10大系列35个纯系。其中，拥有自主知识产权的新兴黄鸡2号、新兴矮脚黄鸡等4个配套系品种先后获得国家级品种审定。

（1）新兴黄鸡Ⅱ号肉鸡配套系：是该公司利用新兴本地土杂鸡、广东粤黄鸡（石岐杂鸡）、“882”商品代鸡的相互杂交合成的鸡为素材，经闭锁选育提高而育成了新兴黄鸡Ⅱ号肉鸡配套系的父系 N201 品系，该系为黄羽。利用石岐杂鸡和以色列隐性白鸡的杂交鸡为素材育成了新兴黄鸡Ⅱ号肉鸡配套系的母系 N202 品系，再经二系杂交而育成了两元杂交配套的新兴黄鸡Ⅱ号肉鸡配套系。

父母代种鸡父系为石岐杂鸡与隐性白鸡的杂交纯繁后代，具有三黄特征，体型团圆，红色单冠直立，体质健壮，性情温顺，肌肉丰满，在尾羽、鞍羽、颈羽、主翼羽处有轻度黑羽，为慢羽品系；母系为石岐杂鸡与隐性白鸡的杂交纯繁后代，具有三黄特征，红色单冠直立，体质健壮，性情温顺，肌肉丰满，在尾羽、鞍羽、颈羽、主翼羽处有轻度黑羽，为慢羽品系。开产周龄 23 周，开产体重 2.13 千克，68 周入舍母鸡产蛋 161 个，产健雏数 125 只。

商品鸡出栏体重 1.5 千克，公鸡出栏日龄 60 天，母鸡出栏日龄 72 天。

（2）新兴矮脚黄鸡配套系：利用石岐杂鸡和法国新安康红矮脚鸡为素材，经杂交再回交分群后闭锁选育而成了新兴矮脚黄肉鸡配套系的父系 N301 品系，该系为矮小型黄羽；利用石岐杂鸡和以色列隐性白鸡的杂交鸡为素材，育成了新兴矮脚黄肉鸡配套系的母系 N202 品系，再经二系杂交而育成了两元杂交配套的新兴矮脚黄肉鸡配套系。

父母代种鸡父系为石岐杂鸡与法国新安康红母鸡杂交纯繁后代，为矮小型品系，具有三黄特征，体型团圆，红色单冠直立，体质健壮，性情温顺，肌肉丰满，在尾羽、鞍羽、颈羽、主翼羽处有轻度黑羽，为快羽品系。母系为石岐杂鸡与隐性白鸡的杂交纯繁后代，具有三黄特征，红色单冠直立，体质健壮，性情温顺，肌肉丰满，在尾羽、鞍羽、颈羽、主翼羽处有轻度黑羽，为慢羽品系。开产周龄 23 周，开产体重 2.13 千克，68 周入舍母鸡产蛋161个，产健雏数125只。

商品鸡公鸡出栏日龄60天，体重1.6千克，母鸡出栏日龄80天，体重1.4千克。

4. 良凤花鸡　是南宁市良凤农牧有限责任公司经多年培育的配套系新品种。母鸡开产体重2.3千克，66周龄产蛋数182个，平均蛋重57.3克，受精率95%以上，入孵蛋孵化率87.0%；商品代生产性能：公鸡49日龄平均体重1.51千克，料肉比2.10∶1，母鸡65日龄平均体重1.5千克，料肉比2.64∶1，成活率97%以上。

5. 江村黄鸡配套系　是广州市江丰实业有限公司（原广州市江村家禽企业发展公司）经过长期系统的纯系选育和品系杂交配套培育而成的黄羽肉鸡。通过国家家禽品种委员会审定的有：江村黄鸡JH－2号配套系和江村黄鸡JH－3号配套系。

（1）江村黄鸡JH－2号配套系：父母代种鸡体型大呈方形，胸宽而深，生长速度快，繁殖性能好，体质健壮，性情温驯，肌肉丰满，黄羽，尾羽、颈羽、翼羽有黑色，黄皮肤，黄腿，红色单冠且直立，蛋壳浅褐色。父母代种鸡开产周龄为24～25周龄，20周龄体重1.72千克，66周龄产蛋167个，能够提供雏鸡133只。商品代肉鸡头部较小，单冠、冠红直立，嘴黄而短，体型较大呈方形；黄羽，尾羽、颈羽、翼羽有少许黑色，被毛紧实。黄皮肤，黄腿，生长速度快，饲料报酬高，抗逆性强，整齐一致，肌肉丰满，屠宰率高，肉质细嫩，鸡味鲜美，皮下脂肪佳，是粤、港、澳制作白切鸡等名菜的优良品种；商品代仔鸡出栏日龄56天、体重1.36千克。

（2）江村黄鸡JH－3号配套系：父母代种鸡体型紧凑，抗逆性强，性情温驯，产蛋性能好，肉质佳，羽色纯黄一致，仅个别尾羽、颈羽、主翼羽轻度黑色，黄皮肤，喙、腿黄色，红色单冠直立，蛋壳浅褐色。父母代种鸡开产周龄为22～23周龄，20

周龄体重1.72～1.85千克，66周龄产蛋168个，能够提供雏鸡133只。商品代肉鸡身体呈方形，体型紧凑，肉质细嫩，鸡味鲜美，早成熟，抗逆性强。羽色纯黄一致，仅个别鸡的尾羽、颈羽、主翼羽轻度黑色，黄皮肤，喙、腿黄色，红色单冠直立；商品代仔鸡出栏日龄56天，体重1.3千克。

6. 康达尔128黄鸡配套系 是由深圳康达尔养鸡有限公司育成的优质黄羽肉用型鸡，是较早通过国家家禽品种审定委员会审定的配套系。

该配套系属快大型黄羽肉鸡。具有毛黄、皮黄、脚黄的三黄特征，全身黄色羽毛，色度均匀。红色单冠，尾羽有4～6片黑羽，母鸡颈羽有少许黑色镶边。胸部发达，肌肉厚实。

父母代种鸡开产周龄为25周龄，开产体重2千克，68周龄产蛋185个，能够提供雏鸡150只。商品代仔鸡出栏日龄及体重：公鸡42～56天，体重1.5～1.8千克；母鸡50～65天，体重1.5～2.0千克。

7. 潭牛鸡 潭牛鸡是海南（潭牛）文昌鸡公司以文昌鸡和广西的三黄鸡为素材，经过3年多的努力选育出文昌鸡新品种。

潭牛鸡保持传统文昌鸡的优点，同时克服了传统文昌鸡的不足，毛色比较一致，体重整齐，成活率高，特别是母鸡特征显明，羽色以黄羽为主，脚胫比较短，雌雄鉴别比较容易，能够大幅降低损耗。

8. 邵伯鸡 邵伯鸡是江苏省首个通过国家级品种审定的优质肉鸡配套系。其关键技术是将dw基因导入我国优质地方鸡种育成优质矮小型母系品系参与配套。这不仅有效地改善了我国地方鸡种繁殖性能差、饲料报酬低的缺陷，而且为现行利用外来高产快大品系进行优质鸡配套生产所存在的制种成本高、产品品质不一问题的解决提供了技术途径。邵伯鸡与同类鸡种相比，种鸡开产日龄提前10%，产蛋量提高20%，饲料消耗减少25%以上。

父母代种鸡达5%产蛋率日龄为145～150天，体重1.4千克，高峰产蛋率80%，66周龄入舍母鸡产蛋数180个。商品代上市日龄：公鸡70日龄体重1 300～1 450克，饲料转化比为2.4∶1～2.6∶1；母鸡70日龄体重为1 000～1 100克，饲料转化比为3.3∶1～3.6∶1。

此外，在河南、山东、安徽、江苏、河北等地还饲养有相当一部分肉蛋杂交鸡，常称为“817”肉杂鸡。“817”杂交肉鸡的生产极为简单，采用大型肉鸡父母代的公鸡（如AA⁺、罗斯308等）与常规商品代褐壳蛋鸡（如海兰、罗曼、尼克等）进行人工受精获取的受精蛋即为“817”杂交种蛋，再进行孵化产出“817”杂交肉鸡苗，一般饲养6～8周，体重达到1.5～1.8千克即可出栏。

二、肉鸡良种繁育体系

良种繁育体系，包括品种资源、纯系培育、配合力测定、曾祖代、祖代、父母代、商品代，把这些环节有机地联系起来，形成一套完整的体系。体系的规模有一定的伸缩性，但当中的任何环节缺一不可，更不能乱配，否则影响商品代的生产性能。

（一）种畜禽管理条例及实施细则

良种繁育体系的建立主要是加强对种畜禽的管理，保证种畜禽的质量，从而为商品畜禽的高效生产奠定良好的基础。这是落实规模化养殖场标准化示范创建中“畜禽良种化”的重要条件。为此，国务院在1994年发布了国务院令第153号（2011年修订）《种畜禽管理条例》，农业部1998年1月5日发布农业部令第32号，2004年7月1日农业部令38号修订《种畜禽管理条例实施细则》。在肉种鸡生产中必须要遵守这两个条例和规范。

1. 种畜禽管理条例

第一章 总则

第一条 为了加强畜禽品种资源保护、培育和种畜禽生产经营管理，提高种畜禽质量，促进畜牧业发展，制定本条例。

第二条 本条例所称种畜禽，是指种用的家畜家禽，包括猪、牛、羊、马、驴、驼、兔、犬、鸡、鸭、鹅、鸽、鹌鹑等及其卵、精液、胚胎等遗传材料。

第三条 从事畜禽品种资源保护、培育和种畜禽生产、经营的单位和个人，必须遵守本条例；农户自繁自用种畜禽的除外。

第四条 国家鼓励并扶持繁育、推广、使用畜禽良种和培育畜禽新品种。

在畜禽品种资源保护、培育和种畜禽科研、生产中做出显著成绩的，由人民政府或者畜牧行政主管部门给予奖励。

第五条 国务院畜牧行政主管部门主管全国的种畜禽管理工作。县级以上地方人民政府畜牧行政主管部门主管本行政区域内的种畜禽管理工作。

第二章 畜禽品种资源保护

第六条 国家对畜禽品种资源实行分级保护。保护名录和具体办法由国务院畜牧行政主管部门制定。

第七条 国务院畜牧行政主管部门和省、自治区、直辖市人民政府有计划地建立畜禽品种资源保护区（场）、基因库和测定站，对有利用价值的濒危畜禽品种实行特别保护。

第八条 县级以上人民政府对畜禽品种资源的普查、鉴定、保护、培育和利用，给予扶持。

第九条 从国外引进或者向国外输出种畜禽的，依照国家有关规定办理。

第三章 畜禽品种培育和审定

第十条 国务院畜牧行政主管部门和省、自治区、直辖市人民政府畜牧行政主管部门根据畜禽品种资源分布、自然条件和经济状况，制订良种繁育体系规划。

第十一条 建立种畜禽场，应当根据良种繁育体系规划，合理布局。建立地方种畜禽场，必须经省、自治区、直辖市人民政府畜牧行政主管部门批准；建立国家级种畜禽场，必须经省、自治区、直辖市人民政府畜牧行政主管部门审核同意，并报国务院畜牧行政主管部门批准。

第十二条 跨省、自治区、直辖市的畜禽品种的认可与新品种的鉴定命名，必须经国家畜禽品种审定委员会或者其委托的省级畜禽品种审定委员会评审后，报国务院畜牧行政主管部门批准。省、自治区、直辖市内地方畜禽品种的认可与新品种的鉴定命名，必须经省级畜禽品种审定委员会评审后，由省、自治区、直辖市人民政府畜牧行政主管部门批准，并报国务院畜牧行政主管部门备案。

经批准的畜禽品种，由批准单位颁发品种证书，予以公布，并列入国家的或者地方的畜禽品种志。

国家畜禽品种审定委员会和省级畜禽品种审定委员会由畜牧行政主管部门及科研、教学、生产单位的有关专家组成。

第十三条 依照本条例第十二条的规定经过评审并批准的畜禽品种，方可推广。

第十四条 国务院畜牧行政主管部门和省、自治区、直辖市人民政府畜牧行政主管部门或者其委托的单位负责进行畜禽良种登记和生产性能测定。

第四章 种畜禽生产经营

第十五条 生产经营种畜禽的单位和个人，必须向县级以上人民政府畜牧行政主管部门申领种畜禽生产经营许可证；工商行政管理机关凭此证依法办理登记注册。

生产经营畜禽冷冻精液、胚胎或者其他遗传材料的，由国务院畜牧行政主管部门或者省、自治区、直辖市人民政府畜牧行政主管部门核发种畜禽生产经营许可证。

第十六条　生产经营种畜禽的单位和个人，符合下列条件的，方可发给种畜禽生产经营许可证：

（一）符合良种繁育体系规划的布局要求；

（二）所用种畜禽合格、优良，来源符合技术要求，并达到一定数量；

（三）有相应的畜牧兽医技术人员；

（四）有相应的防疫设施；

（五）有相应的育种资料和记录。

第十七条　国有种畜禽场为事业单位，承担培育和提供良种、保护品种资源、开发新品种和新技术推广的任务，实行独立核算、自主经营，坚持繁育优良畜禽为主、积极开展多种经营的方针。

实行企业化经营、国家不再核拨经费的国有种畜禽场，具备企业法人条件的，经工商行政管理机关核准，为企业法人。

第十八条　生产经营种畜禽的单位和个人，必须按照规定的品种、品系、代别和利用年限从事生产经营；变更生产经营范围的，必须办理变更手续。

第十九条　生产经营种畜禽的单位和个人，必须遵守种畜禽繁育、生产的技术规程，建立生产和育种档案，并依照《中华人民共和国动物防疫法》及有关兽医卫生规定，建立和实施防疫制度。

第二十条　销售的种畜禽，应当达到种畜禽的国家标准、行业标准或者地方标准，并附有种畜禽场出具的种畜禽合格证、种畜系谱。

第二十一条　进行畜禽专业配种（包括人工授精）、孵化的，必须使用从种畜禽场引进并附有种畜禽合格证、种畜系谱的种畜禽。

第二十二条 从事畜禽人工授精的人员，取得县级以上人民政府畜牧行政主管部门核发的证书后，方可从事该项工作。

畜禽人工授精人员必须执行操作规程。

第五章 罚则

第二十三条 有下列行为之一的，由畜牧行政主管部门责令改正，可以没收违法所得，并可以处以违法所得二倍以下的罚款：

（一）未取得种畜禽生产经营许可证生产经营种畜禽的；

（二）未按照规定的品种、品系、代别和利用年限生产经营种畜禽的；

（三）推广未依照本条例评审并批准的畜禽品种的；

（四）销售种畜禽未附具种畜禽合格证、种畜系谱的。

有前款第（二）项、第（四）项行为之一，情节严重的，可以吊销种畜禽生产经营许可证。

第二十四条 销售不符合质量标准的种畜禽的，以次充好、以假充真的，或者有其他违反工商行政管理法规行为的，由工商行政管理机关依法处罚。

第六章 附则

第二十五条 国务院畜牧行政主管部门根据本条例制定实施细则。省、自治区，直辖市人民政府可以根据本条例制定实施办法。

第二十六条 本条例由国务院畜牧行政主管部门负责解释。

第二十七条 本条例自1994年7月1日起施行。

2. 种畜禽管理条例实施细则

1998年1月5日农业部令第32号，2004年7月1日农业部令38号修订

第一章 总则

第一条 根据《种畜禽管理条例》(以下简称条例)第二十五条规定，制定本实施细则。

第二条 凡在中华人民共和国境内从事畜禽品种资源保护、新品种培育和种畜禽生产、经营者，必须遵守本实施细则。农户(包括农场职工)自繁自用种畜禽除外。

第三条 种畜禽管理人员在执行公务时，应持证上岗。

第二章 畜禽品种资源保护

第四条 畜禽品种资源实行国家、省(自治区、直辖市)二级保护。国家级畜禽品种资源保护名录由国务院畜牧行政主管部门确定、公布；省级畜禽品种资源保护名录由省级畜牧行政主管部门确定、公布，报国务院畜牧行政主管部门备案。

第五条 国务院畜牧行政主管部门和省级畜牧行政主管部门有计划地建立畜禽品种资源动态监测体系、保种场、保护区、基因库和测定站等。

第六条 禁止保种群杂交。因育种需要杂交的，应当报省级人民政府畜牧行政主管部门备案。

第三章 种畜禽进出口管理

第七条 种畜禽进出口应当符合国家种畜禽进出口规划和计划，并符合种畜禽进出口品种名录的规定。

种畜禽进出口品种名录，由国务院畜牧行政主管部门发布。种畜禽进出口的规划、计划由国务院畜牧行政主管部门制定。

第八条 进出口种畜禽的单位和个人应当向省级人民政府畜牧行政主管部门提出申请，并提交下列材料：

(一)进出口种畜禽审批表；

(二)种畜禽生产经营许可证复印件；

(三)出口国官方或官方委托机构出具的种畜禽系谱证明；

(四)申请进口种畜禽数量符合实际生产能力的说明材料；

（五）国内申请进口单位与进出口代理商签订的种畜禽代理进口合同以及进口商与出口商签订的种畜禽买卖合同，自理进出口单位只需提供种畜禽买卖合同。

省级人民政府畜牧行政主管部门受理申请后，应当在20日内审查完毕。审查符合要求的，应当报送国务院畜牧行政主管部门审批。

国务院畜牧行政主管部门应当在收到省级人民政府畜牧行政主管部门报送的申请材料后20日内做出是否批准的决定。认为需要进行技术审定或测定的，应当委托国家畜禽品种审定委员会进行技术审定或测定。

第四章　畜禽品种培育和审定

第九条　国务院畜牧行政主管部门负责制定全国良种繁育体系规划。省级畜牧行政主管部门根据国家规划制定本地区相应的规划，包括本品种选育、新品种培育、经济杂交及配套系统良种繁育体系规划，报国务院畜牧行政主管部门备案。

国家鼓励集体和个人培育畜禽新品种。

第十条　畜禽新品种审定实行国家和省两级审定制定：

（一）国家畜禽品种审定委员会进行跨省推广品种以及需由国家审定的品种的审定，并协调指导省级畜禽品种审定工作；

（二）省级畜禽品种审定委员会进行省内畜禽品种的审定。

第十一条　畜禽新品种报审条件：

（一）品种主要特性、特征明显，生产性能优良，遗传性状稳定，与其他品种有明显区别；

（二）经中试、区域试验增产效果明显，品质、繁殖率和抗病力等方面有一项或多项突出优良性状；

（三）培育品种数量及畜禽结构达到品种要求标准；

（四）生产性能指标应由畜牧行政主管部门指定的畜禽品种检测机构签署检定意见。

第十二条　畜禽新品种申报材料：

（一）报审品种申请书；

（二）育种技术工作报告；

（三）报审品种的声像、画册资料及必要的实物等。

第十三条　畜禽新品种审定程序：

申请者根据第十条、第十一条及第十二条规定向国家或省级畜禽品种审定委员会提出申请；品种审定委员会在一个月内决定是否受理，并书面通知申请人，如不予受理，应说明理由。

国家或省级畜禽品种审定委员会受理后于六个月内提出审定意见，如审定通过，报畜牧行政主管部门批准公布。省级批准公布的畜禽品种报国务院畜牧行政主管部门备案。

第十四条　申请者对审定结果如有异议，可向原审定机构申请复审。国家或省级畜禽品种审定委员会应在接到复审申请之日两个月内予以答复。

第十五条　畜禽新品种、品系及配套系一经公布命名，任何单位、组织和个人不得擅自改动其名称；确需更改，由国家或省级畜禽品种审定委员会审议同意后，报同级畜牧行政主管部门批准公布。

第十六条　未经畜牧行政主管部门批准公布的畜禽品种不得经营、推广、报奖和广告。

第十七条　畜禽品种、品系及配套系在生产推广过程中，如发现有不可克服的弱点，由国家或省级畜禽品种审定委员会提出停止生产、推广建议，报同级畜牧行政主管部门批准并予公告。

第五章　种畜禽场管理

第十八条　国有种畜禽场为事业单位。实行企业化经营、国家不再核拨经费的国有种畜禽场，具备法人条件的，经工商行政管理机关核准，为企业法人。

第十九条　种畜禽场以繁育优良畜禽为主，积极开展多种经营，实行自主经营、独立核算。

第二十条 种畜禽场承担保护畜禽品种资源、培育及提供良种、开发新品种和新技术推广的任务。

第二十一条 种畜禽场应采用科学、先进和管理、繁育、饲养技术，有明确的选育目标，必须建立健全完整、系统的档案制度。

第二十二条 国有种畜禽场使用的土地、草原、耕地、水面、生产生活设施、种畜禽和资金等国有资产未经原批准机关同意，任何部门和个人不得挪用、转让、平调和无偿占用。

第六章 种畜禽生产经营

第二十三条 从事种畜禽生产经营的单位和个人必须取得种畜禽生产经营许可证（以下简称许可证），凭许可证向当地工商行政管理部门办理注册登记，领取营业执照后，方可营业。

第二十四条 原种（纯系）场、曾祖代场、种公牛站、国家重点种畜禽场和生产经营胚胎或其他遗传材料的单位的许可证，由申请人提出申请，经省级畜牧行政主管部门审核后，报国务院畜牧行政主管部门审批发证。

其他种畜禽场、种畜站的许可证，由省级畜牧行政主管部门审批发证。

单纯从事种畜禽经营和卵孵化的单位和个人的许可证，由县级以上畜牧行政主管部门审批发证。

第二十五条 原种（纯系）场、曾祖代场及国家重点种畜场须符合以下条件：

（一）符合良种繁育体系布局要求，饲养对全国或区域性畜牧业生产有较大作用的种畜禽品种和珍贵禽品种；

（二）种畜禽必须来源于国家确认的国内外原种；

（三）具有独立的育种场所，完整的引种、育种记录；

（四）具有明确的育种目标和群体规模；

（五）种公畜禽按保种或选育要求不得少于六个家系，系谱清楚；

（六）种畜禽基础群的质量必须符合本品种标准，公畜达到特级或一级，母畜达到一级，且三代系谱清楚；

（七）具有健全的兽卫生防疫、环境保护措施。

生产经营精液、胚胎或其他遗传材料的单位必须符合上述（一）、（二）、（三）、（六）、（七）项条件。

第二十六条　审查合格者由批准机关核发许可证，并注明品种、品系、代别和有效期。

第二十七条　审批机构对已批准的种畜场进行不定期抽检。

第二十八条　销售的种畜禽，须符合本品种标准二级上以（包括二级）等级标准，其中种公畜须达到一级上以（包括一级）等级标准。出售的种畜禽须随带加盖种畜禽生产单位公章的种畜禽合格证和种畜禽系谱。

第二十九条　各级畜牧技术推广机构应积极做好良种畜禽的推广，种畜禽系谱登记和使用记录。

第七章　附则

第三十条　种畜禽生产经营许可证由国务院畜牧行政主管部门统一印制，按管理权限核发。

第三十一条　畜牧行政主管部门可以委托所属的畜牧技术推广机构实施行政处罚。

第三十二条　畜禽品种审定和种畜禽生产性能的测定收费，根据国家或地方财政、物价部门的有关规定收取。

第三十三条　本细则由农业部负责解释。

第三十四条　本细则自发布之日起施行。

（二）肉鸡良种繁育体系

1. 良种繁育体系的组成　肉鸡良种繁育体系包括制种、繁育和商品代饲养三大环节。

（1）制种：是良种繁育体系中最基础的环节，也是成本最大的环节，在国内常称为原种场。其主要工作内容包括建立品种资源库（为选育提供素材）、培育专门化品系（至少要有 4 个）、杂交组合的筛选、配套系的建立与保种。其最终推出的是曾祖代种鸡。原种场（或曾祖代种鸡场）主要由国家或大型企业集团控制。

（2）繁育：是种禽按照繁育规定进行杂交的过程，包括祖代种鸡场和父母代种鸡场。以四系配套为例：祖代种鸡场从曾祖代种鸡场购入的是 4 个系的种鸡，一般都是编号为 ABCD，其中，A 系和 B 系称为父本品系，C 系和 D 系称为母本品系，A 系和 C 系只有公鸡，B 系和 D 系只有母鸡；其任务是用 A 系公鸡和 B 系母鸡杂交生产 AB 公鸡，用 C 系公鸡和 D 系母鸡杂交生产 CD 母鸡，并提供给父母代场。父母代种鸡场则利用 AB 公鸡与 CD 母鸡杂交生产商品代肉仔鸡（ABCD）。祖代种鸡场的规划和验收一般由省级行政主管部门掌握，父母代种鸡场则由市级行政主管部门监管。

（3）商品代饲养：商品代肉鸡场饲养商品代肉仔鸡向市场提供鸡肉产品。

2. 各级场的任务

（1）曾祖代原种场，进行纯系繁殖，向祖代种鸡场提供祖代雏鸡。

（2）祖代场饲养父系和母系，父系中的公鸡（♂）与父系中的母鸡（♀）交配，繁殖出父系中的公鸡（♂）作种用，繁殖母系中的母鸡（♀）作种用，将其父系中的母鸡和母系中的公鸡淘汰不作种用，因此，祖代场向父母代场提供父母代雏鸡（父系公鸡和母系母鸡）。

（3）父母代场饲养父母代，父系公鸡与母系母鸡交配繁殖商品代。繁殖过程中，要把父系中的母鸡（鉴别误差或隐性母鸡）淘汰不作种用，母系中的公鸡淘汰不作种用，防止影响后代的生产性能；父母代场的任务是为商品代场提供商品代。

（4）商品代场则饲养商品鸡，向社会提供商用肉仔鸡。

3. 繁育模式

（1）四系配套模式：祖代鸡为4个系，即A系、B系、C系和D系，其繁育模式见图5－5。这种模式在白羽快大型肉种鸡方面应用最多。

祖代场　　A♂×B♀　　　　C♂×D♀

　　　　　　↓　　　　　　　↓

父母代场　　AB♂　　×　　CD♀

　　　　　　　　　↓

商品代场　　　　ABCD

图5－5　四系配套繁育模式

（2）三系配套模式：祖代鸡为3个系，即A系、B系和C系，其繁育模式见图5－6。这种模式在白羽快大型肉种鸡和优质肉种鸡生产中都有应用。

祖代场　　B♂×C♀　　　　A♂×A♀

　　　　　　↓　　　　　　　↓

父母代场　　BC♀　　×　　A♂

　　　　　　　　　↓

商品代场　　　　ABC

图5－6　三系配套繁育模式

（三）优质肉种鸡育种

我国目前基本没有开展白羽快大型肉种鸡的育种工作，在今后一段时期国家可能会重点扶持2～5个企业开展育种，但是要形成有自主知识产权并具有市场竞争力的配套系至少需要6年的时间。优质肉种鸡育种在国内开展得很广泛，而且取得的成效也很突出，也是今后我国肉鸡育种的重点。在优质肉鸡育种方面重点要把握好以下几个选育指标。

1. 羽毛颜色 在优质肉鸡的育种中，羽色选择要予以充分的重视，优先选育的性状就是黄（或麻）羽。个体选择可以发挥较大的作用，即从表型选择纯黄羽或麻羽，采用闭锁群体选育法，同质选配，经过几个世代，使群体毛色的一致性提高。

2. 早熟性 对于商品代肉仔鸡来说主要体现在鸡冠的大小和颜色。对于7周龄仔鸡的鸡冠表现可以作为选种的重要依据。

3. 体型性状 体型一般有大、中、小三种，应根据不同品种和不同消费习惯来选择肉鸡的体型。对于胫的长度、粗细和颜色，选择方法是先选出体重合适的个体，再从中选出胫短而细、颜色偏黄的个体，其中对公鸡胫长的选择标准适当放低些，以保证公鸡有足够的体重，而母鸡则加大选择压，尽量选出胫短而细的个体，其体重相应降低一点也是允许的，因为母鸡体重对后代影响相对较小。除选择体型大小和胫的长度、粗细和颜色外，每世代都选留体斜长适中、毛滑光亮的个体，相应地坚持淘汰体躯过窄过长、尾太翘、羽毛蓬松或光背的个体。

4. 生长速度与饲料转化率 肉质嫩滑、鸡味浓的鸡生长速度慢，饲料转化率低，为了适应商品生产的需要，要适当对优质肉鸡生长性能进行选育，在不明显影响肉质的情况下，达到提高增重速度和饲料报酬的效果。主要采用个体选择，在出雏时选择头大颈粗，腹圆脐平，健康结实的雏鸡，挑出弱小个体，一般挑出10%。公、母鸡以不同选择压在28日龄、70日龄、90日龄时进行三次个体选择。母鸡选体重适中、健康发育好、体型好、被毛紧凑的个体，选留数为母鸡出雏数的40%～50%。公鸡选择发育好、体型外貌良好、骨架结实、胫部强健、冠红大、眼亮头昂、体重在平均数加一个标准差以上的个体，选留数为公鸡出雏数的20%。

5. 矮小型基因的利用 性连锁矮小型基因可使鸡体型减小而不明显影响鸡的生活力和生产力，而且可以降低生产成本。在优质肉鸡育种中使用矮小型基因时，要注意尽量靠近当地消费者所认为的那种目标体型，一般以某正常型品种与具有矮小型基因的品种杂交第一代，再与具有目标体型的品种杂交一次为好。

6. 初生雏鸡自别雌雄 在华南地区，优质肉鸡通常只对母鸡而言，这种类型的肉用公雏售价低；在西南和华北地区公雏的价格显著高于母雏。因此，第一天就鉴别雏鸡性别显得比其他品种更为重要。在优质肉鸡的育种中可利用快慢羽基因，培育出雌雄自别的品系。

对每批雏鸡在出壳24小时内进行羽型鉴别，分开快、慢羽。经过一定的育种程序，经3～4世代建立快慢羽纯系，并通过适当配套，建立雌雄自别系。

7. 对繁殖性能的选择 要同时考虑产蛋率、受精率、孵化率、成活率等性状，兼顾各家系的生长速度、体型、羽色等，所以可以通过家系选择法，各世代用综合指标进行评定，然后确定选留和淘汰，中选家系再组成核心群，进行下一代的选育。

（四）引种

1. 了解种鸡特定疾病的净化情况 我国祖代父母代肉种鸡场比较多，但有一大部分种鸡场在特定疫病（主要是白痢、支原体、淋巴白血病等）净化方面工作做得不够深入，有的甚至就没采取净化措施，种鸡群的白痢阳性率达10%左右。患白痢的鸡死淘率高、产蛋率低。有的种鸡场卫生防疫不严格，鸡群病较多，有的免疫方法不合适，雏鸡体内母源抗体水平不一致，给雏鸡的免疫带来麻烦。

2. 种鸡要按照制种要求进行繁育 一部分鸡场不按规定的制种方式进行繁育，后代鸡群生产性能明显不高。也有一些鸡场提供的雏鸡来源比较复杂，从许多场购入种蛋，雏鸡质量很不稳定。同时还要了解种鸡场的生产状况、饲养管理水平、疾病防治措施等情况。若种鸡的健康状况较差，生产性能低下，饲养管理水平低，疾病发生多，就会引起雏鸡成活率低，生产性能低，影响经济效益。

3. 生产技术资料齐全　不同的鸡种其饲养标准、耗料量标准、体重发育标准等都不相同，而这些标准是指导饲养管理工作的主要依据。以体重为例，在性成熟时体重过大或过小都会影响以后的产蛋量，若没有有关技术资料则很难将体重控制在合适的水平。因此，在引种时必须注意同时取得详细的生产技术资料。

4. 鸡种应对本地条件有良好的适应性　各地的自然环境条件、生产技术水平千差万别，不同鸡种在不同地区的性能表现也会存在明显差异。不同育种公司由于在育种过程中所采取的培育方法和目标不同，也会使育成的鸡种在某些性状上表现出差异，如有的鸡种耐热性较强，有的对马立克病或白血病的抵抗力强，也有的鸡种在较低温度下性能表现较好。引种前应了解不同鸡种的一些生理学特性，也可以了解本地区其他鸡场的引种及引种后生产性能表现情况。这样引种成功的可靠性会更大。

5. 做到一场一品种一代次　鸡种的类型不宜多。有的一个鸡场既有白羽肉鸡又有优质肉鸡，既有种鸡又有商品鸡。由于不同的鸡种、不同的代别其饲养管理要求不同，对于一个场来说鸡种类型过多会给生产管理带来不便。

6. 数量要适当　根据自己的经济和设备等条件，还要考虑其他因素，如房舍与设备的利用效率、种鸡群供种能力的大小，自身的生产技术和管理水平等情况确定引种数量。

7. 严格检疫　我国近年来引进了大量国外鸡种，但伴随而来的是鸡病的种类越多、危害越严重，甚至有的鸡场因引种时检疫不严格而导致严重的经济损失。

8. 供种场应具备的资质 供种场应持有种畜禽生产经营许可证和动物防疫合格证。近年来，各省区都开展了“规模化养殖场标准化示范创建活动”，一批规模化肉种鸡场获得了农业部颁发的“标准化养殖示范场”匾牌，凡是获得这种称号的企业多数都是比较可信的。

第六章　白羽快大型肉鸡生产

目前国内饲养的白羽快大型肉鸡都是从国外引进的高产配套系。国内没有原种鸡，只有祖代种鸡和父母代种鸡。目前全国祖代场有 14 家，2012 年引种量达到 125 万套，比 2011 年的 117 万套要多 8 万 ~9 万套，预计目前全国祖代鸡存栏量达到了 200 万套左右；父母代场存栏量也达到了 4 000 万 ~5 000 万套；商品肉仔鸡养殖量约 50 亿只，产鸡肉超过 770 万吨。白羽肉鸡养殖相对集中，东北、华北、华东是主要产区，长江以南则主要是福建。白羽肉仔鸡的鸡肉产量占我国鸡肉总产量的 60% 左右。

第一节　肉仔鸡生产

肉仔鸡是指经过 5 ~ 6 周饲养的商品代肉鸡上市后直接作为食用的鸡只。这个时期上市的鸡只肉质嫩，容易烹调，肉中蛋白质含量高而脂肪含量低，在日常生活中主要用作快餐食品原料。

一、肉仔鸡的生产特点

1. 生长速度快　肉仔鸡体增重很快，出壳时雏鸡的体重不足 40 克，在良好的饲养管理和卫生防疫条件下，35 日龄和 42 日龄平均体重分别能够达到 2 千克和 2. 5 千克左右，分别为出壳时体重的50倍和60倍。这是一般的畜禽很难达到的相对增重速度，因此一些媒体也把肉仔鸡称为“速生鸡”。

一些媒体对“速生鸡”的报道往往是负面的，认为这么快的生长速度是不可思议的，都是在饲料和饮水中添加了激素和抗生素才取得这样的效果。其实，肉仔鸡这样快的生长速度主要是取决于现代育种技术和动物营养与饲料科技的进步，在正常情况下取得这样的体增重是很普遍的。

2. 饲料效率高 现代白羽肉仔鸡42日龄体重达到2.5千克的时候，总的饲料消耗量约为4.7千克，即每千克增重的耗料量不足1.9千克。这在当前所饲养的各种畜禽当中也是最佳的生产指标。在肉鸡生产实践中，如果一个饲料公司的配合饲料达不到这个水平，其产品就几乎没有市场竞争力。

一些人认为这么高的饲料效率是添加激素的结果。其实，在肉鸡生产中基本不存在“激素鸡”的情况，因为添加激素是违法的，谁使用激素谁就有可能成为一个违法者被处理，另外激素本身的成本很高，添加量也很难掌握。

3. 饲养周期短，周转快 白羽肉鸡的饲养期为5~6周，如果肉鸡出栏后留出4周的清理、消毒、设备检修、闲置时间，每批鸡的一个生产周期约为10周，一个鸡舍一年可以养5批肉鸡。由于饲养期短，肉鸡生产的资金周转也很快。

4. 肉鸡性情懒惰易管理 肉鸡在育种的过程中由于强调了早期生长速度和饲料效率，就形成了好吃懒动的习性。肉鸡养殖过程中在鸡舍内跑动很少，常常是吃过饲料、饮过水之后就在原地卧下休息；也经常会发现有些鸡就卧在料桶和饮水器旁边，连吃料和饮水都懒得站起来。只要有足够的饲料和饮水，肉鸡之间很少出现相互啄斗的现象，也很少出现跳上跳下的情况（图6-1）。因此，肉鸡可以较高密度饲养。

5. 生长发育的均匀度高 经过长期选育，白羽肉鸡体格发

图6－1　肉鸡大部分时间都卧在地上

育均匀一致，出栏时鸡群均匀度都在80%以上，商品率高。如果公母分饲，分别出栏则均匀度更高。

6. 屠宰率高　肉鸡的产肉性能好，屠宰率高。肉仔鸡屠宰率达90%以上，一般胸肌率和腿肌率都在20%以上，屠体可食部分所占的比例大（图6－2）。

7. 便于工厂化生产　由于肉鸡性情懒惰，容易管理，饲养密度高，适宜于工厂化大群体养殖，而且养殖的自动化程度高，目前很多鸡场内一个鸡舍饲养1万～5万只仅需要1～3个饲养员，每人每批可以管理1万只肉用仔鸡（图6－3）。

二、肉仔鸡的饲养方式

（一）网上平养

网上饲养肉鸡就是在离地面一定高度搭设支架，在支架上放

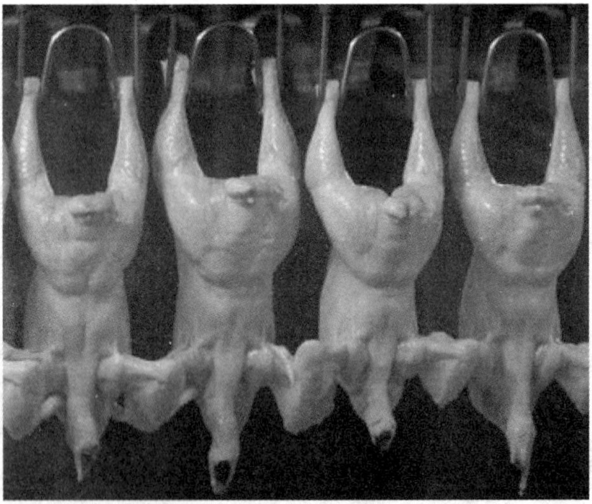

图6－2　肉鸡的屠体

图6－3　工厂化肉鸡养殖

上木条网垫或竹片网垫、金属网垫或塑料网垫饲养肉鸡的方式（图6－4）。

网架的高低可根据鸡舍跨度的大小和支架的高低自行设计。一般支架低的网高可设为50～60厘米，支架高的网高可达180～200厘米，高网饲养有利于粪便的清除，既减轻了作业强度，又保持了舍内空气新鲜，问题是可能造成保温困难。

网床的类型分两种，一种是有过道的两列或三列设计，一种是无过道单列设计。目前，由于有过道的两列或三列设计相对无过道单列设计管理操作方便而被广泛应用。尤其是标准化肉鸡场大多应用有过道的两列或三列设计。

网垫的选择要根据饲养户的实际情况而定。木条网垫、竹片网垫可就地取材进行制作，成本相对比较低，使用寿命也比较长。但是这种网垫在制作过种中要精细、平整，避免木刺和竹刺刺伤鸡的足底，影响生长发育和肉鸡产品质量。铁丝网垫最好选用纺织型，不得有铁刺，锈蚀损坏的要及时更换。弹性塑料网垫是最理想的，这种网垫柔软有弹性，可减少腿病和胸囊肿，提高产品质量。一般是在竹木网垫或金属网垫的上面再铺一层塑料网垫，提高网床的弹性，增加肉鸡活动和休息的舒适度。网眼或栅缝的大小以鸡爪不能进入而鸡粪能落下为宜。

网上平养方式能够为肉鸡提供一个相对干净的环境，平时产生的鸡粪、抛洒的饲料和饮水都落到网床下面，网床表面比较干净，肉鸡接触粪便等杂物少，感染疾病的概率也较低。

（二）地面垫料平养

这也是肉仔鸡生产中常用的饲养方式，尤其是中小型肉鸡养殖场和养殖户使用较多（图6－5）。这种方式是在地面铺设约10厘米厚的垫料，雏鸡从入舍到出售一直生活在垫料上。地面垫料饲养肉鸡，不会影响腿部的发育而且也能够减少胸囊肿，冬季垫料发酵产热，保持地面温暖。常用垫料有稻草、麦秸、锯末等，

图6-4 肉鸡网上平养

图6-5 肉鸡地面垫料平养

要求干燥松软、吸水性好、无霉变，长度小于10厘米。

地面垫料平养的管理要点：保持垫料的相对干燥、松软和卫生。如果垫料含水率太低则粉尘过多，含水率太高则容易导致垫料发霉，微生物和寄生虫大量繁殖而导致疾病发生。垫料需要定期翻动以便于将粪便抖落到下面，保持垫料表层的清洁和松软。

这种饲养方式的优点：肉鸡活动量较大，喂饲方便，通风和光照容易控制，设备投资少，胸囊肿和腿病的发生率较低。缺点：肉鸡与粪便接触，感染球虫和细菌的概率高，药物使用成本高，垫料成本高，卫生管理难度大，热源利用效率低。

（三）笼养

笼养是使用专门的肉鸡笼进行饲养（图6－6）。肉鸡笼的结构和蛋鸡的育雏育成一体笼基本相同，只是笼的高度、深度、铁

图6－6 肉鸡笼养

丝的直径要适当加大以适应肉鸡体格大、体重大的特点。

肉鸡笼养的管理要点：底网上要铺菱形孔塑料网，防止雏鸡腿脚站不稳，减少胸囊肿和腿病，选择合适的出栏时期，不要迟于6周龄，因为肉鸡越大发生胸囊肿的概率越高。

这种饲养方式的优点：单位空间内饲养肉鸡数量多，热源利

用效率高，饲养管理和卫生防疫操作方便，便于分群管理，肉鸡不接触粪便，卫生状况好，不用垫草，感染曲霉菌的概率小。缺点：鸡笼投资较大，通风要求严格，如果肉鸡逃出笼外会给免疫造成麻烦，肉鸡运动量小。如果管理不当，胸囊肿和腿病的发生率较高。

（四）半舍饲饲养

这种方式是4周龄前肉鸡在舍内饲养（地面垫料平养或网上平养），4周龄后根据外界温度和风力等情况，在无风和温暖的天气中让鸡群到室外运动场适当运动，这种方式有助于提高肉鸡的体质，目前一些发达国家正在尝试。

三、饲养前的准备工作

（一）鸡舍的清理与冲洗

清理与冲洗鸡舍的目的在于将含有病原微生物和寄生虫的各种污染物清理出鸡舍，减少其对鸡舍内环境的污染，防止对下一批鸡群的健康造成危害。

1. 鸡舍的清理　鸡舍清理的时间宜早，一般在上批鸡出栏后1~2天开始。

清理程序：第一，将料塔、饲料储存间及料槽清理干净以避免饲料浪费；第二，将鸡舍内的鸡粪或混有鸡粪的旧垫料清出舍外，保证冲洗效果；第三，按照从上到下的原则对屋顶、椼架、房梁、墙壁、风机、进风口、排风口等处的尘土、蜘蛛网进行清扫；第四，对饮水系统（如饮水管、减压阀）、供电系统（配电箱、开关、电线）、笼具等设备设施进行清扫；第五，对舍内的风机、电气设备控制开关、闸盒等进行包裹或其他保护；第六，要清除鸡舍、储藏室、门厅、附近休息室、洗手间的垃圾。

鸡舍整理时尽量不要将设施和物品移出舍外，要在舍内进行统一整理、冲洗和消毒。如设施或物品必须移出，则在移出前应进行严格的清扫和消毒，以防止细菌或病毒污染其他区域（图6－7）。

图6－7　肉鸡出栏后正在清理的鸡舍

2. 鸡舍冲洗　鸡舍清理完毕后2～3天可对鸡舍进行冲洗。在清洗的用水中加入清洁剂和其他的表面活性剂以提高冲洗效果。冲洗时按照先上后下、先里后外的原则，保证冲洗效果和工作效率，同时还可以节约成本，冲洗的顺序为：顶棚、笼架、料槽、粪板、进风口、墙壁、地面、储料间、休息室、操作间、粪沟，防止已经冲洗好的区域被再度污染，墙角、粪沟等角落是冲洗的重点，避免形成死角；冲洗的废水通过鸡舍后部排出舍外并及时清理或发酵处理，防止其对场区和鸡舍环境造成污染。

对饮水管与笼具接触处、线槽、料槽、电动机、风机等冲洗不到或不易冲洗的部位进行擦洗。进入鸡舍的人员必须穿干净工作服、工作鞋；擦洗时使用清洁水源和干净抹布；及时对抹布进行清洗；洗抹布的污水不能在鸡舍内排放或泼洒，要集中到鸡舍外排放。在严重污秽的地方应软化粪便、残余饲料等污渍，专业人员采用高压水枪先喷房舍的后部，再喷房舍的前部，先喷天花板，再喷墙，最后喷地面。

冲洗整理完毕后，对工作效果要进行检查，储料间、鸡笼、粪板、粪沟、设备的控制开关、闸盒、排风口等部位均要进行检查（每个部位至少取 5 个点以上），保证无残留饲料、鸡粪及鸡毛等污物。对于冲洗不合格的，应立即组织重新冲洗并再次进行检查，直到符合要求。

（二）设备的检修

鸡舍清理和冲洗结束后，需要及时检修鸡舍设备，保证下一批鸡群进舍之前设施设备完好。

1. 鸡舍的检修 主要是检查门窗有无损坏，能否启闭灵活，有无需要堵塞的缝隙和漏洞，天棚的完好性，供电线路的安全性等。

2. 环境控制设备检修 需要检查和维修的包括加热设备、照明设备、通风设备等，主要检查管道是否畅通、螺丝是否紧固、转动部位是否需要润滑、各部位有无锈蚀和变形等。

3. 网床与喂饲用具检修 采用网上平养方式的肉鸡舍，在清理粪便和杂物、冲洗，待网床设备晾干后及时把网架、网床、挡网安装好。采用地面垫料平养的鸡舍在地面清理和冲洗后，让其充分晾干，然后再安装挡网。笼养肉鸡则主要是检修鸡笼和清粪设备。

喂饲系统也是在鸡舍冲洗、晾干后进行检修，包括自动喂料系统、人工加料设备、自动饮水系统和真空饮水器、水过滤器、水龙头（阀门）等。

（三）鸡舍的消毒

在下一批鸡进舍之前要对空鸡舍进行全面彻底的消毒处理，杀灭鸡舍内及外周环境中的病原体，保证下一批鸡群的健康。消毒要进行2～3次。

1. 冲洗消毒　在鸡舍内粪便清理干净后，结合冲洗进行消毒，可以在冲洗用的水中加入消毒剂，利用高压水的冲刷对物体表面进行消毒处理。

2. 熏蒸消毒　在进鸡前3～4天需要对鸡舍各种设备进行熏蒸消毒，熏蒸消毒主要是利用消毒药物蒸发后的气体对各种物体表面进行消毒，一些喷洒消毒无法接触到的地方也能够被药物气体所接触。熏蒸前将通风口、门窗堵严，保持鸡舍密闭。在鸡舍中间过道每隔10米放一个熏蒸盆，按鸡舍每立方米高锰酸钾21克，福尔马林42毫升的用量，先将高锰酸钾放在熏蒸盆内，再加入等量清水，用木棒搅拌至湿润，然后，从距舍门最远端的一个熏蒸盆开始依次倒入福尔马林，操作时，速度要快，以防呛人。出门后立即把门封严，熏蒸24小时后，打开门、窗、通风口或开动风机，将烟味排净。

熏蒸时需注意如下几个问题：一是使用陶瓷或搪瓷容器，原因是熏蒸时两种药品反应可产生大量热量，尤其是在高温季节，使用塑料盆非常不安全，易引起火灾。二是盛装药品的容器应尽量大一些，不宜小于福尔马林溶液体积的4倍，以免福尔马林汽化时溢出容器外面。三是熏蒸时鸡舍内的温、湿度宜高些，当鸡舍内的温度达26℃以上，相对湿度达75%以上时，消毒效果较好；若鸡舍内温、湿度过低，则影响药效。四是消毒完毕后，要打开鸡舍门窗，通风换气2天以上，使其中的甲醛气体逸散。五是熏蒸时，使用的福尔马林毫升数与高锰酸钾克数之比为2∶1，当反应结束时，如残渣是一些微湿的褐色粉末，则表明两种药品的比例较适宜；若残渣呈紫色，则表明高锰酸钾过量；若残渣太湿，则说明高锰酸钾不足。六是要确保人身安全。用于熏蒸的容器应尽量离门近一些，以便人操作后能迅速撤离，操作时必须慎重，切忌往福尔马林中加入高锰酸钾，以免福尔马林溅出，造成危险。

如果在雏鸡到来前10个小时鸡舍内仍然能够感受到药物气味则可按每立方米鸡舍5克碳酸氢铵、10克生石灰和10毫升75 ℃的热水混合放入容器内，用其产生的氨气与甲醛气中和。

3. 喷洒消毒 设备及地面干燥后，把设备和用具搬进鸡舍，关闭门窗和通风孔，实行喷洒消毒。在进鸡的前一天鸡舍所有表面、顶棚、墙壁、地面及网床选用3%热氢氧化钠水或其他高效、无腐蚀性的消毒药进行喷洒。鸡舍的中上部用季铵盐类消毒剂或卤素类消毒剂进行喷洒消毒。

此外，在进鸡的前一天还要对门前、进风口周围、鸡舍附近的道路进行喷洒消毒。

（四）物品准备

1. 饲料的准备 5日龄前使用肉鸡花料，便于雏鸡学会采食。前期用颗粒料效果最好，后期用粉状饲料，但不能太细。强调上市前7天，饲喂不含任何药物及药物添加剂的饲料，严格执行停药期。要保证购进的饲料新鲜，防止发生霉变。饲料存放在干燥的地方，存放时间不能过长。一些饲料添加剂如维生素类、糖类、矿物质类等也要提早备好。

2. 常用药品和疫苗的准备 肉仔鸡用药要严格按照国家无公害鸡肉生产用药范围和标准执行。需要准备的药物包括抗生素类、消毒剂类、抗球虫药等。同时严格按照免疫程序准备好所需疫苗，注意弱毒活疫苗的购买要准备保温瓶和冰块，保证低温运输，回来后置冰箱冷冻保存。灭活油苗切不可冷冻，否则油水分离后失效。

3. 垫料准备 如果采用地面垫料平养方式，要提前准备好垫料。把垫料摊在水泥地面上让阳光暴晒以进行干燥和消毒，注意防止受潮。在熏蒸消毒前把垫料铺在鸡舍地面上，厚度在7～10厘米。

4. 其他物品的准备　包括各种记录表格、温度计、连续注射器、滴管、刺种针、台秤、喷雾器等。

（五）鸡舍预热

育雏前准备工作的关键之一就是试温。检查加温效果如何。通常在进鸡前2~3天点燃火道或火炉升温2天，使舍内的最高温度能升至35 ℃，升温过程检查加热设备有无问题、火道是否漏气，舍内各处温度是否均匀等，为检修留出时间。

预热是指育雏舍进雏前2天加热升温，提高舍内温度、排出舍内湿气，为育雏做好准备，使雏鸡进舍后有一个温度适宜的环境。预热时要测定各点温度，雏鸡活动区域在33 ℃左右。

（六）雏鸡的选择与运输

1. 雏鸡的选择

（1）选择优良品种：肉用雏鸡应选择生长快、成活率高、饲养时间短、饲料转化率高、品质好、屠宰后胴体美观的优良品种。目前，从国外引进的优良白羽肉鸡品种为数不多，主要有爱拔益加、罗斯308、艾维茵和科宝等。

（2）选择正规供种场家：雏鸡应来自具有种畜禽生产经营许可证、兽医防疫合格证、质量信得过的场家，而且种鸡群无鸡白痢、新城疫、禽流感、支原体、禽结核、白血病，或由该类场提供种蛋生产的经过产地检疫的健康雏鸡。

（3）选择健康雏鸡：雏鸡的选择主要通过观察外表形态进行，健康的雏鸡应大小均匀一致、反应灵敏、性情活泼、无畸形、无脐带闭合不良和脐带感染的症状。可采用“一看、二听、三摸”的方法进行。一看雏鸡的精神状态，羽毛整洁程度，喙、腿、趾是否端正，眼睛是否明亮，肛门有无白粪、脐孔愈合是否良好。二听雏鸡的叫声，健康的雏鸡叫声响亮而清脆；弱雏叫声嘶哑微弱或鸣叫不止。三将雏鸡抓握在手中，触摸膘情，骨架发育状态，腹部大小及松软程度。健康雏鸡较重，手感有膘、饱满、有弹性、挣扎有力。

2. 雏鸡的运输

（1）选择适宜的运雏用具：装雏工具最好采用专用雏鸡箱，箱子四周要有若干直径为1.5平方厘米左右的通气孔，箱底铺上1~2厘米厚的软垫料。每个运雏箱不能装雏过多，每箱放100只左右，防止挤压造成死亡。冬季和早春运雏要带防寒用品，夏季运雏要带遮阳防雨用具。所有运雏用具或物品在装雏前均要进行严格消毒。雏鸡运输一般使用专门的运雏车，这种车是带有空调的箱式货车，车内温度和气流能够人为调控。当前我国白羽肉鸡集中产区的种鸡场或孵化厂与商品肉鸡养殖场的距离一般不超过300千米，雏鸡运输常常使用这种汽车。

（2）确定适宜的运雏时间：雏鸡最佳的运输时间应在雏鸡绒毛干燥捡出出雏器后至出壳24小时，最长不要超过出壳后48小时。如果运输过早则雏鸡体质弱，受到的应激大；如果运输晚则雏鸡体内营养消耗多、水分散失多，不利于早期的生长发育。另外，还应根据季节确定起运时间。一般来说，冬天和早春运雏应选择在中午前后气温相对较高的时间起运；夏季运雏则宜选择在日出前或日落后的早、晚进行。

（3）严格消毒，谨防脐炎发生：脐炎又名卵黄囊炎，是引起幼雏早期死亡的最常见疾病。因为雏鸡脐炎多是在孵化期间引起，为防止雏鸡在运输中出现脐炎，运输车辆在装鸡苗前车底和盒底进行喷洒消毒，其他部位喷雾消毒，消毒剂可选择无刺激性药物如优氯净、2%氢氧化钠等。

（4）注意问题：一是注意保温与通气。雏鸡在运输过程中，只注意保温，不注意通风换气，会使雏鸡受闷、缺氧，严重的会导致窒息死亡；只注意通风忽视保温，雏鸡会受凉感冒，易诱发白痢，成活率下降。因此，装车时要注意将雏鸡箱错开，箱周围要留有通风空隙，重叠高度不能过高。顶部要留出20厘米的空间，以保证通风，换气。二是注意防止雏鸡出现严重的脱水。在运雏前准备好充足的凉开水，如果运输超过 20 个小时，为防止雏鸡脱水可在车上给雏鸡进行滴口，每只雏鸡 2～3 滴，可以有效保证雏鸡的质量。运输人员在行车前应持有雏鸡出县境动物检疫合格证明和动物及动物产品运载工具消毒证明。

四、肉仔鸡的饲养环境要求

1. 温度控制　温度是肉仔鸡生产中最重要的环境条件，与成活率、生长速度、饲料转化率关系密切，合适的温度可以保持肉仔鸡良好的食欲和高的抗病力。但是，生产中的许多问题与温度控制不当有直接或间接的关系。表 6－1 是白羽肉仔鸡养殖过程中推荐的温度控制参数。

表 6－1　肉仔鸡温度要求

日龄	鸡体周围温度（℃）	室温（℃）
1～3 天	34～35	24～27
4～7 天	31～33	24～25
2 周	27～30	24
3 周	24～26	20～24
4 周	21～23	不低于 20
5 周以后	不低于 20	不低于 18

肉鸡饲养的前 10 天对温度的要求非常严格，任何不适宜都会影响到肉鸡的健康和生长速度。因此，在生产上必须重点关注前 10 天的温度控制。5 周龄之后的温度不宜低于 20 ℃，温度低会造成饲料效率的下降，增加饲养成本；温度也不宜超过 27 ℃，温度高会降低肉鸡的采食量，影响生长速度。温度过高还会造成热应激。

肉鸡养殖期间要注意尽可能避免室温的大幅度波动，一般要求每天的温度变化幅度第一周不能超过3℃，第二周不能超过4℃，以后不能超过5℃；一个小时内的温度变化幅度第一周不能超过1.5℃，第二周不能超过2℃，以后不能超过2.5℃。

在整个肉鸡生产的过程中晚上是温度控制容易出问题的时候，生产中大多数温度控制问题都发生在晚上。这是因为在晚上工作人员容易瞌睡，如果使用火炉地下火道或地上火龙加热，容易出现温度高低变化的问题；其次是晚上肉鸡休息多、活动少，缺少自主寻找合适温度的地方，容易受到高温或低温应激。因此，饲养肉鸡（尤其是前3周的肉鸡）一定要注意观察鸡群在夜间的表现，观察夜间的温度控制是否得当。

在一年当中，温度控制容易出问题的是在低温季节（中原地区一般在10月下旬到次年4月上旬），因为在这个时节外界温度低，当鸡舍进行通风的时候容易导致进风口附近温度的快速下降，造成肉鸡受凉而导致抗病力的降低。解决好低温季节鸡舍的保温与通风这对矛盾是提高肉仔鸡成活率的重要途径。

2. 湿度控制 湿度是肉鸡生产中较为重要的环境条件之一，但是在温度适宜的情况下湿度的变动范围可以稍大一些。肉鸡饲养过程中环境湿度的控制要求：第一周65%～70%，第二周65%，第三周以后60%左右。

环境过于干燥，肉鸡绒毛容易脱落，前期的肉鸡脚趾干瘪，卵黄吸收不良，直接造成肉鸡的成活率下降。湿度过高，易形成高温高湿环境，影响体热的散发，使肉鸡感到不舒服。对于地面垫料平养的肉鸡，湿度高会使垫料变得潮湿，容易发生球虫病、大肠杆菌病、曲霉菌病等，不利于肉鸡生长，也不利于保证鸡肉的品质。

实际生产中湿度偏小的情况比较少见，只有在饲养的第一周而且采用地下火道加热方式的情况下才可能出现。增加湿度比较简便的方法是直接将水洒在墙壁上，另外也可增加喷雾消毒次数，既可增加湿度，又可消毒。

肉鸡生产中常见的是湿度偏高的问题，尤其是在第三周之后肉鸡的饮水量和排泄量加大，呼吸过程中呼出的水汽多，饮水时常将饮水器内的水洒到地面，更容易造成鸡舍内的潮湿。湿度过高时可通过增加通风换气来降低，也可在地面撒过磷酸钙粉，注意饮水器是否漏水，及时更换饮水器周围潮湿垫料等措施来控制。

湿度的控制主要是在地面垫料平养鸡舍，要求垫料的含水率在 65% 左右。

3. 光照控制　光照也是肉仔鸡饲养的重要环境条件，它关系到肉鸡的采食饮水和休息，对于神经系统的兴奋性也有影响。

（1）光照时间控制：对于肉仔鸡养殖通常都采用长时间的光照，以保证鸡群随时可以采食和饮水，促进采食量的增加，进而促进体重的增长。一般有窗式鸡舍经常采用长光照制度，具体为前 3 天每天 24 小时连续照明，4 天以后到出栏期间每天光照 22 小时、黑暗 2 小时；白天充分利用自然光照，夜间开灯补充光照。密闭式鸡舍可以采用间歇光照制度，即开灯照明 2 小时让肉鸡采食、饮水和适当活动，之后关灯 2 小时让肉鸡卧下休息；这种照明和黑暗交替进行，可以保证休息，有利于增重，又节省电能。

（2）光照强度控制：对于肉仔鸡生产来说，鸡舍内的光照强度不宜强，如果光照强度大既浪费能源又会使鸡只兴奋，不利于提高饲料效率。在第一周可以采用略强的光照，以便于雏鸡能够更好地熟悉生活环境，在人工光照的情况下鸡舍内每平方米空间用 6 瓦的普通灯泡，1 周后光照强度逐渐减弱，每平方米空间有 3 ~4 瓦的普通灯泡就能够满足。光相对昏暗，以人员进入鸡舍后能够看清鸡只的状态、饲料和饮水的状态就可以。弱光照可以保持鸡群安静，有利于增重，防止啄癖的发生。

（3）光线分布：要求肉鸡舍内的光线要分布均匀，尽量避免照明死角。

4. 通风　通风的目的主要在于更换鸡舍内的空气，即通过通风引进新鲜空气，排出污浊空气。在肉鸡养殖过程中，鸡群呼吸会消耗大量氧气并排出较多的二氧化碳，鸡粪和垫料在微生物的作用下会产生氨气和硫化氢等有害气体，加料过程以及鸡群活动过程会使饲料和垫料中的粉尘飘到空气中，这些都会使舍内空气质量恶化。如果空气中这些有害气体和粉尘含量超过一定限度就会对肉鸡的生长和健康产生不良影响。

通风主要靠风机和门窗等。密闭式鸡舍主要靠开启风机的数量调节通风量，有窗鸡舍则通过门窗开启数量进行通风。一般要求前期通风量小，随周龄增大而增加通风量，低温季节通风量小，高温季节通风量大。即便是在通风量小的低温季节也不能忽视通风，至少要保证有害气体含量不超标，饲养员在鸡舍内不能明显感受到刺鼻和刺眼。

在实际生产中，许多饲养者在饲养前期往往只重视温度而忽视通风，造成肉鸡中后期腹水症增多。2～4 周龄时如通风换气不良，有可能增加鸡群慢性呼吸道病和大肠杆菌病的发病率。中后期的肉鸡对氧气的需要量不断增加，同时排泄物增多，必须在维持适宜温度的基础上加大通风换气。通风量计算 3.6～4.0 米^3/时·千克体重。冬季气流速度 0.2 米/秒，夏季加大气流速度到 0.6～1 米/秒。

在肉鸡生产中，一般季节的通风容易控制，关键在冬季通风的管理。因为，冬季由于外界温度低，许多肉鸡场关闭鸡舍门窗，减少通风以保持舍内合适的温度。但是，由于注意了保温、忽视了通风，常常造成鸡舍内空气污浊、垫草潮湿、疾病较多（尤其是呼吸系统疾病）。冬季通风要注意把握通风时间和方法，可以在每天中午前后外界温度较高的时候通风，在进风口设置挡板以避免冷风直接吹到肉鸡身上，也可以把进风口设在顶棚上方再通过安装在顶棚的百叶窗把新鲜空气引入室内。如果有条件，可以使用热风炉，进入鸡舍的空气是热的，就可以避免冬季通风所带来的问题。

5. 饲养密度　合适的密度可以保证均匀采食，生长均匀一致和高的成活率。不同周龄的肉鸡采用不同的饲养方式时，对饲养密度的要求参考表6－2。考虑饲养密度还要结合鸡只的平均体重，对于生长速度快的配套系，相应周龄的饲养密度应适当降低。

表6－2　快大型肉仔鸡各周龄饲养密度

周龄	1	2	3	4	5	6	7
周末平均体重（克）	165	435	770	1 230	1 725	2 375	2 670
垫料地面（只/米^2）	30	28	25	20	16	13	11
网上平养（只/米^2）	40	35	30	25	20	15	13

在目前的肉仔鸡生产中较多的情况是饲养密度偏高。饲养密度偏高容易使垫料潮湿、脏污，肉鸡羽毛脏乱，腿病增多，寄生虫病、大肠杆菌病和呼吸道疾病增加，增重较慢，均匀度低，弱残鸡较多；也是当前肉仔鸡后期死亡率偏高的重要原因。饲养密度低则会使资源浪费。在生产实践中，饲养密度的控制原则一般是：当鸡群卧下休息的时候地面或网上要有四分之一的空闲部分。

五、肉仔鸡的饲料与饲养技术

（一）肉仔鸡的饲料

肉仔鸡的饲料总体营养水平是所有鸡饲料中最高的，无论是蛋白质含量还是能量水平。

在生产中肉仔鸡的饲料一般分为前期料和后期料，分别适用于4周龄之前和之后。前期料蛋白质含量相对较高，可以达到22%，主要是促进肌肉发育，后期料能量水平相对较高。而且，在后期料中除营养性添加剂之外，其他各种添加剂必须停用，以保证屠宰后的肉鸡产品中没有相应的残留。

7日龄前一般使用肉鸡花料，便于小鸡采食，以后喂饲颗粒饲料。目前，在白羽肉鸡生产中很少使用粉状饲料。

（二）肉仔鸡的饲养

1. 开食 雏鸡第一次吃料叫开食（图6-8）。可将饲料均匀地撒在饲料盘中或塑料布、牛皮纸上，让雏鸡自由采食。对尚不知道采食的雏鸡，应多次将其围拢到有饲料的地方，让其学着吃料。

2. 饲喂方法 开始第一天雏鸡采食量一般不太多，第二天吃料量就会成倍增加，发现食盘空了就要加料，一般每2小时给料1次，保证饲料充足，让其自由采食，增加采食量，促进生长发育。为了防止浪费饲料，以免加大饲料成本，1周龄后采用自动喂料系统时，每间隔3小时启动一次。

3. 饲料选择 初生雏鸡消化器官尚不发达，胃肠容积较小，开食饲料要求是营养丰富、易消化、适口性强且便于啄食的配合料。饲料颗粒要粗细适度，形态大小类似小米，有条件的可选用颗粒破碎料开食。以后随着日龄的增长，按照不同生长发育阶段更换不同时期的配合料，以满足其生长发育需要。更换饲料应逐步进行，让鸡有个适应过程，以免因日粮突然改变而引起消化不良，影响生长发育。

4. 喂料器具 喂料器具有开食盘（图6-9）和料桶。饲喂设备根据鸡的日龄不同而进行调整，雏鸡第一周用开食盘，第二周后改为料桶或自动喂料系统，喂料器具要充足，料盘高度与鸡背相等，要随着鸡生长的体高而调整喂料器的高度，这样既便于采食和减少饲料浪费，也可防止饲料污染。

图6－8　雏鸡开食

图6－9　雏鸡开食盘

第一周每100只雏鸡用一个开食盘，一个4千克的饮水器，1周后每100只鸡需2个圆形料桶，2个普拉松饮水器。并且料桶和饮水器要摆放均匀，距离要近一些，使雏鸡吃完料马上就能喝上水，另外，料桶和水桶要固定，避免鸡踩翻，造成浪费。添料速度要快，让鸡同时均匀地吃上料。

5. 喂料管理 自由采食（图6－10）和定时喂料均可。上市前7天，饲喂不含任何药物及药物添加剂的饲料，一定要严格执行停药期。每次添料根据需要确定，尽量保持饲料新鲜，防止饲料发生霉变，随时清除散落的饲料和喂料系统中的垫料。饲料存放在干燥的地方，存放时间不能过长，不喂发霉、变质和生虫的饲料。

图6－10 自由采食的肉鸡群

六、肉仔鸡的饮水管理

饮水对于肉鸡的生长发育和健康都是非常重要的。如果饮水不足则会造成采食减少，影响生长速度，缺失严重会影响机体代谢。

1. 饮水管理原则　水质洁净、用具卫生、饮水位置充足、高度合适、水量足够。

2. 水质要求　水质符合 NY5027 要求，育雏第一周要饮温开水，水温保持 20～26 ℃。水中矿物质、硝态氮、细菌总数等指标不能超标。鸡场内的水源要定期检测，如果有超标问题要及时处理。

3. 用具卫生　各种饮水设备要定期清洗和消毒，防止污染。一般要求真空饮水器每天清洗 2 次，乳头式饮水器每周冲洗一次水管。图 6－11 为使用乳头式饮水器的肉鸡群。

图 6－11　使用乳头式饮水器的肉鸡群

4. 饮水位置充足　每个饮水乳头可能满足 10 只肉鸡的饮水需要，每个真空饮水器（水盘直径 25 厘米）满足鸡只饮水的数量：第一周 35 只，第二周 28 只，第三至四周 20 只，第五周以后 17 只。

5. 饮水设备高度适宜 无论是真空饮水器或是乳头式饮水器，都要方便肉鸡饮水。真空饮水器水盘的高度是肉鸡背部高度的1.3倍左右，乳头饮水器出水嘴的高度要求也与此相同。

6. 供水要足够 饮水设备内要保持有足够的水，能够满足肉仔鸡随时饮用，不能出现缺水现象。

7. 初饮 一般雏鸡运到育雏舍稍微休息即可饮水，因为出雏时间需24小时，加上长途运输，雏鸡消耗很大，应尽早饮水。对于刚到育雏舍不会饮水的雏鸡，应进行人工调教。即手握住鸡头部，将鸡嘴插入水盘强迫饮1～2次，这样雏鸡以后便知道饮水了。若使用乳头饮水器时，最初可增加一些吊杯，诱导鸡饮水。

8. 其他 第一天的饮水应加入5%葡萄糖或蔗糖，如果雏鸡脱水严重，可连饮3天糖水。另外，为了减少应激，在第一周的饮水中加入多维电解质，1周后饮清洁的凉水即可。

七、肉仔鸡的卫生防疫管理

1. 消毒要求 消毒是肉仔鸡健康的重要保障，科学的消毒方法能够有效降低鸡群生活环境中病原微生物的数量，减少鸡群的感染概率。

鸡舍内的带鸡消毒每间隔2～3天进行一次，带鸡消毒一般采用喷雾消毒的方法，操作时要将药雾尽可能喷洒到鸡舍的所有表面，包括屋顶、墙壁、门窗、地面、网架、喂饲与饮水设备、粪便和垫料表面等。

鸡舍周围应坚持每天喷洒消毒，主要是对门前道路、门窗外围、进风口和排风口附近进行消毒，这些地方都是鸡舍内外交流较多的场所。

鸡舍内捡出的病死鸡要经过消毒处理才可以运送到兽医室或无害化处理场所，如果深埋也必须经过消毒剂浸泡。

劳动工具、饲养员的服装和鞋帽以及其他与鸡群可能接触的物品也要定期消毒。

2. 药物使用要求　在肉仔鸡养殖过程中很多药物是禁止使用的，这主要是考虑到所使用的药物在鸡肉中残留会影响人的健康问题。但是，在当前国内大多数肉鸡养殖场由于种源质量、养殖环境污染等问题而不得不使用一些药物控制疾病的发生。

肉鸡养殖过程中需要使用药物控制的疾病主要有白痢、大肠杆菌病、慢性呼吸道病、球虫病等。药物使用要以预防为主，严格掌握药物用量、使用时间和休药期。

3. 疫苗接种要求　肉仔鸡养殖过程中需要通过接种疫苗预防的病毒性传染病主要有新城疫、传染性支气管炎、禽流感、传染性法氏囊炎等。

4. 日常卫生管理　及时清理鸡舍内的卫生，将走道、网床、各种设备用品表面的灰尘和杂物清理干净，并定点存放。

垫料要及时抖松，将粪便抖落到下面，减少鸡只与粪便的直接接触。潮湿结块的垫料及时清理出去，并加铺新垫料。

工作服和鞋帽每2~3天统一更换和清洗消毒1次。

八、肉仔鸡的日常管理

1. 注意观察鸡群状况　观察鸡群是饲养员重要的工作，目的在于及时发现问题和解决问题，防微杜渐，避免问题发展成严重事态。在生产实践中有很多问题都是在初发阶段没有被观察到或没有被重视，而后成为难以解决的问题。

进入鸡舍先注意鸡群的活动、叫声，休息是否正常，对刺激的反应是否敏捷，分布是否均匀，有无扎堆、呆立、闭目无神、羽毛蓬乱、翅膀下垂、采食不积极的雏鸡。夜间倾听鸡群内有无异常呼吸声，出现呼吸道症状时，立即注意改善环境和投药。

观察粪便状况，正常粪便为成形的青灰色，表面有少量白色尿酸盐。绿色粪便多见于新城疫、马立克氏病、急性霍乱等，血便多为球虫病、出血性肠炎等，感染法氏囊病时为白色水样下痢。

饲料情况的观察，重点在于检查喂料设备中饲料的剩余情况，有无发霉结块现象，料盘附近饲料有无抛洒等。

舍内环境条件的观察，主要观察温度计和湿度计的显示，看是否与标准要求相符；感受空气质量是否有不舒适感。

2. 做好生产记录 每一栋鸡舍都应建立生产记录档案，包括进雏日期、进雏数量、雏鸡来源；每日的生产记录包括：肉鸡日龄、死亡数、死亡原因、存栏数、温度、湿度、免疫记录、消毒记录、用药记录、喂料量，鸡群健康状况，出售日期、数量。记录应保存两年以上。肉仔鸡饲养记录表见表6－3。

3. 采用“全进全出”的饲养制度 同一个鸡场只能饲养同一日龄肉仔鸡，而且同时进舍，饲养结束后同时出舍，便于对房舍进行彻底清扫、消毒，一般饲养下一批前需要空舍21天，切断传染病的传播途径。目前，已经普遍要求采用这种饲养制度。许多肉鸡生产企业都把一个肉鸡场作为一个养殖小区，无论这个小区内有多少鸡舍，都是饲养同一批肉鸡。这样做不仅有利于卫生防疫，也有利于饲养管理。

表6－3 肉仔鸡饲养记录表

进鸡日期： 年 月 日									鸡舍编号					负责人			
来源：			鸡种：						进鸡数目：								
周龄	日期	日龄	死亡	淘汰	实存	耗料	累积耗料	备注	周龄	日期	日龄	死亡	淘汰	实存	耗料	累积耗料	备注
		1									22						
		2									23						
		3									24						
		4									25						
1		5							4		26						
		6									27						
		7									28						
	合计									合计							
		8									29						
		9									30						
		10									31						
		11									32						
2		12							5		33						
		13									34						
		14									35						
	合计									合计							

续表

进鸡日期： 年 月 日									鸡舍编号					负责人			
来源：				鸡种：					进鸡数目：								
周龄	日期	日龄	死亡	淘汰	实存	耗料	累积耗料	备注	周龄	日期	日龄	死亡	淘汰	实存	耗料	累积耗料	备注
		15									36						
		16									37						
		17									38						
		18									39						
3		19							6		40						
		20									41						
		21									42						
	合计									合计							

4. 搞好分群管理 肉仔鸡生产应该采用分群管理，在一个鸡舍内可以把鸡分为若干个群，每个群的数量在 1 500 ~ 2 500 只。生产中要根据生长情况，进行强弱分群，把那些体质差、体重小的个体挑出单独组成一个群以便于加强护理，提高其成活率和上市体重。

有条件的还可以进行公母分群饲养。因为公鸡和母鸡的生长速度差异较大，分群饲养有利于提高鸡群发育的整齐度，提高产品的合格率。表 6 – 4 为 AA1 肉鸡公母体重对比。

表 6 – 4　AA 肉鸡公母体重（克）

周龄	公鸡周末体重	母鸡周末体重
1	145	136
2	395	355

续表

周龄	公鸡周末体重	母鸡周末体重
3	698	612
4	1 180	953
5	1 623	1 375
6	2 237	1 820
7	2718	2 260

5. 加强垫料的管理 采用地面垫料饲养方式的肉鸡，要选择比较松软、干燥、吸水性好和释水性良好，既能容纳水分，又容易随通风换气释放鸡粪中的大量水分的垫料。垫料应灰尘少，无病原微生物污染，无霉变。垫料在鸡舍熏蒸消毒前铺好，进雏前先在垫料上铺上报纸，以便雏鸡活动和防止雏鸡误食垫料。

刚开始垫料含水率在 25% 以下时容易起灰，可以用喷消毒液的方法增加垫料湿度。中后期要防止垫料过湿结块，一方面要加强通风换气量，及时补充和更换过湿结块的垫料，另一方面还要采取措施防止垫料燃烧，注意用火安全。每天下午翻动垫料，及时清除潮湿、结块和污染严重的垫料，控制好垫料的水分，减少舍内尘埃。地面上的垫料要经常用铁耙翻动，使粪便落在下面，并将垫料抖松；把舍内地面各处垫料摊均匀，避免水泥地面裸露出来。这是减少胸囊肿的重要措施。

九、肉仔鸡的出栏管理

（一）出栏时间的确定

肉鸡的出栏时间一般在 42 日龄前后，在生产实际中会因为多方面因素的影响而提早或推迟出栏。出栏肉鸡要经过兽医检疫，符合卫生要求才可以出栏。

1. 根据市场需要确定出栏时间 有的市场主要销售白条鸡

或西装鸡，供应这类市场的肉鸡场一般把出栏时间安排在35～40日龄，这时肉鸡的体重在1.5～2.0千克，屠宰后的屠体（半净膛）重量为1.2～1.7千克，适合一般家庭的消费要求。有的市场以出售分割鸡为主，肉鸡一般可以饲养到45～50日龄，体重达到2.7千克。

2. 根据市场价格确定出栏时间 肉鸡的市场价格经常出现波动，甚至在较短的时间内就会有较大的价格差异。因此，如果价格处于上升期就可以多养几天，如果价格有下降趋势就可以提前几天出栏。

3. 根据生长规律确定出栏时间 肉鸡生产要充分利用其快速增重的阶段，一般在前期的增重速率高于后期，饲料转化效率也是前期优于后期。如果进入7周龄后，尽管鸡的绝对增重不低，但是其每千克的增重所消耗的饲料量会比此前显著增加，生产成本增高。

雄性肉鸡通常到8周龄后其增重速度减缓，雌性到7周龄后增重速度就减缓。因此，不同性别的肉鸡出栏时间也不同。

此外，在近年来一些地方由于生产环境不理想，鸡群进入35日龄以后发病率和死亡率显著增高，而且没有有效的控制措施。对于这种情况，一般把出栏时间安排在35日龄。

（二）抓鸡与运输

1. 快大型肉仔鸡的捕捉 肉鸡出栏时要对其进行捕捉。捕捉时动作要合理，减少对鸡只的应激和损伤。肉鸡捕捉要做到迅速、准确、动作轻柔。要尽量选在早晚光线较暗、夏季温度较低时进行，也可在白天将窗帘遮住并将室内灯光变暗，减少肉鸡的活动，有利于捕捉。

抓鸡前需要将舍内的喂饲设备和饮水设备升高或移出，既方便于抓鸡操作，也有利于减少鸡的外伤（尤其是皮下淤血）。抓鸡前应该先用隔网将部分鸡只围起来，可有效减少鸡只因惊吓拥挤造成踩压死亡。应该注意的是用隔网围起鸡群的大小应视鸡舍温度和抓鸡人数多少而定。在鸡舍温度不高、抓鸡人数多时，鸡群可适当大一些，同时在操作时还须有专人不定时驱赶拥挤成堆的鸡群。在炎热季节，肉仔鸡出栏时，则要求所围的鸡群以200只左右为宜，应该力求所围起的鸡在10分钟左右捕捉完毕，以免鸡只因踩踏而窒息死亡。

抓鸡动作要轻柔而快捷，可以从鸡的后面握住双腿，倒提起轻轻放入鸡筐或周转笼中，严禁抓翅膀和提一条腿，以免出现骨折。肉仔鸡出栏时，每筐装鸡不可过多，以每只鸡都能卧下为宜。

有的大型肉鸡场采用捉鸡机械车，效率显著提高。

肉鸡出栏前6~8小时停喂饲料，让其自由饮水。

2. 快大型肉仔鸡的运输　指肉仔鸡出栏时运送到屠宰场的过程。首先将鸡装筐（图6－12），再小心地将鸡筐码放到运输

图6－12　出栏肉鸡装筐

车上，要求码放整齐，筐与筐之间扣紧扣死。待一整车装好后，用绳子将每一排鸡筐于运输车底部绑紧，以防止运输途中颠簸鸡筐坠落。

十、白羽肉仔鸡生产常见问题的处理

1. 肉鸡的腿病 肉仔鸡容易患腿部疾病，表现为腿软，运动失调，跛行，不能站立等（图 6－13）。其原因主要是肉鸡的增重快、体重大，腿部骨骼和肌腱的发育滞后于体重发育，造成

图 6－13 患有腿部疾病的肉鸡

腿部承受的压力过大。生产上要注意饲料中钙、磷的含量和比例，补充维生素 D_3。注意运动，定时在鸡舍内走动并轻轻驱赶肉仔鸡，适当提高其活动量，以促进内脏器官发育，特别是肺脏和心脏的发育，较大程度减少胸部的压力刺激。

2. 肉鸡胸囊肿　其表现是在肉鸡的胸部出现一个长条形突起，屠宰后能够看到这个地方有一块赘生物，如果剪开里面有干酪样物，很影响产品的外观质量。其形成的主要原因是因为肉鸡不爱运动，吃料和饮水后就卧下休息，而且卧下的时候常常用胸部接触地面以支撑大部分体重。如果地面较硬，长时间接触后产生刺激就形成了胸囊肿。主要控制措施就是保持地面垫料松软（或在网床上铺比较柔软的塑料网），不让地面裸露，定期让肉鸡站起来活动。

3. 肉鸡猝死综合征　肉鸡猝死综合征（SDS）以生长速度快的肉鸡多发，在白羽肉鸡中公鸡的发病率高于母鸡。本病主要与遗传及个体发育、营养、环境、酸碱平衡等因素有关，排除细菌和病毒感染、化学物质中毒以及硒和维生素 E 缺乏的可能。肉鸡在 3 周龄和 6 周龄左右是两个发病高峰期。肉鸡体重越大发病率越高，公鸡发病率比母鸡高 3 倍。

本病发病前鸡只不表现特殊征兆，突然发病，病鸡失去平衡，向前或向后跌倒，翅膀扑动，肌肉痉挛，发出尖叫，很快死亡。死后出现明显的仰卧姿势，两脚朝天，颈、腿直伸，少数鸡呈腹卧姿势。死鸡体壮，嗉囊和肌胃内充满刚采食的饲料。心房扩张淤血，内有血凝块；心室紧缩成长条状，质地硬实，内无血液。肺淤血，水肿。肝脏稍肿，色淡。病鸡血中钾、磷浓度皆显著低于正常鸡。

生长速度过快是本病发生的根本原因，因此快速生长与死亡率偏高是一对矛盾。在生产中要注意加强管理，减少应激因素，防止密度过大，避免转群或受惊吓时的互相挤压等刺激。饲料中添加 300 毫克/千克的生物素能显著降低死亡率。用粉料饲喂，对 15 ~ 25 日龄仔鸡进行限制饲养，降低生长速度等，减轻心肺负担，可减少发病。

4. 肉鸡腹水综合征　肉鸡腹水综合征（AS）又称肉鸡肺动

脉高压综合征，是由于生长过快的禽类在各种因素作用下出现相对性缺氧所致。最早发生于3日龄肉鸡，多见于4~6周龄肉鸡，雄性比雌性发病多且严重，寒冷季节发病率和死亡率均高于常温和高温季节。肉鸡生长快，耗氧量大，缺氧是根本原因。造成缺氧的因素有：海拔高，快速的生长率，通风不良，呼吸道疾病，饲料中钠含量高等。

病鸡食欲减少，生长缓慢，体重下降或突然死亡。最典型的临床症状是病鸡腹部膨大、下垂，腹部皮肤变薄发亮，或呈暗紫色，发凉，用手触诊有波动感，病鸡不愿站立，以腹部着地，行动缓慢，步态蹒跚，似企鹅运动，捕捉时常突然死亡。用注射器可从腹腔抽出不同数量的液体。腹腔积有大量的清亮、稻草色样或淡红色液体，液体中可混有纤维素块或絮状物，腹水量200~500毫升。心脏肿大，右心室扩张、柔软，心壁变薄，心肌弛缓，病鸡心脏体积比健康鸡大，心包积液。肝充血、肿大，紫红或微紫红，肝脏表面覆盖一层淡黄色胶冻样纤维性凝结块，有的漂浮在腹水中，有的病例可见肝脏萎缩、变硬，表面凹凸不平。肾充血、肿大，有尿酸盐沉着。肠充血。胸肌和骨骼肌充血。脾脏通常较小。

保持鸡舍良好的通风，减少呼吸道疾病的发生最关键。治疗可用中草药、中成药、利尿药、健脾利水药、助消化药，饲料添加维生素C和维生素E、补硒、抗生素和磺胺类药物等对症治疗。应用含尿酶抑制剂的丝兰属植物的提取物能显著降低此病的死亡率，或饲料中添加1%的精氨酸能显著降低此病的发病率。

5. 后期死亡率偏高问题 目前，在我国白羽快大型肉鸡生产中，鸡群的生长速度和饲料效率能够达到世界平均水平，而鸡群的成活率则相对较低。例如，美国2010年肉鸡的出栏日龄为47日龄，平均体重为2.56千克，饲料效率为1.96，鸡群死亡率为4%。我国的相应指标为42日龄、2.3千克、1.98和10%。

鸡群死淘率偏高是很多肉鸡场面临的主要问题，而且鸡群的死淘主要发生在25日龄以后，生产条件良好的企业鸡群40日龄成活率能够达到95%左右，而条件较差的肉鸡场约为85%，多数肉鸡场的肉鸡成活率约为90%。一些肉鸡场由于考虑鸡群成活率的情况不得不在35日龄前后就提前出栏、屠宰。这种情况在低温季节的表现比较严重，而在高温季节则相对较轻。如我们对6个肉鸡场的统计，12月和1月出栏鸡群的成活率平均为87.62%，6月和7月平均为93.75%。

造成这一问题的主要原因有以下几方面：

(1) 疾病感染问题：根据我们对鸡群相关症状和病理变化的检查，推测有非高致病性禽流感、新城疫、大肠杆菌和败血支原体病的存在，而且更多的情况是混合感染。主要是感染禽流感H_9毒株、新城疫和大肠杆菌。

(2) 鸡舍空气质量差：鸡群中后期死亡率增高的现象在低温季节表现得很严重，而且与饲养人员的描述高度一致，即鸡舍内空气污浊、有害气体和粉尘含量超标，刚进入鸡舍有明显的不舒适感。我们在2010年12月中旬对三个存在问题的肉鸡场鸡舍空气进行测定，发现其中氨气含量分别为28.3毫克/升、32.8毫克/升和30.6毫克/升，远远超出一般要求的标准（<20毫克/升）。

(3) 局部温度骤降的影响：尽管一些肉鸡场使用了热风炉加热送风系统，但是鸡舍内的温度变化却控制得不理想。常见的问题是当启动排风机的时候，进风口附近的温度显著下降，尤其是当外界温度很低的情况下进行通风鸡舍内的降温幅度更大。短时间内较大幅度的降温会导致雏鸡受凉而发生感冒，降低抵抗力，诱发其他疾病或加重其他疾病的危害。

(4) 饲养密度偏高：据部分肉鸡场的生产资料，冬季35日龄白羽肉鸡的饲养密度为20只/米^2，按照爱拔益加公司的技术资料常规系的AA肉鸡符合这个密度标准，但是那是对环境条件控制良好的鸡舍制订的标准。对于国内大多数肉鸡舍的实际情况，这个饲养密度明显偏高。饲养密度大虽然能够增加鸡舍内鸡群的总产热量，但是会消耗更多的氧气，排出更多的二氧化碳、水汽、粪便，更容易导致鸡舍内空气质量的恶化。

（5）早期生长速度过快：肉鸡养殖场、户为了使鸡只提前上市，不考虑实际生产条件存在的问题，在生产中不采取限饲措施，不限制光照，饲料营养浓度过高，导致早期生长速度过快。而早期生长过快容易引发腿病、猝死症、腹水症等代谢性疾病。

（6）用药导致肝肾损伤：根据对肉鸡群的观察，部分鸡没有前期症状，突然倒地抽搐而亡。剖检仅见肝脏肿大、瘀血、出血，个别出现肝脏被膜上有凝血块，肾脏肿胀，其他内脏无异常，产生的原因主要是肉鸡养殖过程中乱用药导致肝肾机能损伤引起死亡。

要解决这个问题需要针对上述六个方面的主要原因，采取相应措施。

第二节　肉种鸡生产

目前，国内白羽肉种鸡祖代鸡场不多，各省市的肉种鸡场大都是父母代种鸡场，这些种鸡场一般都是较大的生产规模，这里主要介绍父母代肉种鸡的饲养管理要点。

一、生长期白羽肉种鸡的饲养管理

生长期白羽肉种鸡是指从雏鸡出壳到23周龄这个阶段的鸡群。

（一）饲养前准备工作

1. 确定饲养方式　肉种鸡生长期的饲养方式主要有网上平养和地面垫料平养两种。

（1）网上平养：这是使用最多的生长期白羽肉种鸡饲养方式。它是在鸡舍内沿两侧墙边铺设板条，架设网床（网床距地面的高度约60厘米），网床的边缘同样要用网挡起来，高度为0.8米左右，目的是防止鸡从网床上跳下来。鸡舍中间留1条宽约1.2米的走道，作为饲养员操作的通道。网床上要用网片分隔成小圈，每个小圈可以饲养100～200只鸡。每个小圈朝向走道的地方设置一个门，供饲养员进出。

（2）地面垫料平养：将育雏室地面用挡板围成小圈，圈内地面铺一层厚度5～9厘米的垫料（干燥清洁的锯末或稻壳），每个小圈养200～400只雏鸡。

2. 鸡舍与设备的准备　鸡舍和设备要提前7～10天进行清扫、冲洗、检修。进鸡前4～5天进行密闭熏蒸消毒，36小时后进行通风换气，进鸡前约10小时用消毒药物对鸡舍进行喷洒消毒。

根据季节特点和加热方式特点，提前2～4天对鸡舍进行加热以提高舍温和排出湿气，并检查加热设备的运行是否正常。在雏鸡到来前1天使鸡舍内温度上升到34℃。

喂饲和饮水用具经过消毒后提前摆放到圈内。

3. 饲料及药品准备　准备好前1～2周所用的饲料，同时把前期所需要的维生素添加剂、口服补液盐、抗生素、葡萄糖等也准备好。有关的疫苗和接种用具准备好。

4. 按标准选好饲养人员　育雏前要慎重地选好饲养人员，要求育雏人员要有一定的科学养鸡知识和技能，要热爱育雏工作，具有认真负责的工作态度。对于初次做此项工作的人员，要进行岗前技术培训。

（二）安置雏鸡

1. 公母分开安置 父母代肉种鸡通常是按照1只公鸡、5～6只母鸡的比例配发的。公鸡和母鸡要分别放在不同的圈内。为了防止混圈，中间最好相隔2个小圈。

2. 剪冠 雏鸡接入育雏室后当天就需要对父系雏鸡进行剪冠处理。剪冠的目的在于能够明显区别父系鸡和母系鸡，便于及时淘汰鉴别错误的个体。剪冠时用剪刀贴近冠的基部将冠剪掉，残留的部分尽可能少，剪后用酒精进行消毒处理。

3. 分圈安置 按照进鸡前制订的方案，使用那些小圈，每个小圈安置多少只雏鸡，哪个圈安置父本雏鸡，都要有计划地进行。安置完毕后统计父本和母本雏鸡的数量，并在每个小圈的门上挂一个记录表，登记有关项目。

（三）生长期环境条件的控制

1. 环境温度与湿度控制 对于2周龄前的雏鸡来说，由于其自身的体温调节机能尚不健全，需要为其提供适宜的环境温度以保证其健康和发育（表6－5）。3周龄后种鸡对环境的适应能力逐步提高。湿度控制在65%左右即可。

表6－5 4周龄内肉种鸡的环境控制要求

鸡龄	鸡体周围温度（℃）	湿度（%）
1～3日龄	33～35	65
4～7日龄	32～33	65
2周龄	30～32	65
3周龄	26～29	65
4周龄	21～25	65

2. 光照控制 除前两周舍内光照强度略大外，以后每天仅给予弱强度光照，它有以下作用：防止鸡群啄羽、啄肛等恶癖行为出现，提高鸡群均匀度，节省饲料，调控鸡群生长，实现鸡群

准时开产。光照强度以饲养人员能够看清饮水器内水的情况、料槽内饲料情况即可。光照强度大或时间长都不利于鸡群的管理。尤其是对于有窗鸡舍，早晚必须用较厚实的窗帘遮光，中午前后也需要适当遮光。

肉种鸡在生长期应饲养在密闭鸡舍或遮光鸡舍内。前 3 天连续照明，4～10 天每天照明 20 小时，11～18 天每天照明 15 小时，19～28 天每天照明 12 小时；4～20 周龄每天光照时间控制为 8 小时，也有的鸡场在 3～4 周龄光照时间为 9 小时，5～8 周龄为 8 小时，9～20 周龄为 7 小时。一般在 22 周末拆除遮黑（蔽），进行人工补充光照。光照时间为 14 小时，光照强度为 50 勒克斯。过 2～3 周以后，进入产蛋期，将光照时间调整为 16 小时，光照强度不变。

3. 通风换气控制　除最初 7～10 天主要考虑鸡舍的保温外，适当的通风是日常管理的重要内容，以保证鸡舍内有害气体的含量不超标。要求饲养人员进入鸡舍后无明显的刺鼻、刺眼感觉。低温季节通风时注意防止室温下降过多和避免冷风直接吹到雏鸡身体上。

4. 饲养密度控制　采用网上平养方式，1～2 周龄为每平方米床面养 18～25 只；3～6 周龄为每平方米 8～10 只；7 周龄后每平方米 5～6 只。地面垫料平养的饲养密度比网上平养降低 10%。密度大不利于鸡群的均匀采食，会影响群体发育的整齐度，啄癖多，健康状况不佳。

（四）喂饲管理

1. 喂饲用具　肉种鸡所使用的喂饲用具，在前 3 天一般是料盘或硬纸板、塑料布等；4 天以后换用料桶，4 周龄前使用容量为 3 千克左右的小料桶，4 周龄后使用 10 千克左右的大料桶。饮水设备第一周要用真空式饮水器，第二周真空式和乳头式两种饮水器混合使用，第三周可以撤掉真空饮水器，完全使用乳头式饮水器。但是，一些小型肉鸡场可能一直使用真空饮水器。

2. 初饮与饮水管理 雏鸡接入鸡舍安置妥当后就可以让其饮用真空饮水器中的水，初饮的水一般为凉开水或经过消毒处理的井水，水温在25 ℃左右。每个圈内可以抓几只雏鸡将其喙部浸入水盘内，之后放开让它自己饮水，其他雏鸡会模仿饮水。

初饮之后进入正常的饮水管理。整个生长期间要保证饮水的清洁干净和充足。育雏的前3天可以在饮水中间歇性地加入复合维生素、抗生素、葡萄糖等用于缓解应激、提高抗病力。

3. 开食与前期喂饲 雏鸡初饮后就可以开食。把少量饲料放在红色料盘内或硬纸板、塑料布上，并用手轻轻敲击发出响声，就会吸引雏鸡啄食饲料。一旦一个小圈内有几只雏鸡会采食，其他雏鸡在1个小时内基本都能够学会采食。

肉种鸡饲养过程中前2周基本是采用自由采食。第一周可以每天喂饲6次，第二周每天喂饲4次。3～4周龄按照规定喂料量喂饲，一般每天喂饲2次。

料盘数量要足，圈内摆布要均匀，以保证喂料后鸡群能够均匀进食（图6－14）。

（五）断喙

公鸡和母鸡都应该在7～15日龄进行断喙，因为肉种鸡育成期要采用限制饲养措施，如果不断喙将会发生严重的啄癖，可能造成鸡群出现严重的损失。

断喙应该使用专门的断喙器，当断喙器的刀片呈暗红色时可以进行。母鸡断喙时将上喙切去1/2，下喙切去1/3；公鸡上下喙均切去1/3，如果上喙切去太长会影响以后的交配（图6－15、图6－16）。

鸡群在6周龄前后需要检查喙部生长情况，对喙部不整齐或上喙重新长尖的个体需要修整。生产中断喙处理不好的鸡群经常出现啄死、啄伤的现象。

图 6－14　地面垫料平养雏鸡的喂养

图 6－15　断喙操作

图 6－16　断喙后的育成鸡下喙略长于上喙

（六）青年鸡的限制饲养

限制饲养是育成期白羽肉种鸡饲养的关键技术，其目的在于防止鸡体重增加过快、体重过大、腹部脂肪沉积过多而影响以后的产蛋性能。

1. 限制饲喂的目的　限制饲喂可以达到控制鸡的发育，使鸡的体重符合该品种标准，鸡群健康，发育匀称，整齐度高，适时开产，能提高产蛋率和种蛋受精率。限制饲喂还能提高饲料转化率，经济效益好。

2. 限制饲喂的方法　目前，在白羽肉种鸡生产中都采用限量法，规定鸡群每天、每周或某个阶段的饲料用量。其限制方式有以下几种：

（1）每日限饲：每日喂给一定量的饲料，或规定饲喂次数和每次采食的时间。这种方法对鸡的应激较小，适用于幼雏转入育成期前（3～6 周龄）和育成鸡转入产蛋鸡舍前（20～24 周龄）。

（2）隔日限饲：把 2 天的饲料量合在 1 天中喂给，即喂 1 天，停 1 天。此法应激大，适用于生长速度快、体重难以控制的阶段，如 7～19 周龄。

（3）五二限饲：在 1 周内将 7 天的饲料用在 5 天喂饲，其中 2 天不喂饲，但是注意这停饲的 2 天要间隔 2～3 天，不能连续。这种限饲方法也属于应激较小的方法。

3. 限饲程序　要想获得最佳效果，饲养管理人员必须对几种限饲方式灵活运用。一般开产之前，使限饲程度随鸡龄提高而逐步放宽，以利正常开产。育成前中期宜采用比较严格的限饲方法，如隔日喂料法，4/3 法；育成末期逐渐平稳过渡到比较缓和的限饲方法，如 5/2 法和每日限饲法。表 6－6 是白羽种鸡常用限饲程序推荐表，仅供参考。

表 6－6　白羽种鸡常用限饲程序推荐（母鸡）

年龄（周龄）	饲料种类	限饲程序
0～3	育雏料	自由采食
4～6	育成料	每日限饲
7～18	育成料	隔日限饲
19～20	产前料	隔日限饲
21～24	产前料	每日限饲

4. 限饲鸡群的管理

（1）限饲前的分群：限制饲养前，通过对鸡群的目测和逐只称重，将其分成大、中、小三群。同时将过度瘦弱、体质较差的鸡淘汰。如果鸡群整齐度很高，不必全群逐只称重，只需作个别调整即可。一般每个大群中可以分为若干个小圈，每个小圈饲养 100～200 只鸡。体重偏大或偏小的有较少几个小圈，体重中等的会有较多几个小圈。

（2）每个小圈前悬挂记录表：记录表上要显示每天圈内鸡的周龄（或日龄）、鸡的数量、计划喂料量、实际喂料量等（表6－7）。因为实际喂料量会因为鸡群的实际体重大小而有所调整。

表6－7　育成期肉种鸡限饲每周记录表

周龄________　品系________　进雏日期________　圈号________

日期	日龄	鸡只数量	计划喂料量	实际喂料量	备注

（3）确定给料量：应根据体重标准，每周称重情况、季节、饲料的营养水平、鸡群状况等因素综合考虑，其最终目的是通过调整喂料量，达到规定的体重标准。

开始可以按照育种公司提供的体重和喂料量参考标准执行（表6－8、表6－9），1周后根据体重测定结果调整喂料量。

表6－8　爱拔益加肉用种母鸡体重和限饲程序

周龄	体重（克）		饲喂料量（克/只）			喂料量（克/只）	
	体重	周增重	每日	隔日限饲	四三限饲	每周	累计
1	91		24	自由采食	自由采食	168	168
2	180	89	26	自由采食	自由采食	182	350
3	318	138	28	56		196	546
4	409	91	31	62		217	763
5	449	90	34	68		238	1 001
6	590	91	37	74	52	259	1 260

续表

周龄	体重（克）		饲喂料量（克/只）			喂料量（克/只）	
	体重	周增重	每日	隔日限饲	五二限饲	每周	累计
7	681	91	40	80	56	280	1 540
8	772	91	43	86	60	301	1 841
9	863	91	46	92	64	322	2 163
10	953	90	49	98	69	343	2 506
11	1 044	91	52	104	73	364	2 870
12	1 135	91	56	112	78	392	3 262
13	1 249	14	61	122	85	427	3 689
14	1 362	113	66	132	92	462	4 151
15	1 476	114	71	142	99	497	4 648
16	1 589	113	76	152	106	532	5 180
17	1 703	114	82	164	115	574	5 754
18	1816	113	88	176	123	616	6 370
19	1 930	114	94	188	132	658	7 028
20	2 043	113	100	200	140	700	7 728
21	2 202	159	105	210	147	735	8 463
22	2 361	159	112	224	157	784	9 247
23	2 520	159	122	244	171	854	10 101
24	2 679	159	132			924	11 025
25	2 838	159	142			994	12 019
26	2 951	113	152			1 064	13 083
27	3 042	91	160			1 120	14 203
28	3 133	91	160			1 120	15 323
29	3 201	68	160			1 120	16 443

续表

周龄	体重（克）		饲喂料量（克/只）			喂料量（克/只）	
	体重	周增重	每日	隔日限饲	五二限饲	每周	累计
30	3 246	45	160			1 120	17 563
31	3 254	8	160			1 120	18 683
32	3 262	8	160			1 120	19 803
33	3 270	8	160			1 120	20 923
34	3 279	9	160			1 120	22 043
35	3 287	8	159			1 113	23 156
36	3 295	8	159			1 113	24 269
46	3 377		154			1 078	35 189
56	3 458		149			1 043	45 159
66	3 540		144			1 008	55 979

表6－9　爱拔益加肉用种公鸡体重和限饲程序

周龄	体重（克）		饲喂料量（克/只）			喂料量（克/只）	
	体重	周增重	每日	隔日限饲	五二限饲	每周	累计
1	135		25	自由采食	自由采食	175	175
2	300	165	32	自由采食	自由采食	224	399
3	490	190	40	自由采食	自由采食	280	679
4	715	225	48	自由采食	自由采食	336	1 015
5	815	100	53	106		371	1 386
6	915	100	54	108	95	378	1 764
7	1 015	100	55	110	96	385	2 149
8	1 125	110	56	112	98	392	2 541
9	1 245	120	57	114	100	399	2 940

续表

周龄	体重（克）		饲喂料量（克/只）			喂料量（克/只）	
	体重	周增重	每日	隔日限饲	五二限饲	每周	累计
10	1 365	120	59	118	103	413	3 353
11	1 495	130	61	122	107	427	3 780
12	1 625	130	63	126	110	441	4 221
13	1 760	135	65	130	114	455	4 676
14	1 895	135	68	136	119	476	5 152
15	2 030	135	71	142	124	497	5 649
16	2 170	140	74		130	518	6 167
17	2 310	140	77		135	539	6 706
18	2 455	145	80		140	560	7 266
19	2 605	150	85			595	7 861
20	2 760	155	90			630	8 491
21	2 930	170	96			672	9 163
22	3 105	175	102			714	9 877
23	3 285	180	108			756	10 633
24	3 465	180	116			812	11 445
25	3 650	185	125			875	12 320
26	3 795	145	133			931	13 251
27	3 951	120	133			931	14 182
28	4 030	115	133			931	15 113
29	4 210	90	133			931	16 044
30	4 180	60	134			938	16 982
31	4 195	15	134			938	17 920
32	4 210	15	134			938	18 858

续表

周龄	体重（克）		饲喂料量（克/只）			喂料量（克/只）	
	体重	周增重	每日	隔日限饲	五二限饲	每周	累计
33	4 225	15	134			938	19 796
34	4 240	15	135			450	20 741
35	4 225	15	135			945	21 686
36	4 270	15	135			945	22 631
46	4 420	15	138			966	32 186
56	4 520	10	140			980	41 916
66	4 620	10	142			994	51 814

（5）定期称重和调群：限饲的基本根据是体重，从4周龄起，每周末在鸡群空腹时随机抽样测定体重一次，算出平均体重，作为限饲的根据。一般要求生长期抽测每栏鸡数的5%～10%。平养鸡群采用对角线取样法，用铁丝网把一定数量的鸡围起来，逐只称重。每日限饲时在下午称重，隔日饲喂时，在周末上午10时前空腹称重，称量准确。饲养者要根据每周称重结果及日常观察，随时调整鸡群，将体重接近的鸡调到同一群，再具体实施增减料计划。

（6）调整喂料量：根据标准体重和实测的鸡群体重确定给料量，如低于标准体重，可适当增加料量，如体重超出标准，可暂停增加料量，但不能减量，直到与标准体重一致以后再增加料量。一般情况下，料量的增加要根据体重的增长变化，4～15周龄每周增重约100克，每日料量增加3～5克/只；15～20周龄每周增重约135克，每日料量增加6～7克/只；21～25周龄，顺季或遮光式鸡舍中仍保持每周增重135克，逆季鸡群每周增重155～160克，每日料量增加7～8克。20周龄前每次增加料量的幅度一般不超过8克。

预计投给鸡群一天的饲料，要一次性投喂。此外，给料量的确定要考虑鸡舍温度，鸡的健康状态及所用饲料的能量水平等，例如冬季舍温低时多喂些，夏季舍温高时少喂些。

（七）提高鸡群均匀度

鸡群均匀度不仅包括体重的整齐度，还包括骨骼和性成熟的整齐度。它是肉种鸡育成期一个很重要的技术指标，均匀度的高低既能检验育成期限饲的效果，又能预测鸡群的生产性能。均匀度高的鸡群，开产一致，产蛋高峰突出而持久，累积产蛋数、种蛋合格率高。一般20周龄左右，体重均匀度平养应达80%以上。

体重均匀度的计算办法是：所测定体重的鸡群内，体重在标准体重10%变动范围内的个体所占比例。

1. 加强鸡群的保健　制定科学而合理的免疫程序，做好各种卫生防疫消毒工作，使鸡群不发病或少发病。如果没有这一措施，或者措施不严，鸡群一旦感染疾病，即使没有死亡，也会导致个体大小不一。

2. 合理分群和调群、及时调整喂料量　每周通过称重将体重适中小群内体重偏大的个体调到体重偏大的群内，把体重偏小的个体调到体重偏小的群内；把体重偏大群内体重偏小的个体调到体重适中小群内；把体重偏小群内体重偏大的个体调到体重适中小群内。体重适中小群的喂料量按标准执行，体重偏小的群喂料量要适当增加，体重偏大群则减少喂料量或不增加喂料量。

每次调群后及时调整喂料量。生产中最好能够保持每个小圈内鸡只数量的稳定。

3. 保证同群内的鸡均匀采食　限饲期间，布料要均匀、料位要充足、投料要迅速。同一区域，投料要在3分钟之内完成。

（八）育成期公母分饲

由于公母鸡的采食速度和喂料量有所不同，所以在雏鸡接入鸡舍到整个育成期，应公母分开饲养，这不但有利于提高母鸡的均匀度，而且有利于提高公鸡的均匀度，减少公鸡腿脚病发生率。

（九）转群与公母混群

青年肉种鸡饲养到 18 ~ 20 周龄时从青年鸡舍转入到成年鸡舍。转群时要注意应先将公鸡提前 4 ~ 5 天转入成年鸡舍，使其熟悉公鸡料桶和占有环境优势，再转入母鸡。转群前将成年鸡舍准备好，所有设备要经过检修和调试，鸡舍要经过消毒。转群过程要注意减少对鸡只造成的应激和伤害，把体重相似的个体放在一个群内，每个圈内放置鸡的数量要提早确定以保证合适的饲养密度。

公母鸡的混群时间应选择在 21 周末或 22 周初期，混群的一周前就应将公鸡穿好鼻签（图 6 – 17），用于实行公母鸡分饲。

图 6 – 17　种公鸡要穿鼻签

公鸡的穿鼻时间不能太早，也不能太迟。实践表明：穿鼻太早，公鸡的头部鼻孔还未发育完整，穿鼻对鼻腔有损害，会使公鸡的采食速度大幅降低，采食时间成倍增加，最终影响公鸡的正常发育；穿鼻太迟，会使公鸡穿鼻的应激和公母鸡混群的应激相互叠加在一起。

公母鸡的配比范围一般选择100只母鸡配9～11只公鸡，具体数量应根据实际情况决定，如公鸡较弱时应增加公鸡的配比数量。如公鸡发育偏早、体重体型较大、行为比较凶悍时应减少公鸡的配比数量。发育偏早、配比过多的公鸡会造成母鸡的伤害。公母鸡混群应分步进行，先混入一定数量的大公鸡，以后再逐周分批混入中型号公鸡和小公鸡。

二、繁殖期肉种鸡的饲养管理

（一）预产期的饲养管理

肉种鸡预产期是指19～24周龄，这是从发育到成熟的生理转折时期。此期间的饲养管理首先要对体成熟和性成熟做出正确的估测，然后制订一个合理的增重、增料、增光计划，使之与产蛋期的管理相衔接。

1. 体成熟和性成熟的估测　种母鸡进入预产期后，体增重和性腺发育处于最旺盛的阶段，为即将开产做机体上的准备，此时体征和性征都迅速发生变化，利用这些变化可正确估测开产时间，以便实行光照和增料计划。体成熟程度可由体重、胸肌发育和主翼羽脱换三方面综合评定。

（1）体重：体重是体成熟程度的重要标志，育成期体重应符合要求，如果前期体重超出标准，预测开产体重应比标准体重高一些。另外，应考虑生长期所处的季节不同，顺季鸡群开产体重轻一些，而逆季鸡群开产体重则重一些。

（2）胸肌发育：肌肉发育状况以胸肌为代表，19周龄时用手触摸鸡的胸部，胸肌应由育成期的V形发育成U形，但不应过肥。

（3）主翼羽脱换：有关换羽研究表明，20 周龄左右的鸡主翼羽停止脱换，此时虽有 2～3 根尚未更换，但会因性激素分泌量的增加而终止。如果主翼羽脱换根数少，说明鸡的体成熟和性成熟时间将会延迟。

（4）性成熟：母鸡产下第一个蛋表明生殖系统发育成熟，开产前特征为冠和肉垂开始红润、耻骨开张，此时只要群体体征和特征表现明显集中，即表明鸡群已处于临产状态。

2. 饲养管理

（1）增重计划：20～24 周龄鸡的体重增量最大。预产期要根据实际情况调节鸡体增重，将发育正常或超重鸡群每周增重控制在 160 克之内，发育不良的调至 160 克以上。为便于控制体重，此时可把低于标准体重的鸡挑出，单独饲养管理。

（2）增料计划：从 20 周龄起，限饲的同时，将生长料换成预产料（钙为 2%，其他成分同产蛋料）。每天喂料量随之增加，此时应改用每天限饲方式，保持体内代谢的稳定性，减轻限料造成的应激。注意加料不能操之过急，要少量多次添加。此阶段的超量饲喂，将直接导致种母鸡子宫结构异常、体重超标、种蛋品质差、孵化率低，同时造成双黄蛋的比例增高及由于腹膜炎或脱肛引起的死亡率增加等。产蛋率达到 5% 以前，每周加料 2～3 次，每次不超过 3 克；产蛋率达到 5% 以后，要每天加料，直到达到产蛋高峰。24 周更换为产蛋料。

（3）增光计划：肉种鸡增加光照刺激一般提早到产蛋前一个月进行，于 19 周龄或 20 周龄转入增光刺激阶段。增光刺激与成熟体重的一致性，是实施增光措施的基本要求。过早会使鸡体失去对光照刺激的敏感性，导致延迟开产。如果鸡群出现体成熟推迟或性成熟提前时，应推迟 1～2 周进行增光刺激，而在性成熟和体成熟同步提前的鸡群，则应提前增加光照刺激。另外，开放式鸡舍饲养的肉种鸡，一般逆季生长鸡群提早增光刺激，防止开产过迟；顺季生长鸡群则应推迟1~2周，以防止开产过早。

（4）管理要点：20周龄将育成鸡转入产蛋舍，并注意饲养密度的调整、产蛋箱的放置与料槽位置的确定。母鸡在23~25周龄临产阶段，常表现出高度神经质，极易惊群造成异常蛋增加，严重者产蛋率下降。因此应尽量减少各种应激，一些必须进行的操作，如接种疫苗、抗体监测、选择淘汰、清点鸡数等应在此前完成。

（二）繁殖期肉种鸡的饲养管理

1. 环境管理 肉种鸡的生产成本比较高，生产中要加强环境管理以保证鸡群的健康与高产。有时在环境管理方面的投资会多些，但其收益会更大。

（1）温度管理：肉种鸡适宜的环境温度为13~23℃，在这个温度范围内种鸡的产蛋率、种蛋受精率、饲料效率和健康情况是最好的。夏季做好防暑降温对于肉种鸡尤其重要，因为肉鸡体重大、耐热性差，更容易发生热应激；采用湿帘降温和纵向通风系统是比较理想的措施。冬季采用热风炉对鸡舍进行供温和通风是解决冬季保温与通风这对矛盾的最有效措施。

（2）控制湿度：鸡舍内湿度高会使垫料潮湿，影响鸡舍内的空气质量和鸡体羽毛的清洁度，不利于健康。防止湿度偏高主要是合理通风、防止饮水器漏水、鸡舍排水系统设计合理、及时清粪等。

（3）光照管理：从21或22周龄开始增加光照时间，每周递增幅度为30~45分钟，到28周龄时每天的光照时间达到16小时，以后保持稳定。每天开灯和关灯的时间要相对固定。光照强度以饲养员能够清楚地观察到鸡群状态、饲料和垫料情况为准。

（4）通风换气：注意平时的通风，尤其关注冬季寒冷时期的通风。保证饲养员进入鸡舍内没有刺鼻、刺眼等不适感受。冬季通风要防止冷风直接吹到鸡身上。

（5）饲养密度：按照每平方米饲养5只鸡的密度标准。饲养密度过大，会严重影响鸡群的健康和生产性能。

（6）减少外界因素的影响：禁止非生产人员、飞鸟、老鼠、猫、狗等进入鸡舍。鸡舍周围不要有噪声。

2. 喂饲管理

（1）喂饲时间和次数：产蛋期种鸡群每天喂饲1次，一般安排在上午8时前后喂料。公鸡和母鸡分别使用各自的喂料设备，防止相互偷食。

公母鸡混群后及产蛋初期是白羽父母代肉种鸡体重最容易偏离标准轨迹的时期，应加以重视和防范。公母鸡混群后，由于公母鸡分饲设备上的漏洞和管理上的疏忽，公鸡或母鸡会借此偷食对方的饲料，造成鸡群管理者难以掌握公鸡或母鸡的实际采食数量，公鸡或母鸡因此也会偏肥或偏瘦，这些最终会导致母鸡产蛋性能的下降，公鸡授精能力的降低。因此，进入产蛋期，肉种鸡饲养管理一项最重要的工作就是确定合理的公母鸡饲料用量，防止公鸡或母鸡偷食对方的饲料，只有这样才能确保鸡群的高产和稳产（图6－18、图6－19）。

图6－18　母鸡喂料系统（由于料槽上面罩有铁丝网公鸡无法偷食）

图6－19　公鸡料盘悬挂较高，母鸡无法采食其中饲料

（2）产蛋前期的喂饲：母鸡开始产蛋后，用一周的时间来过渡到产蛋料及每日喂料程序。如果鸡群的均匀度好，应该在日产蛋率达到5%时就可依据表6－10来确定增加用料。

鸡群的性成熟及体重的均匀度将决定加料的速度。鸡群的均匀度越好，日产蛋率增加会越快。对于均匀度好的鸡群来讲，可在日产蛋率达40%时就给予定期的高峰料。对于均匀度差的鸡群，在日产蛋率达60%时才给予高峰料。

通常在开灯半小时后，开始上料。在夜间禁食后，第二天早上投料后快速地满足鸡群的食欲有助于防止出现母鸡产地面蛋。剩余的饲料可在当天的产蛋高峰过后再投放。

由于日喂料量太多，可以保留一部分饲料到下午，大约熄灯前3小时投放。如果是采用这种喂料方法，要注意确保最后一顿的饲料量能足以均匀地分布到整个喂料系统中。

现行AA父母代肉种鸡高峰料量安排时间应比原有的AA父母代肉种鸡更加推迟。实践表明，应在65%～70%产蛋率或更晚时才给予高峰料量，高峰料量要求1.9兆焦/（只·日）母鸡，高峰料数值应根据产蛋高峰的实际情况进行调整，高峰产蛋率高于手册料量应增加，反之应减少。高峰料数值也应根据饲料实际能量、产蛋率变化、采食时间长短、体重变化而做适当调整。高峰料的给料原则是既要充分挖掘鸡群的产蛋高峰潜力，又要避免过高料量带来的鸡群体重过大、过肥现象。

（3）产蛋后期的喂饲：为减少腹部脂肪的沉积，在产蛋高峰后的第一周就可以首次减料（减少量与上周相比按每天每羽2克或3克）。接下去，根据产蛋率、产蛋重以及体重来减少喂料量（按0.5～1克/只逐周递减）。有时，为了控制鸡群出现肥胖的危险，产蛋高峰后的3～4周，需要以每周减少2克/只的顺序来大幅度地减料。

对产蛋高峰差的鸡群（低于80%），加高峰料以外的额外饲料（测试料），不仅不会显著地提高产蛋水平，反而会诱发肥胖，影响产蛋的持续性。

每周监控鸡群的体重，直至鸡群淘汰。产蛋期结束时获得的体重应该尽可能地遵循平稳的增重（从 32 周龄开始直至产蛋期结束，增 10 克/周）。任何过多的突发性的增长都可能会导致不必要的肥胖。相反，体重长时间停滞不前，则会影响产蛋。

（4）砾石和谷物：谷物，3～5 克/（只·天）；砾石，3 克/（只·次），1～2 次/周。应在下午 3～4 时把谷物或砾石撒在垫料上，以刺激公母交配及翻刨垫料。

表 6－10 中所列出的产蛋标准是在最佳饲养管理条件下爱拔益加种鸡所具有的生产潜力，当遇极端天气或饲养管理不善或饲料中的营养水平与本手册推荐值出入较大时，种鸡的生产性能会受到影响。

表 6－10　AA 父母代肉种鸡产蛋性能参考标准（常规系）

周龄	产蛋周	产蛋			孵化率/提供雏鸡数				
		饲养日产蛋率%	入舍母鸡累积产蛋	平均蛋重	入舍母鸡产合格蛋	入舍母鸡均产合格蛋	入孵蛋孵化率%	入舍母鸡周产雏鸡	累积入舍母鸡产雏
25	1	5	—	—	—	—	—	—	—
26	2	20	2	51.3	0.3	—	75	0.2	—
27	3	38	4	53.5	1.2	1	78	0.9	1
28	4	55	8	54.3	2.6	4	82	2.1	3
29	5	74	13	56.7	4.5	9	84	3.8	7
30	6	82	19	57.3	5.2	14	86	4.5	12
31	7	85	25	57.9	5.7	19	88	5.0	17
32	8	86	31	58.5	5.7	25	90	5.2	22
33	9	85	37	59.1	5.7	31	90	5.1	27
34	10	85	42	59.7	5.6	37	91	5.1	32

续表

周龄	产蛋周	产蛋					孵化率/提供雏鸡数		
		饲养日产蛋率%	入舍母鸡累积产蛋	平均蛋重	入舍母鸡产合格蛋	入舍母鸡均产合格蛋	入孵蛋孵化率%	入舍母鸡周产雏鸡	累积入舍母鸡产雏
35	11	84	48	60. 3	5. 6	42	91	5. 1	37
36	12	84	54	60. 9	5. 6	48	90	5. 0	42
37	13	83	60	61. 5	5. 5	53	90	4. 9	47
38	14	83	65	62. 1	5. 5	59	90	4. 9	52
39	15	82	71	62. 7	5. 4	64	89	4. 8	57
40	16	81	76	63. 3	5. 3	69	89	4. 7	61
41	17	80	82	63. 8	5. 2	74	89	4. 6	66
42	18	79	87	64. 3	5. 1	80	88	4. 5	71
43	19	78	92	64. 8	5. 1	85	88	4. 5	75
44	20	77	97	65. 3	5. 0	90	88	4. 4	79
45	21	76	102	65. 7	4. 9	95	88	4. 3	84
46	22	75	107	66. 1	4. 8	99	87	4. 2	88
47	23	74	112	66. 5	4. 8	104	87	4. 1	92
48	24	73	117	66. 9	4. 7	109	87	4. 1	96
49	25	72	122	67. 3	4. 6	113	86	4. 0	100
50	26	71	126	67. 7	4. 5	118	86	3. 9	104
51	27	70	131	68. 1	4. 4	122	85	3. 8	108
52	28	69	135	68. 4	4. 4	127	85	3. 7	111
53	29	68	140	68. 7	4. 3	131	84	3. 6	115
54	30	67	144	69. 0	4. 2	135	84	3. 5	119
55	31	66	148	69. 3	4. 2	139	83	3. 4	122
56	32	65	153	69. 5	4. 1	143	82	3. 3	125
57	33	64	157	69. 7	4. 0	147	82	3. 3	129

续表

周龄	产蛋周	产蛋				孵化率/提供雏鸡数			
		饲养日产蛋率%	入舍母鸡累积产蛋	平均蛋重	入舍母鸡产合格蛋	入舍母鸡均产合格蛋	入孵蛋孵化率%	入舍母鸡周产雏鸡	累积入舍母鸡产雏
58	34	63	161	69.9	3.9	151	81	3.2	132
59	35	62	165	70.1	3.9	155	81	3.1	135
60	36	62	169	70.3	3.8	159	80	3.1	138
61	37	61	173	70.5	3.8	163	80	3.0	141
62	38	60	176	70.7	3.7	166	79	2.9	144
63	39	59	180	70.9	3.6	170	79	2.9	147
64	40	58	184	71.1	3.6	174	78	2.8	150
65	41	57	187	71.2	3.5	177	77	2.7	152
66	42	56	191	71.3	3.4	181	77	2.6	155

6. 减少窝外蛋 窝外蛋对种鸡群的生产是不利的，一是减少了合格种蛋数，二是增加了其他种蛋被污染的机率，三是增加了额外工作量。减少窝外蛋的措施主要有以下几方面：

（1）保证产蛋箱的舒适性：母鸡产蛋时输卵管外翻，这使它们特别易于受到攻击。所以它们必须呆在一个它们自身和种蛋免受攻击的地方产蛋。如果产蛋箱不舒适或不足，一部分母鸡将选择在鸡舍内别的地方产蛋，如在喂料器和饮水器下、墙边、棚架上等。一旦养成这种习惯将很难根除，并且其他母鸡还将模仿。

（2）产蛋箱的数量要足够：通常，应为每4只母鸡配备一个人工的个体产蛋窝，可为35～40只母鸡提供1米长度的自动共用产蛋箱。如果舍内所有的产蛋箱舒适完好，并且放置合理，那么按以上标准应该够用。

（3）产蛋箱的设计要合理：有两种类型的产蛋箱常用，一种是加入秸秆、刨花和稻壳的、人工收集种蛋的个体产蛋箱；二是配备自动传送带集蛋的共用自动产蛋箱。产蛋箱1~2层。使用宽的栖息条便于母鸡进入产蛋箱：在底层排两根厚木条，上层排一根厚木条。上、下层的栖息条必须相隔一定的距离以便母鸡能上下跳跃。育成期在鸡舍内放置必要的栖息设备能更好地训练母鸡的栖息和跳跃行为。

建议为人工产蛋箱配备关闭装置，这样可避免产蛋箱在夜间受到鸡粪污染。从产蛋箱的底部到上缘有12~15厘米的深度。为了避免地面蛋问题，产蛋箱必须离垫料足够高（至少50厘米）。同时鸡舍内灯泡的排列应尽可能地减少在产蛋箱下产生阴影。

（4）鸡舍内产蛋箱的位置摆放要合适：在选择摆放产蛋箱的位置时，应考虑母鸡产蛋时的舒适性和安全性。避免把产蛋箱置于较冷的墙边、通风处和光照强的地方，同时应保证母鸡上下栖息条和进出产蛋箱的方便。

（5）产蛋箱内的材料选择要合理：对母鸡有吸引力的产蛋箱垫料是一项重要因素。避免采用比地面垫料差的材料。切断的麦秸比刨花好。在自动产蛋箱内通常使用塑料垫子，效果不错。建议在即将见蛋时再加入产蛋箱材料。如有可能，见蛋后再开放产蛋箱。在这种情况下，应先开放上层的产蛋箱，数天后再开放下层产蛋箱。在即将开产前开放产蛋箱和添加填充材料，能充分发掘母鸡在此生理期间活跃的探究心理；刚开始时，产蛋箱（图6-20）内留置一部分鸡蛋，有助于更多的母鸡在产蛋箱内产蛋。一次性在产蛋箱内加入太多材料不可取。

（6）及时收集窝外蛋：刚开产时，频繁地收集窝外蛋很重要，否则其他母鸡就会接着在原地产蛋。在此期间，饲养员应尽力找出产窝外蛋的母鸡，并把它们抓回产蛋箱里产蛋。抓鸡动作应尽可能平和，不要打扰已在产蛋箱内的母鸡。

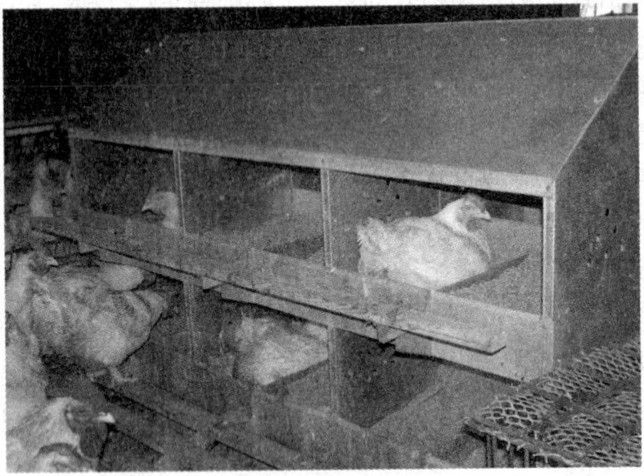

图 6-20　肉种鸡产蛋箱

第七章　优质肉鸡生产

优质肉鸡是由一些地方黄羽和麻羽土鸡经过多年的纯化选育或杂交选育而成，生产性能有较大提高，生长速度也有所提高，外形毛色趋于一致，有较好的体形外貌。这些鸡既保留了原有地方土鸡的肉质风味，又有较好的生产性能，如适时屠宰，肉质鲜嫩优美。随着人民生活水平的提高，这种独特的风味，越来越受消费者欢迎，售价也较高，经济效益也较高。

我国饲养的黄鸡基本已形成三大类型（从生长速度上分），即快速型、中速型和优质型三种。

1. 优质型　以广西、广东湛江地区和部分广州市场为代表，内地中高档宾馆饭店、高收入人员也有需求。要求 90～120 日龄上市，体重 1.1～1.5 千克，鸡性成熟较早，出售时鸡冠红而大，羽色光亮，胫较细，羽色和胫色随鸡种和消费习惯而有所不同。这种类型的鸡一般未经杂交改良，以各地优良地方鸡种为主。

2. 中速型　以香港、澳门和广东珠江三角洲地区为主要市场，内地市场有逐年增长的趋势。港、澳、粤市民偏爱接近性成熟的小母鸡，当地称之为“项鸡”。要求 80～100 日龄上市，体重 1.5～2.0 千克，冠红而大，毛色光亮，体形滚圆，胫长适中，具有典型的“三黄”外形特征。该市场对体形外貌和口味要求较高，生长速度次之。

3. 快速型　以长江中下游上海、江苏、浙江和安徽等省市为主要市场。要求49日龄公母平均上市体重1.3~1.5千克。该市场对生长速度要求较高，对“三黄”特征要求较为次要，黄羽、麻羽、黑羽均可，胫色有黄有青也有黑。公鸡更受欢迎。

除按照生长速度分类外，目前优质鸡还有以下几种分类方法：按羽色分为黄羽、麻羽、黑羽以及白羽，其中黄羽优质鸡按黄色的深浅又分为浅黄、深黄和米黄色等类型；麻羽又分麻黄羽、麻褐羽等类型。按腿胫颜色又分为青腿和黄腿。按皮肤和肌肉颜色又分为黄皮黄肉和黑皮黑肉。目前，市场上饲养较多的是三黄鸡（黄羽、黄皮肤、黄腿）和青脚麻鸡（麻羽、黄皮肤、青腿）。

此外，在山东、河南、安徽等省市肉杂鸡发展速度很快，市场占有率不断增加，年上市10亿只左右，是优质肉鸡行业发展的一个新特点。在很多地方也把丝羽乌骨鸡归类到优质肉鸡当中。

2005年以来我国优质肉鸡产业进入了一个缓慢的发展阶段，据报道，在2009年我国各种类型的优质肉鸡饲养量约35亿只，占整个商品肉鸡生产总量的50%左右；产肉量约为360万吨，约占全国禽肉产量的24%，占肉类总产量的4.5%。2012年我国黄羽肉鸡年出栏约42亿只，产肉量约为450万吨。预计在未来10年我国的优质肉鸡产业将处于一种数量缓慢增加、外貌特征和生长速度多样化、种鸡繁殖能力逐渐提高、产品质量更受重视、屠宰后上市份额增加的发展阶段。

第一节　肉仔鸡生产

尽管不同类型的优质肉鸡饲养期长短不一，但是在4周龄之前对养前准备、环境条件、卫生防疫、饲料与饮水等生产条件的要求基本一致。因此，在各部分论述过程中相同的部分做统一表述，5周龄后的部分分别叙述。

一、进雏前的准备

进雏前检修好鸡舍、饲养设备、电源；准备好足够的食盘、饮水器以及其他用具，然后将鸡舍及用具彻底清洗消毒。消毒方法是先用0.5%百毒杀（或其他消毒液）溶液进行全面喷洒消毒，再用3%左右的氢氧化钠溶液进行喷洒消毒。消毒完成后，将网床、饮水器、食盘和其他用具用消毒水洗刷干净放入育雏舍内，封闭好门窗。对于新鸡舍，每立方米空间用28毫升福尔马林加14克高锰酸钾药量消毒；对于已养过鸡，但未发生烈性传染病的鸡舍，每立方米空间用40毫升福尔马林加20克高锰酸钾药量消毒；对曾发生过烈性传染病的鸡舍，每立方米空间用50毫升福尔马林加25克高锰酸钾药量消毒。将上述药物准确称取后，先将高锰酸钾轻轻放入瓷盆中，再加等量的水，用木棒搅拌至湿润，然后小心地将福尔马林倒入盆中，操作员迅速撤离鸡舍，关严门窗即可。待熏蒸24小时左右，打开门窗排除甲醛气味，至少空置2周。

进雏鸡2天前，将设备安装布置好后提前预温，将鸡舍内温度调到育雏所需的要求。并按雏鸡营养标准配置适量的雏鸡料，备足垫料，还要备足常用的兽药、消毒药和疫苗。

二、雏鸡选购与运输

鸡苗应从健康无病，尤其是无传染性疾病的种鸡场购买鸡苗。选择的品种应适合当地饲养环境、饲养习惯，适应市场需求。雏鸡的挑选方法简单概括为“一看、二摸、三听”。一看：用肉眼观察雏鸡精神状态和外观。选择活泼好动，反应灵敏，眼睛明亮有神，绒毛长短适中，羽毛干净有光泽，大小适中，符合品种标准，腹部大小适中，脐带愈合良好，泄殖腔处不粘粪便，两脚站立较稳，腿、喙色浓，没有任何缺陷的雏鸡。二摸：用手触摸雏鸡来判断体质强弱。健雏握在手中腹部柔软有弹性，会用力向外挣脱，脚及全身有温暖感。三听：听雏鸡的鸣叫声，健雏叫声清脆洪亮（图7－1）。

图7－1　健壮的雏鸡

雏鸡要用专用雏鸡盒装运（图7－2），运雏车要求既要保温又要通风良好，行车要稳，途中不得停留。运输途中要注意雏鸡盒是否歪斜、翻倒，防止挤压或窒息死亡。进雏时间冬季选择中午，夏季在早晚较合适。长途运输要防止雏鸡脱水，最好在出壳后36小时内运到育雏舍。

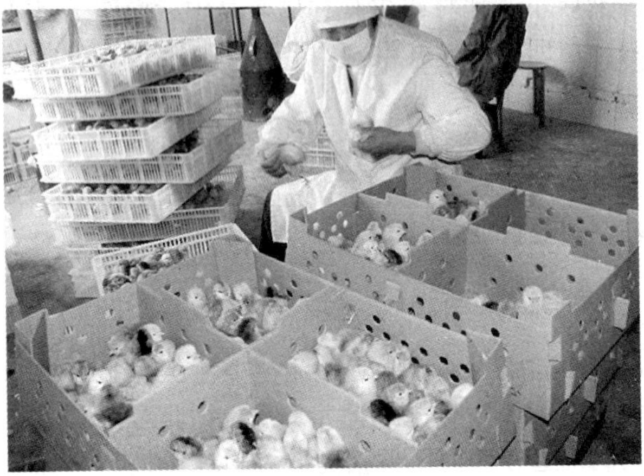

图7－2　雏鸡装盒待运

三、饲养方式

优质肉鸡的饲养方式包括地面垫料平养（图7－3）、网上平养和笼养，各种饲养方式的特点和白羽肉鸡相同。此外，在优质肉鸡生产中还有采用放养方式的。放养方式的前期（4 ~5 周龄）在育雏室内饲养，之后在鸡舍附近的场地放养，这种方式将是优质肉鸡今后主要的养殖方式（图 7 –4）。

图 7 –3 优质肉鸡地面垫料平养

图 7 –4 放养的优质肉鸡

四、养殖环境控制

1. 温度要求 育雏温度包括室温和雏鸡身体周围温度。这里所指的温度为雏鸡身体周围温度，1～3 日龄温度控制为 35～34 ℃，4～7 日龄保持在 33～32 ℃，第二周不低于 30 ℃，第三周不低于 27 ℃，第四周不低于 25 ℃，以后不低于 20 ℃。温度过高时易引起雏鸡上呼吸道疾病、饮水增加、食欲减退等，过低则造成雏鸡生长受阻，相互扎堆，扎堆的时间过长就会造成大批雏鸡被压死。如雏鸡活泼好动，食欲旺盛，饮水适度，粪便正常，羽毛生长良好，休息和睡眠安静，在室（笼）内分布均匀，体重增长正常，则表明舍内温度适宜。

要尽可能避免温度大幅度的突然变化，尤其是温度的突然下降，最容易引起雏鸡受凉感冒。如果处于夏季，5 周龄后要注意通风降温。

优质肉鸡饲养一直处于同一个鸡舍，为了节约能源，通常在前两周的时候将鸡群集中在鸡舍内靠前端的三分之一部位，此处用编织布或塑料膜进行隔挡以与后部分开。加热设备主要在前部使用。以后随着周龄增大，逐渐扩大鸡群生活范围。

2. 相对湿度控制 优质肉鸡养殖过程中只要温度适宜，其对湿度的适应范围较宽，相对湿度以 55%～65% 为宜。1～10 日龄舍内相对湿度以 60%～65% 为宜，湿度过低，影响卵黄吸收和羽毛生长，雏鸡易患呼吸道疾病。10 日龄以后相对湿度以 55%～60% 为宜。随着雏鸡体重增加，呼吸与排泄量也相应增多，育雏室相对湿度提高，易诱发球虫病，此时要注意通风，保持室内干燥清洁。

在网上平养或笼养鸡舍内相对湿度稍高些没有太大的影响，但是对于地面垫料平养鸡舍如果湿度大则容易造成垫料潮湿发霉，对鸡群的健康容易造成不良影响。

3. 光照管理　白天可利用自然光照，晚上以人工补光为主。

（1）光照时间控制：1～3日龄采用昼夜连续光照，让雏鸡尽早熟悉育雏室内的生活环境；4～7日龄每天光照20小时；第二周每天18小时；3周以后控制为每天16小时，直到出栏。

（2）光照强度控制：同样要求前期光照强度略大，以后随日龄增大逐渐减弱。一般1～4日龄掌握在20～25勒克斯，5～10日龄控制为15～20勒克斯，10日龄以后为15勒克斯左右。后期稍弱的光照有助于减少鸡群运动和争斗，但是要保证饲养员在鸡舍能够清楚地观察到鸡群的状态和饲料及饮水的情况。

4. 通风换气　通风换气的目的在于及时将鸡舍内含有粉尘、有害气体的空气排出舍外，再把新鲜的空气引入舍内以保证鸡舍内良好的空气质量。

在优质肉鸡饲养前期，要正确处理通风换气与保温的关系，一般选在外界气温较高时进行通风换气，每次时间20～30分钟，同时适当升高室内温度；饲养员在每天晚上休息前和第二天早上起床后各进行一次通风换气，每次10～15分钟，换气时仍要升温。

室内空气质量以人进入鸡舍后，不感觉到不适为宜。但应注意的是，人连续处在有氨气环境中会降低对氨气的敏感性。

为使鸡健康生长，要避免贼风，低温季节进行通风时不能让冷空气直接吹在鸡身上，减少因为通风而造成的进风口附近温度突然下降是非常关键的。对进入鸡舍的空气进行加热处理是解决冬季肉鸡舍通风与保温问题的根本措施。

高温季节在优质肉鸡饲养4周龄以后要注意通过加大通风量以降低舍内温度，减轻热应激。

对于采用地面垫料饲养方式的优质肉鸡合理组织通风，对于防止垫料潮湿或垫料过分干燥都是非常必要的。

5. 饲养密度控制　饲养密度要适中，如果采用地面垫料饲养方式一般1～2周龄每平方米40～30只，3～5周龄25～20只，

6 周龄以上 10 只左右为宜，网上平养可比地面垫料平养方式饲养密度可大（图 7－5）。

图 7－5　合适的饲养密度

不同类型的优质肉鸡由于体重差异大，控制饲养密度还需要注意观察鸡群的情况，一般认为当鸡群休息的时候有 30% 左右的地面是空闲的就比较恰当。

五、饲料与喂饲

1. 优质肉鸡的饲料　根据优质肉鸡不同生理阶段的生长发育、营养需要特点，需要分别配制不同阶段的饲料。一般将饲料分 3 种，4 周龄前喂雏鸡料，5～8 周龄喂中鸡料，8 周龄后喂育肥料。饲料转换要逐步过渡。快大型优质肉鸡由于饲养期短（总饲养期为 7～8 周），一般是 4 周龄前喂雏鸡料，5 周龄后喂育肥料。

2. 喂饲要求　适宜的开食时间是出壳后 18～24 小时，在开水后立即进行。一般建议在第一周使用肉鸡花料，1 周后使用颗粒饲料，利于仔鸡采食，饲料浪费少且转化率高。

采用地面或网上平养方式，使用料桶喂料，每天可以添加1~2次，使料桶内始终保持有饲料，让鸡群随时可以采食。使用自动料线则每3小时开动1次。

为了帮助消化，提高饲料转化率，在15日龄以后应该补喂清洁、干净、粒度大小合适的沙粒。主要办法有：①按1%混入饲料中。②每周每只鸡补喂10克左右。③另设专用沙粒料槽或料盆，让鸡自由采食。沙粒大小要适宜，前期直径1~1.5毫米，后期2~3毫米。

在我国《鸡饲养标准》（NY/T 33—2004）中介绍了优质肉鸡的体重与耗料量指标，见表7-1。由于不同品种类型存在较大差异，本表数据仅供参考。

表7-1　黄羽肉鸡仔鸡体重及耗料量

周龄	周末体重，克/只		耗料量，克/只		累计耗料量，克/只	
	公鸡	母鸡	公鸡	母鸡	公鸡	母鸡
1	88	89	76	70	76	70
2	199	175	201	130	277	200
3	320	253	269	142	546	342
4	492	378	371	266	917	608
5	631	493	516	295	1 433	907
6	870	622	632	358	2 065	1 261
7	1 274	751	751	359	2 816	1 620
8	1 560	949	719	479	3 535	2 099
9	1 814	1 137	836	534	4 371	2 633
10		1 254		540		3 028
11		1 380		549		3 577
12		1 548		514		4 091

六、饮水管理

1日龄雏鸡在接入鸡舍后应先饮水后开食，这样有促进鸡肠蠕动、吸收残留卵黄、排除胎粪、增进食欲、利于开食之效。饮水总的原则是不限量、不间断、清洁卫生。

雏鸡饮水初使用真空饮水器（图 7－6），若以后要采用乳头式饮水器，应在 7 日龄后逐渐把前期使用的真空饮水器移向乳头式饮水器旁，10 日龄后，每天撤去几个真空饮水器，使雏鸡逐渐适应乳头式饮水器。饮水器的高度一般应保持在鸡背与眼之间的高度，这样有利于平养鸡舍垫料管理和防止耗水太多。

饮水的基本要求是水质清洁卫生、水量充足、方便鸡群饮用、减少漏水。

图 7－6　优质肉鸡常用的真空饮水器

七、卫生防疫管理

优质肉鸡的卫生防疫管理要求与白羽肉鸡基本相同，差异主要在疫苗的使用方面，这主要是因为优质肉鸡的饲养期比白羽肉鸡长。如中速型优质肉鸡的上市时间在 12～14 周龄，先后需要接种的疫苗有马立克疫苗、新城疫和传染性支气管炎疫苗、传染性法氏囊炎疫苗、禽流感疫苗，某些情况下还需要接种禽痘和传染性喉气管炎疫苗。

八、日常管理

1. 观察鸡群　每天要注意观察鸡群的行为表现、呼吸声音、采食情况、粪便的颜色和形状、各种设备的运行情况、垫料情况等，发现问题及时处理。

2. 合理分群与调整密度　优质肉鸡性情相对活泼，需要分群饲养，一般每个小群 1 000 只左右。在北方地区由于公鸡和母鸡的价格差异大，很多养殖场户可能饲养的是单一性别的鸡群，如果是混合群则尽量公母分舍饲养。

根据鸡群周龄大小和体重发育情况及时调整饲养密度，避免密度过大造成的不良影响。

3. 设置栖架　在平养鸡舍内设置栖架（图 7－7），让有些鸡只蹲卧在栖架上既可以降低地面或网床上的鸡群密度又可以减少鸡只与粪便的接触。

图 7－7　鸡舍内放置的简易栖架

4. 公鸡佩戴眼镜 优质肉鸡的公鸡生长发育到4周龄之后就会出现较多的争斗现象，对于这个问题有的是采取断喙方法，但是断喙的鸡其市场售价偏低；有的不进行断喙，而是给鸡只戴眼镜，这种塑料片能够挡住鸡的前方视线，只能从两侧视物，可以有效解决啄斗问题，在出售的时候将眼镜摘掉（图7－8、图7－9）。

图7－8 戴眼镜的公鸡

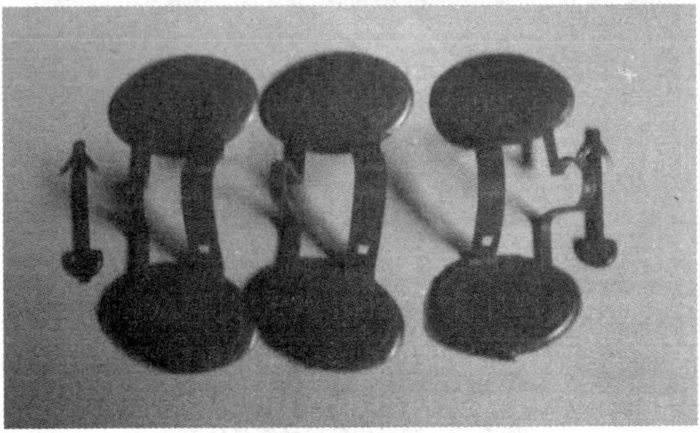

图7－9 鸡的眼镜形状

九、放养管理

为了提高优质肉鸡的肌肉紧实度和改善风味，在5周龄前后根据外界气候条件决定每天定时让鸡群到室外活动，以增加运动量、增强体质，呼吸新鲜空气以减少发病。前期室内育雏、后期室外放养将成为今后优质肉鸡生产的一种重要养殖模式。

1. 放养时间　一般选择4月初至10月底放牧，这期间外界温度较高，鸡群受到的外环境应激相对较少，鸡群的活动范围较大；放养场地中杂草丛生，各种昆虫繁衍旺盛，鸡群可采食到充足的生态饲料。其他月份则采取圈养为主，放牧为辅的饲养方式。

2. 放养密度　一般在5周龄后开始放养，放养密度以每亩100只左右为宜（图7－10、图7－11）。

图7－10　5周龄前笼养的优质肉鸡

3. 放养初期训练　初训的2～3天，因脱温、放养等影响，

图 7－11　5 周龄后室外放养的优质肉鸡

可在饲料或饮水中加入一定量的维生素 C 或复合维生素等，以防应激。随着雏鸡长大，可在舍内外用网圈围，扩大雏鸡活动范围。放养应选择晴天，中午将雏鸡赶至室外草地或地势较为开阔的坡地，让其自由采食植物籽实及昆虫。放养时间应结合室外气候和雏鸡活动情况灵活掌握。

4. 归牧调教　为尽早让鸡养成在果园山林觅食和傍晚返回棚舍的习惯，放养开始时，可通过吹哨给鸡一个响亮信号，进行引导训练。让鸡群逐步建立起“吹哨—回舍—采食”的条件反射，只要吹哨即可召唤鸡群采食。经过一段时间的训练，鸡只会逐步适应外界的气候和环境，养成了放牧归牧的习惯后，即可全天放牧。

5. 分区轮牧　如果是较大的场地放养，可以将放养场地划分为 4 ~ 5 个小区，采用分区轮牧的方法。一般每 5 亩地划为一个牧区，每个牧区用尼龙网隔开，这样既能防止老鼠、黄鼠狼等对鸡群的侵害和带入传染性病菌，有利于管理，又有利于食物链的建立。待一个牧区草虫不足时，再将鸡群转到另一牧区放牧，公母鸡最好分在不同的牧区放养。在室外活动场地小、养鸡数量少和草虫不足时，可不分区。

有的地方，放养场地特别大，可以采取每饲养一批鸡后将放养场转换至另一个新的地方，待 3 个月之后再把新鸡群放养到这个场地，使病原菌和宿主脱离，并配合消毒对病原做彻底杀灭。这样不但能有效减少鸡群间病菌的传染机会，而且有利于植被恢复和场地自然净化，同时通过鸡群的活动，可减少放养场内植株病虫害的发生。

6. 饮水管理　棚舍附近及鸡群活动的场所需放置若干饮水器，以补充饮水。通常使用容量约 5 升的真空饮水器，室外的放置数量可以按每 40 只鸡 1 个，饮水器下面用砖垫起来。因鸡接触土壤，水易污染，应勤换水。

7. 要稳定管理程序　即采取定人、喂料定时定点的日常管理规定。喂料时间要固定，不可随意改动，这样可增强鸡的条件反射。夏、秋季可以少补，春、冬季可多补一些。生长期（5～8 周龄）的鸡生长速度快，食欲旺盛，日补 2～3 次。育肥期（9 周龄至上市）鸡饲养要点是促进脂肪沉积，改善肉质和羽毛的光泽度，做到适时上市。在早晚各补饲 1 次，按“早半饱、晚适量”的原则确定日补饲量。

8. 勤观察　放养期日常管理还要做到“四勤”。一是放鸡时勤观察。放鸡时，健康鸡总是争先恐后向外飞跑，弱鸡常常落在后边，病鸡不愿离舍。通过观察可及时发现病鸡，进行隔离和治疗。二是补料时勤观察。健康鸡敏感，往往显得迫不及待；病弱鸡不吃食或吃食动作迟缓；病重鸡表现精神沉郁、两眼闭合、低头缩颈、行动缓慢等。三是清扫时勤观察。正常鸡粪便软硬适中呈堆状或条状，上面覆有少量的白色尿酸盐沉积物；粪便过稀为摄入水分过多或消化不良；浅黄色泡沫粪便大部分是由肠炎引起的；白色稀便多为白痢病；排泻深红色血便可能为鸡球虫病。四是关灯后勤观察。晚上关灯后倾听鸡的呼吸是否正常，若带有“咯咯”声，则说明有呼吸道疾病。

9. 减少鸡只损失 放养鸡的天敌很多，如黄鼠狼、老鼠、蛇、鹰、野狗等，这些野生动物对不同日龄的放养鸡都有可能造成危害。预防天敌可以采用以下几种办法：训练好家犬驱逐附近的鼠类和鼬类；利用爆竹驱逐鹰的侵害（也可以在场地内插几根高的竹竿并在上面挂上彩色布条）；用尼龙网把放牧场围罩好；在鸡舍外面搭个小棚，配养 2～4 只鹅，当有动静的时候，鹅会鸣叫，管理人员可以及时起来察看；管理人员住在鸡舍旁边也有助于防止野生动物的靠近。

第二节　优质肉种鸡生产

优质肉种鸡在各个阶段一般都采用舍内笼养方式，生产上也分为育雏期、育成期和繁殖期三个阶段。

一、育雏期鸡群的管理

（一）雏鸡的生理特点

育雏期是优质肉种鸡生产中比较难养的阶段，了解和掌握雏鸡的生理特点，对于采用科学的育雏方法、提高育雏效果极其重要。雏鸡的生理特点主要表现如下：

1. 体温调节能力差 刚出壳的雏鸡体温比成鸡低 2～3 ℃，直到 10 日龄时才接近成鸡体温。体温调节能力到 3 周龄末才趋于完善。因此，育雏期要有加温设施，保证雏鸡正常生长发育所需的温度。

2. 代谢旺盛，生长迅速 雏鸡代谢旺盛，心跳和呼吸频率很快，需要保证新鲜空气的供应。雏鸡生长迅速，这就要求必须供给营养完善的配合饲料，创造有利的采食条件，适当增加喂食次数和采食时间。

3. 消化能力弱　雏鸡消化道细短，容积小，每次的采食量少，食物通过消化道快；肌胃的研磨能力差；消化腺发育不完善，消化酶的分泌量少、活性低。因此，雏鸡饲喂要少吃多餐，增加饲喂次数。雏鸡饲粮的营养浓度应较高，粗纤维含量不能超过5%，饲料的颗粒要适宜，必要时在饲料中添加消化酶制剂。

4. 胆小、易惊、抗病力差　雏鸡胆小，易出现惊群等应激反应。生产中应创造安静的育雏环境，饲养人员不能随意更换。雏鸡免疫系统机能低下，对各种传染病的易感性较强，生产中要严格执行免疫接种程序和预防性投药，增强雏鸡的抗病力，防患于未然。

5. 印记性　雏鸡对初次接触的环境和人具有良好的印记性，能够在较短的时间内熟悉所处环境、周围个体和接触到的饲养人员。如果更换饲养环境或饲养人员则会造成雏鸡重新的适应过程，而这个过程会对雏鸡的生长和健康产生不利影响。

6. 模仿性强　雏鸡具有良好的模仿性，如刚接入育雏室的雏鸡，只要有个别的个体会饮水或采食，在较短的时间内就会有绝大多数的个体模仿，因此只要训练几只雏鸡就可以了。但是，雏鸡对啄斗也具有模仿性，因此饲养密度不能太大，防止啄癖的发生。

7. 自我保护能力差　雏鸡缺乏自我保护能力，老鼠、蛇、猫、狗、鹰都会对雏鸡造成伤害。雏鸡的躲避意识低，饲养管理过程中会出现踩死踩伤、压死砸伤、夹挂等意外的伤亡情况。

（二）育雏的环境条件要求

雏鸡生长发育快，但身体弱小娇嫩，对外界环境条件变化的适应能力差。因此，育雏的关键就是为雏鸡创造良好的环境条件以及给予丰富的营养和精心的管理。

1. 育雏温度控制 1周龄以内育雏温度掌握在33~35 ℃，以后每周下降2 ℃左右，6周龄降至20~25 ℃。温度计水银球以悬挂在雏鸡背部的高度为宜，平养距垫料5厘米，笼养距底网5厘米。

生产中要结合观察雏鸡的采食、饮水行为判断温度是否正常。如果雏鸡伸腿伸翅伸头，奔跑、跳跃、打斗，卧地舒展全身休息，呼吸均匀，羽毛丰满干净有光泽，证明温度适宜；如果雏鸡挤堆，发出轻声鸣叫，呆立不动，缩头，采食饮水减少，羽毛湿，站立不稳，说明温度偏低；温度过低会引起瘫痪或神经症状；雏鸡伸翅，张口喘气，饮水量增加，寻找低温处休息，往笼边缘跑，说明温度偏高，应立即进行降温，降温时注意温度下降幅度不宜太大。如果雏鸡往一侧拥挤，说明有贼风袭击，应立即检查口处的挡风板是否错位，检查门窗是否未关闭或被风刮开，并采取相应措施保持舍内温度均衡。

育雏温度对1~21日龄的雏鸡至关重要，温度偏低会严重影响雏鸡的生长发育和健康，甚至导致死亡。防止温度偏低固然很重要，但是也应防止温度偏高，随日龄增大温度应逐渐下降，详见表7-2。

表7-2 雏鸡的供温参考标准（℃）

日龄	0~3	4~7	8~14	15~21	22~28	29~42
鸡体周围温度	35~33	33~31	31~29	29~27	不低于25	不低于20
育雏室温度	30~28	29~27	27~25	不低于23	不低于20	不低于20

育雏室内温度应保持相对稳定，如果出现忽高忽低的情况则容易造成雏鸡感冒，抵抗力下降，导致其他疾病的继发。育雏温度随季节、鸡种、饲养方式不同有所差异。高温育雏能较好地控制鸡白痢的发生，冬季能防止呼吸道疾病的发生。

2. 湿度控制　第一周要求湿度为70%，第二周为65%，以后保持在60%即可。育雏期间，第一周有可能出现室内湿度偏低的现象，以后常见的是湿度偏高问题。

3. 通风控制　通风的目的主要是排出舍内污浊的空气，换进新鲜空气，另外，通过通风可有效降低舍内湿度。

育雏前期，鸡舍内废气的产生量小，通风量也不需要大，选择晴朗无风的中午进行开窗换气。第二周以后靠机械通风和自然通风相结合来实现空气交换，但应避免冷空气直接吹到雏鸡身上，若气流的流向正对着鸡群则应该设置挡风板，使其改变风向，以避免鸡群直接受凉风袭击。实际工作中通风控制是否合适应该以工作人员进入育雏室后不感觉刺鼻、刺眼为度。

育雏期间通风和保温是常见的一对矛盾，保温效果好的时候常常是忽视通风，而通风的时候常见的是育雏室内温度下降。尤其是在低温季节育雏这对矛盾更加突出。在规模化养鸡场解决这对矛盾的根本方法是采用热风炉加热系统，吹向雏鸡笼的是热风。

4. 光照控制

（1）光照时间控制：育雏期前3天，采用24小时光照制度，白天利用自然光，夜间用灯泡照明。4～7日龄，每天光照22小时，8～21日龄为18小时，22日龄后每天光照14小时。

（2）光照强度控制：第一周光照强度要稍高，夜间补充光照的强度约为50勒克斯，相当于每平方米5～8瓦白炽灯光线，便于雏鸡熟悉环境，找到采食、饮水位置，也有利于保温。第二周之后光照强度也要逐渐减弱。

（3）光线分布：育雏室内的光线分布要均匀，尤其是采用育雏笼的情况下，需要在四周墙壁靠1米高度的位置安装适量的灯泡，以保证下面2层笼内雏鸡能够接受合适的光照。

5. 饲养密度　饲养密度的单位常用每平方米饲养雏鸡数来

表示。饲养密度对于雏鸡的正常生长和发育有很大的影响。在合理的饲养密度下，雏鸡采食正常，生长均匀一致。密度过大，生长发育不整齐，易感染疫病和发生啄癖，死亡率较高，对羽毛的生长也有不良影响。饲养密度大小与育雏方式有关，因此要根据鸡舍的构造、通风条件、饲养方式等具体情况灵活掌握。育雏期不同育雏方式雏鸡饲养密度可参照表7－3。

表7－3　笼养雏鸡饲养密度（每平方米饲养只数）

周龄	0~1	2~3	4~6	7~10	11~14	15以后
密度	60	40	30	22	17	14

（三）育雏前的准备及雏鸡选择和运输

可以参考本书白羽快大型肉种鸡的相关内容。

（四）雏鸡的初饮与饮水管理

1. 初饮要求　初生雏鸡接入育雏室后，第一次饮水称为初饮。初饮应安排在开食之前进行，对于无饮水行为的雏鸡应将其喙部浸入饮水器内以诱导其饮水。

初饮用水最好用凉开水，为了刺激饮欲，可在水中加入葡萄糖或蔗糖（浓度为7%~8%）。对于长途运输后的雏鸡，在饮水中要加入口服补液盐，有助于调节体液平衡。在饮水中加入速溶多维、电解多维、维生素C可以减轻应激反应，提高成活率。

2. 饮水管理

（1）良好的饮水质量：饮水的卫生质量直接关系雏鸡的健康。饮水要干净，要符合饮用水卫生标准，10日龄前最好饮用凉开水，以后可换用深井水或自来水。最初几天的饮水中，通常加入适量的高锰酸钾或百毒杀、次氯酸钠等消毒剂，以消毒饮水和清洗胃肠、促进雏鸡胎粪排出。

饮水器要定时清洗和消毒，因为在育雏室内温度高、湿度大，水中的微生物繁殖比较快，水质容易受污染。

（2）保证充足的饮水供应：为了保证每只雏鸡随时都能够喝到水，饮水器的数量要足够，在每日有光照的时间内尽可能保证饮水器具中有水。

饮水器的高度会影响雏鸡的饮水，如果使用乳头式饮水器必须及时调整饮水乳头的高度，方便雏鸡的饮水。定期检查饮水乳头的出水情况。

（3）饮水温度要求：饮水温度控制在20～25℃。水温低会刺激消化道而影响消化机能，水温高则雏鸡不愿饮水。

（五）雏鸡的饲料与饲喂

1. 雏鸡的开食　雏鸡第一次喂食称为开食。开食时间一般掌握在出壳后24～36小时，最好在初饮后1～1.5小时进行。

开食使用粉状全价配合饲料，直接把饲料撒在料盘或塑料布上，用手轻轻敲击发出声响，引诱雏鸡啄食。雏鸡采食有模仿性，一旦有几只学会采食，很短时间全群都会采食。开食用专用开食盘或将料撒在纸张、蛋托上，3天以后改用料盘或料槽。

2. 雏鸡的喂饲

（1）喂饲用具：笼养初期使用料桶或料盘，10日龄后使用料槽。开始几天可以把饲料放在料盘内让雏鸡采食。4天后的雏鸡要逐步引导使用料桶或料槽，10天后完全更换为料桶或料槽。每天至少要清洗1次喂料用具，必要时要进行消毒处理。尽量减少雏鸡踩进盘内并在盘内排粪，以减少饲料的污染。

（2）喂饲次数与喂料量：由于饲料在消化道内停留时间短，雏鸡容易饥饿（尤其是10日龄内的雏鸡），在喂饲时要注意少给勤添。每次喂料量以雏鸡在30分钟左右吃完为度，每次喂饲的间隔时间随雏鸡日龄而调整。前3天，每天喂饲7次，第4～7天每天喂饲6次，第8～12天每天喂饲5次，第13天以后每天喂饲4次。3周龄后的喂料量要结合所养品种的标准喂料量进行控制。

（六）断喙

优质肉种鸡在笼养条件下很易发生啄癖（啄羽、啄肛、啄趾等），会造成鸡只的严重伤亡。另外，鸡在采食时常常用喙将饲料勾出食槽，造成饲料浪费。引起鸡发生啄癖的因素很多，而且啄癖发生后很难纠正，使用相关药物或添加剂的效果不佳，而断喙是解决上述问题的有效途径。

1. 断喙时间　断喙一般在7～20日龄进行。断喙时间早，雏鸡太小、喙太软，易再生，对鸡的损伤大，而且不易操作，切得短容易再生，切得长则喙部过短而影响采食。断喙时间太晚，则雏鸡的喙比较坚硬、切喙速度慢，出血较多，不利于止血，对雏鸡造成的应激大。

2. 断喙方法　断喙要用专门的断喙器来完成，刀片温度在800℃左右（颜色暗红色）。断喙长度以上喙切去1/2（喙端至鼻孔），下喙切去1/3，断喙后雏鸡下喙略长于上喙为宜。在实际操作时上喙的切断部位在前端颜色发白处与中段颜色暗红色交界处。这个部位是上喙部的生长点，从此处切断并烧烙能够使生长点的组织坏死，有效防止喙部再长尖。

3. 断喙操作要点　单手握雏，拇指压住鸡头顶，食指放在咽下并稍微用力，使雏鸡缩舌防止断掉舌尖。将头向下，后躯上抬，上喙断掉较下喙多。切掉喙尖后，在刀片上灼烫1.5～2秒，有利于止血。

4. 断喙注意事项

（1）断喙器刀片应有足够的热度，切除部位掌握准确，确保一次完成。

（2）断喙前后2天应在雏鸡饲粮或饮水中添加维生素K（2毫克/千克）或复合维生素，有利于止血和减轻应激反应。

（3）断喙后立即供饮清水，3日内饲槽中饲料应有足够深度，避免采食时喙部触及料槽底部而使喙部断面感到疼痛。

(4) 鸡群在非正常情况下（如疫苗接种，患病）不进行断喙。

(5) 断喙时应注意观察鸡群，发现个别喙部出血的雏鸡要及时烧烫止血。

(七) 弱雏复壮

在笼养条件下，尽管饲养管理条件完全一样，但难免会造成个体间生长发育不平衡而出现弱雏。适时进行强弱分群，可以保证雏鸡均匀发育，提高鸡群成活率。

1. 及时发现和隔离弱雏 饲养人员每天定时巡查育雏室，发现弱雏及时挑拣出来放到专门的弱雏笼（或圈）内。因为弱雏在大群内容易被踩踏、挤压，采食和饮水也受影响，如果不及时拣出很容易死亡。

2. 注意保温 弱雏笼（或圈）内的温度要比正常温度标准高出 1～2 ℃，这样有助于减少雏鸡的体温散失，促进康复。

3. 加强营养 对于挑拣出的弱雏不仅要供给足够的饲料，必要时还应该在饮水中添加适量的葡萄糖、复合维生素、口服补液盐等，增加营养的摄入。

4. 对症治疗 对于弱雏有必要通过合适途径给予抗生素进行预防和治疗疾病，以促进康复。对于有外伤的个体还应对伤口进行消毒。

(八) 公母分群饲养

肉种鸡的父系和母系通常是不同的品种或品系，其生产用途和生长速度也不同，所以肉种鸡在育雏期间最好能公母分群饲养，以达到各自的培育要求。

二、育成期鸡群的管理

育成期优质肉种鸡的饲养管理主要是控制体重增长速度和推迟性成熟期。

（一）育成期环境条件的控制

1. 光照控制 光照是影响青年鸡发育最重要的环境条件，它不仅影响到鸡群的采食、饮水、运动和休息，也直接影响到鸡生殖系统的发育。光照控制方法受鸡舍类型的影响，在密闭式鸡舍和有窗鸡舍中光照的管理措施存在差异。

（1）光照时间控制：青年鸡培育过程中为了防止性成熟期提前，要求在育成期光照时间控制应遵循的原则是：持续使用短光照制度（每天照明时间不超过12小时），或使光照时间逐渐缩短（每天光照时间从14小时缩减至10小时左右）。如果育成期处于光照时间逐渐延长或长期处于长光照（每天光照时间超过12小时）则会导致性成熟期提前。

光照时间对青年鸡生殖系统发育的影响主要在育成后期，12周龄前光照时间的长短对生殖器官发育的影响不大。因此，在青年鸡光照管理方面重点在于控制育成后期的光照时间。

（2）光照强度控制：育成期光照强度高会对生殖系统产生比较强的刺激作用，也容易引起啄癖。一般要求在育成期内使用人工光照的光照强度不超过30勒克斯。如果使用自然光照，由于光线较强，常常需要在鸡舍南侧的窗户上设置遮光设施以降低舍内光照强度。

（3）育成后期加光时间的掌握：育成后期需要逐周递增光照时间以刺激鸡群生殖系统的发育，为产蛋做准备。发育正常的鸡群可以在19周龄开始加光，如果鸡体重偏低则应推迟1~2周加光。即便是鸡的发育偏快，加光时间也不能早于18周龄。

加光的措施，第一周在原来基础上增加1小时，第二周递增40分钟，以后逐周递增20~30分钟，在26周龄每天光照时间达到16小时，以后保持稳定。

2. 温度控制 15~28 ℃的温度对于育成鸡是非常适宜的，这个温度范围有利于鸡的健康和生长发育，也有利于提高饲料效率。需要注意的是在低温季节尽量使舍温不低于10 ℃，尤其是9周龄之前的育成鸡；高温季节鸡舍内的温度尽量不超过30 ℃，否则鸡群会表现出明显的热应激。

鸡舍内的温度控制要注意保持相对的恒定，尤其是冬季和早春要注意莫让鸡舍内温度突然下降，否则有可能导致鸡群出现呼吸系统疾病。要关注天气变化，如果有突然降温的气候情况则需要提早做好鸡舍的防寒保暖措施。

3. 通风控制　无论采用哪种通风方式，每天都有必要定时开启通风系统进行通风换气。要求在人员进入鸡舍后没有明显的刺鼻、刺眼等不舒适感。仲春之后、夏季和秋季外界温度较高，白天可以打开门窗和风扇进行充分的通风换气，夜间也需要保留几个通风窗。

育成鸡环境管理方面通风管理的最大问题在低温季节。在天气晴好的日子里中午前后要多打开一些门窗通风，早晨和傍晚可以少开几个门窗；如果是在十分寒冷或风雪天气则主要在中午前后适当通风。冬季由于气温低，通风时需要注意在进风口设置挡板，避免冷风直接吹到鸡身上。

4. 湿度控制　在蛋鸡育成期很少会出现舍内湿度偏低的问题，常见问题是湿度偏高。因此，需要通过合理通风、减少供水系统漏水等措施降低湿度。

（二）饲养要求

1. 喂料次数　育成前期每天喂料2次，育成后期由于采用限制喂饲量方案，每天喂饲1次，以保证鸡群均匀采食。

2. 喂饲量控制　喂饲量控制的目的是控制鸡的体重增长，可以参考有关的喂饲量标准执行。但是，在实际生产中通常要根据育种公司提供的鸡体重发育和饲料喂饲量标准安排喂饲量。

育成鸡每日喂料量的多少要根据鸡体重发育情况而定，每周或间隔1周称重一次（抽样比例为10%），计算平均体重，与标准体重对比，确定下周的饲喂量。如果实际体重与标准体重相差幅度在5%以内可以按照推荐喂饲量标准喂饲，如果低于或高于标准体重5%则下周喂饲量在标准喂饲量的基础上适当增减。在实际生产中，一般在14周龄前让鸡只的实际体重比标准高5%左右，在育成后期比标准高1%～2%。尽量不要让实际体重低于标准体重。

3. 饮水管理 饮水供应要充足，保证饮水设备内有足够的水，需要注意的是应该经常检查饮水设备内的水分布情况，防止缺水和漏水。饮水质量要好，必须符合饮用水卫生标准。使用水槽和钟形饮水器时每天要刷洗，定期进行消毒处理。

（三）管理要求

1. 提高育成鸡的发育均匀度 由于育成鸡的均匀度直接影响鸡以后的产蛋性能，因此，提高均匀度就是育成鸡管理的关键环节。

（1）合理分群和调群：在育成鸡的饲养管理过程中，要根据体重进行合理分群，把体重过大和过小的分别集中放置在若干笼内或圈内，使不同区域内的鸡笼或小圈内鸡的体重相似。以后各周需要通过检查体重，及时调整。

（2）根据体重调整喂饲量：体重适中的鸡群按照标准喂饲量提供饲料。体重过大的鸡群则应该适当降低喂饲量标准，体重过小的则适当提高喂饲量标准。这样使大体重的鸡群生长速度减慢，小体重的鸡群体重生长加快，最终都与中等体重的鸡群相接近。

（3）保证均匀采食：只有保证所有鸡均匀采食，每天摄入的营养相近才能达到均匀度高的育成目标。由于在育成阶段一般都是采用限制饲喂的方法，绝大多数鸡每天都吃不饱，这就要求有足够的采食位置，而且投料时速度要快。

2. 选留种鸡 在育成中后期，要根据鸡的体格和体质发育情况进行选留。淘汰那些有畸形、过肥、过于瘦小、体质太弱的个体。因为，这样的鸡在将来也不会有好的产蛋效果。

3. 转群　三段制饲养方式，在整个饲养过程中要进行两次转群。第一次转群在6~7周龄时进行，由育雏舍转入育成舍；第二次转群在18~19周龄时进行，由育成鸡舍转入产蛋鸡舍。如果采用两段式饲养方式则在13周龄前后进行一次转群。

（1）转群前的准备：提前对新鸡舍进行彻底的清扫消毒，准备转群后所需笼具等饲养设备并调试。准备转群所需的抓鸡、装鸡、运鸡用具，并经严格消毒处理。

（2）转群时间安排：为了减少对鸡群的惊扰，转群要求在光线较暗的时候进行。傍晚天空具有微光，这时转群鸡较安全，而且便于操作。夜里转群，舍内应有小功率灯泡照明，抓鸡时能看清舍内情况。

（3）转群注意事项：一是要减少鸡只伤残；二是在笼养育成鸡转入产蛋鸡舍时，应注意来自同层的鸡最好转入相同的笼层，避免造成大的应激；三是转群时将发育良好、中等和迟缓的鸡分栏或分笼饲养；四是转群前在饲料或饮水中加入镇静剂（如安定、氯丙嗪），可使鸡群安静。另外结合转群进行疫苗接种，以免增加应激次数。

4. 卫生防疫　育成鸡群的体质对于鸡以后的产蛋性能影响很大，因此做好育成鸡的卫生防疫工作是提高种鸡群繁殖性能的重要基础。

（1）隔离与消毒：减少无关人员进入鸡舍，工作人员进入鸡舍必须经过更衣消毒。定期对鸡舍内外环境消毒，饮水消毒。每天清扫鸡舍内环境。

（2）疫苗接种和驱虫：育成期防疫的传染病主要有新城疫、鸡痘、传染性支气管炎等。其疫苗接种具体时间和方法见鸡病防治部分。地面平养的鸡群要定期驱虫，驱虫药有左旋咪唑、丙硫咪唑等。根据免疫计划在17～19周龄，需要接种新城疫+传染性支气管炎二联疫苗，或新城疫+传染性支气管炎+减蛋综合征三联疫苗，传染性喉气管炎+禽痘二联疫苗，禽流感疫苗，有的种鸡场还接种传染性法氏囊炎疫苗。

（3）病死鸡和粪水的合理处理：生产过程中出现的病死鸡要定点放置，由兽医在指定的地点进行诊断。病死鸡必须经过消毒后深埋，不能出售和食用。鸡粪要定点堆放，最好进行堆积发酵处理。污水集中排放，不能让其到处流淌。

（4）白痢净化：据我们在生产实践中了解，许多优质肉种鸡场内白痢的阳性率偏高，多数在3%～7%，个别的场甚至超过10%。患有白痢的种鸡不仅产蛋率低，其后代雏鸡的成活率也较低，而且生长速度较慢。因此，种鸡场必须要进行白痢净化，一般在20周龄鸡群见蛋的时候逐只进行鸡白痢平板凝集试验，凡是阳性个体坚决淘汰；30周龄前后在全群再检测一次。

三、繁殖期鸡群的管理

（一）环境控制

1. 温度管理 优质肉种鸡繁殖期鸡舍内的温度以15～27℃最为适宜，夏季要采取降温措施尽可能使温度不超过30℃，冬季要采取加热或保温措施，使舍温不低于10℃。平时要关注天气预报，如果遇到恶劣的天气则应提前采取防护措施。

2. 湿度控制 鸡舍内的湿度应控制在60%～70%。湿度高是繁殖期肉种鸡生产中常见的问题，夏季应加大通风量以缓解热应激和降低湿度；冬季定时通风，排出水汽。

3. 通风换气管理 无论任何季节都应注意鸡舍的通风，保证舍内空气的新鲜，防止有害气体含量过高。尤其是冬季，不能因为保温而忽视通风，可以打开小风机或白天打开部分窗户进行通风，注意尽量不要使冷风直接吹到鸡身上。

4. 光照管理　鸡群性成熟前2周开始增加每天的光照时间，但是应根据鸡群发育情况适当调整，如果发育差则应推迟加光时间。

（1）加光方法：开始加光按照每周日光照时间增加30分钟，连续3周，第4周以后按每周15～25分钟的幅度增加，经过7～9周的时间使每天光照时间达到16小时，此后保持稳定。

（2）光照强度：早晚利用灯泡补光的光照强度以25勒克斯为宜，使人员进入鸡舍后能够清晰地观察鸡群、饲料和饮水情况。白天利用自然光照，如果光线过强则需要在南面窗户采取适当的遮光措施。

（3）光线分布：光线分布要均匀，使各层笼内的鸡都能够接受到足够的光线刺激。

（二）饲养要求

1. 保证良好而稳定的饲料质量　产蛋期鸡的饲料营养水平要符合相应育种公司提供的饲养标准，保证鸡每天采食足够的营养。不能使用发霉变质的饲料原料，含有抗营养因子或毒素的饲料原料要控制其使用量（如棉仁粕、菜籽粕、花生粕等）。

饲料要相对稳定（包括主要的饲料原料、饲料形状、颜色等），如果随意变换饲料则可能会影响产蛋性能。饲料的变换要有一个过渡期，通常不少于5天，以便让鸡能够逐渐适应。

我国鸡饲养标准（NY/T 33—2004）中对黄羽肉种鸡生长期体重与耗料量的推荐标准见表7－4。

2. 喂饲要求

（1）喂饲次数：产蛋期一般每天喂饲2～3次，这样既能够刺激鸡的食欲，又能够使每次添加的饲料量不超过料槽深度的1/3，有助于减少饲料浪费。第一次喂饲在早晨开灯后1小时内，最后一次在晚上关灯前3.5～4小时，中午喂饲1次。

表7－4　黄羽肉种鸡生长期体重与耗料量

周龄	体重（克/只）	耗料量（克/只）	累计耗料量（克/只）
1	110	90	90
2	180	196	286
3	250	252	538
4	330	266	804
5	410	280	1 084
6	500	294	1 378
7	600	322	1 700
8	690	343	2 043
9	780	364	2 407
10	870	385	2 792
11	950	406	3 198
12	1 030	427	3 625
13	1 110	448	4 073
14	1 190	469	4 542
15	1 270	490	5 032
16	1 350	511	5 543
17	1 430	532	6 075
18	1 510	553	6 628
19	1 600	574	7 202
20	1 700	595	7 797

（2）匀料：每次添加饲料时要尽量添加均匀，当鸡群采食20分钟后用小木片将料槽内的饲料拨匀。

（3）净槽管理：每天让鸡群把料槽内的饲料吃干净1次。这样能够保证鸡群摄入体内的饲料营养是全价的、完善的；也能够减少饲料在料槽中放置时间过长而造成的营养损失和发霉变质。

3. 供水管理　无论采用哪种供水方式，都要保证方便于鸡群的饮水，各处水的供应均衡，能够减少水的抛洒和泄漏，供水设备的安装位置不影响笼门的打开和关闭。夏季要防止水箱水管暴晒、冬季要防止水管结冰等。

（三）拣蛋与检查产蛋情况

1. 拣蛋次数与时间 产蛋期间，每天拣蛋次数不应少于3次，以减少蛋在鸡舍内的存留时间，因为鸡舍内温度高、湿度大、空气中粉尘和微生物数量多，蛋在鸡舍内容易受污染，在鸡舍内存留时间长不利于其品质的保持。如果每天拣蛋3次，则时间安排为上午11时、下午2时、6时应分别进行拣蛋。

2. 拣蛋要求 拣蛋时使用塑料蛋筐或纸浆蛋托，每个蛋筐可以盛放23千克左右的鸡蛋，每个蛋托可以放置30个鸡蛋。

拣蛋时将破蛋、薄（软）壳蛋、双黄蛋等不符合种蛋要求的单独放置，拣蛋后应及时清点蛋数并消毒后送往蛋库，不能在舍内过夜。

3. 观察拣蛋情况 拣蛋的同时应注意观察产蛋量、蛋壳颜色、蛋壳质地、蛋的形状和重量与以往有无明显变化。因为，这些变化属于非正常现象，常常是由于鸡群健康问题或饲料质量问题、生产管理问题造成的。

（四）减少饲料浪费

蛋鸡生产总成本中有60%~70%来自于饲料，节约饲料能明显提高经济效益。减少饲料浪费的主要措施有：

1. 保证饲料的全价营养 饲料日粮营养不全面是最大的浪费。因为某种营养素的缺乏会影响其他营养素的吸收利用。

2. 不使用发霉变质的饲料 如果使用了发霉变质的饲料，不仅起不到节约饲料的效果，反而会由于影响鸡群的健康，造成产蛋减少而增加生产成本。

3. 料槽添料量 每次添加量不应超过料槽深度的1/3，由于添料过满，造成抛撒的料其数量实际上是很惊人的。

4. 饲料粉碎不能过细 饲料粉碎过细易造成采食困难，并在鸡只采食时出现“料尘”飞扬现象。

5. 高质量的喂料机械 自动喂料设备能够减少人工加料时饲料的抛撒和不均匀，可节约饲料。

6. 及时淘汰停产、伤残鸡 在产蛋期间，根据鸡只的外貌和生理特征及体态，经常性地淘汰停产、伤残鸡。停产鸡从外貌上表现为鸡冠苍白或发绀并萎缩，精神萎靡，从生理特征上表现为耻骨间距变窄（小于2指宽）、肛门干燥紧缩，一些鸡后腹膨大，站立时如企鹅状。

（五）优质肉种鸡的季节性管理

目前，我国大多数蛋鸡舍都为有窗式鸡舍，舍内环境条件受自然气候条件变化的影响较大，因而应考虑各季节的气候特点，尤其是夏季和冬季，要采取措施消除不良气候条件的影响。

1. 春季鸡群的管理

（1）合理调整日粮的营养水平：初春伊始，乍暖还寒，饲料中还应适当增加玉米等能量饲料的比例，以增强鸡体抗寒能力。如果此时产的蛋做种蛋用，应注意饲料营养全面，适当添加维生素A、维生素C、维生素B等。为了避免产软壳蛋或母鸡患软骨病，在产蛋量最多的时候，应将牡蛎粉增加到7%～8%，也可另设料槽补饲牡蛎粉或蛋壳粉。

（2）搞好鸡舍的环境，加强防疫：入春以后，应对鸡舍内外和整个鸡场内外彻底地清扫一次，以减少疾病的威胁。初春时节，昼夜温差大，在管理上，要注意鸡舍保温，尽量使产蛋鸡舍气温维持在10℃以上，也要兼顾通风换气。

（3）春季中期后，气温稳步提高，鸡的生理机能更加旺盛，产蛋率也迅速提高。但此时也是微生物大量繁殖的季节，蚊、蝇等昆虫也开始滋生繁殖，而多风多雨的气候特点又利于疾病的传播，搞好环境卫生和加强防疫应列为日常管理工作的重点。

2. 夏季鸡群的管理

（1）遮阴：在房舍周围栽植高大阔叶乔木，在进风口（窗）

设遮阳棚等。

（2）减轻屋顶的热负荷：如将屋顶涂白，以增强热反射能力；在屋顶加铺草秸以降低屋顶内面温度；在屋顶喷水以降低屋面温度。

（3）加大舍内气流速度：使舍内气流速度不低于1米/秒。

（4）降低进舍空气温度：在进风口装设湿帘，或将地下室内空气引入舍内。

（5）调整饲料营养：提高饲料营养浓度，以便在采食量下降的情况下，保证其主要营养成分的摄入量无明显减少。用适量脂肪代替部分碳水化合物以提供能量，将贝壳粒或石灰石粒在傍晚时加喂，或使用颗粒料都是合适的。

（6）使用抗热应激添加剂：如饮水或饲料中添加0.03%的维生素C或0.5%的碳酸氢钠、1%的氯化铵，添加中草药，饮水中添加补液盐等，都可在一定程度上缓解热应激反应。

（7）改善饲养管理：保证充足的、清凉洁净的饮水供应，利用早晨、傍晚气温较低时，加强饲喂以刺激采食，用湿拌料促进采食。防止饲料变质变味。凌晨1时开灯1小时供水、供料，可以有效缓解热应激的影响。

（8）消灭蚊蝇：夏季蚊、蝇很多，尤其是吸血昆虫是住白细胞原虫病的主要传播者，需要及时杀灭。

3. 秋季鸡群的管理

（1）做好通风管理：秋季昼夜温差大，在保持鸡舍空气清新的前提下，注意天气预报，及时做好门窗开闭工作。要做好鸡舍维修工作，把门窗玻璃、破损墙面等维修好，做好过冬准备。

（2）淘汰寡产鸡：进入秋季，低产、寡产鸡开始换羽，我们要对鸡群进行一次挑选淘汰，间隔1个月再淘汰一次。

（3）做好疫病预防工作：根据南北方不同情况要在9月10

日至10月1日，对100天以上、凡免疫新城疫－H_9二联苗超过70天的肉鸡，要统一免疫新城疫－H_9二联油苗0.7毫升/只，最好同时新城疫四系3～4倍点眼，免疫后间隔10～15天统一免疫H_5油苗。

秋季是鸡痘、白冠病高发时期，要做好防治工作。

4. 冬季鸡群的管理

（1）保持适宜的舍温：冬季应采取防寒措施，防止冷空气直接吹向鸡群。采取必要的保温或加热措施，使舍温不低于10℃，并防止水管内结冰。

（2）合理通风：冬季为了保温，多数将门窗关闭或遮挡，影响正常的通风而造成舍内氨气和二氧化碳含量明显超标，进而诱发呼吸道感染。因此，冬季应在保持舍温的前提下，进行合理的通风。

（六）强制换羽

种鸡在经历了一个产蛋阶段后，在夏末或秋季就开始换羽。群内不同的个体换羽开始时间和持续时期也不一样，自然换羽的持续时间可达14～16周，强制换羽可使鸡群在7周左右的时间内完成羽毛脱换过程。换羽后鸡群产蛋整齐（平均产蛋率比上一产蛋年度降低10%～20%），蛋品质量较好，鸡群成活率较高，可继续利用6～9个月。最常用的强制换羽方法是饥饿法。

1. 强制换羽前的准备

（1）确定强制换羽的时间：商品蛋鸡一般在350～450日龄进行强制换羽。

（2）制订强制换羽方案：根据鸡群状况、季节及第一产蛋期鸡群的产蛋性能，制订强制换羽具体方案，以便强制换羽工作顺利进行。非特殊情况（如死亡率高或遇到大的疫情等）不要随便变更计划。

（3）鸡群的选择和淘汰：用于强制换羽的鸡群，应是已经产蛋9～11个月的健康鸡群，产蛋率已降至45%～60%。将群内已开始换羽的个体挑出集中放在舍内某一区位。将病、弱、残及脱肛个体挑出淘汰。

（4）免疫接种：在强制换羽措施实施前1周，对鸡群接种新城疫和禽流感灭活疫苗。

（5）称重：在舍内抽测50只左右的鸡体重（被测个体佩戴脚号），并记录。

（6）准备饲料：强制换羽前要准备钙和恢复期所需的饲料、维生素。

2. 强制换羽的实施

（1）头3天停水、停料、采用自然光照。此期间每只鸡每天喂15克贝壳粒可减少薄、软壳蛋出现，并能够减少换羽过程中的死亡率。若是夏季每天可供水1小时。

（2）第4～7天停料，每天供水两次，每次半小时，采用自然光照。

（3）第8天后对已标记的鸡只每天称重，若当前体重与断料前体重相比减轻25%左右时，即可进入恢复期。

恢复期的饲料，在初始两周可用青年鸡饲料，另补充复合维生素及微量元素，此后两周使用育产期饲料，之后换用产蛋期饲料。在恢复期第一天的喂料量，按每只鸡每天20克，此后每天每只鸡递增15克，直至达到自由采食。喂饲期间应保证饮水的充足供应。

光照时间从恢复喂料时开始逐渐增加，约经6周的时间，恢复为每天16小时，以后保持稳定。一般鸡群在恢复喂料后第3～4周开始产蛋，第6周产蛋率可达50%以上。

（七）优质肉种鸡的人工授精

采用笼养方式的优质肉种鸡都需要采取人工授精方式进行配种。

1. 器械用品　采精器械有小玻璃漏斗形采精杯或试管（图

7－12）。贮精器械可使用15～10毫升刻度试管。保温用品为普通保温杯，以泡沫塑料作盖，上面三个孔，分别为集精杯、稀释液管和温度计插孔，内储30～35℃温水。输精器械采用普通细头玻璃胶头滴管、输精枪、微量移液器（图7－13）。其他器械和用品有剪刀、显微镜、锅，棉球、卫生纸等。

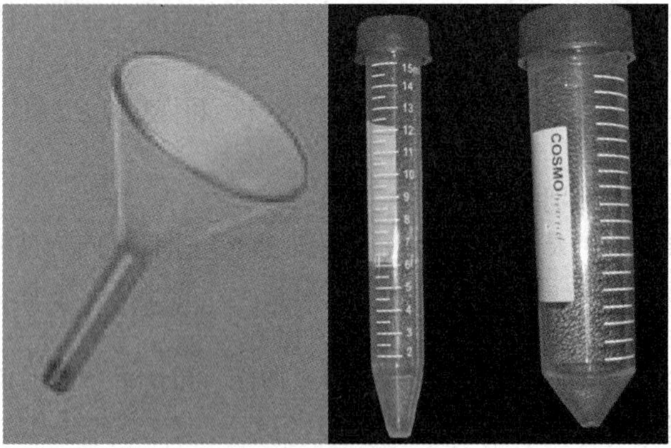

图7－12　采精杯和试管

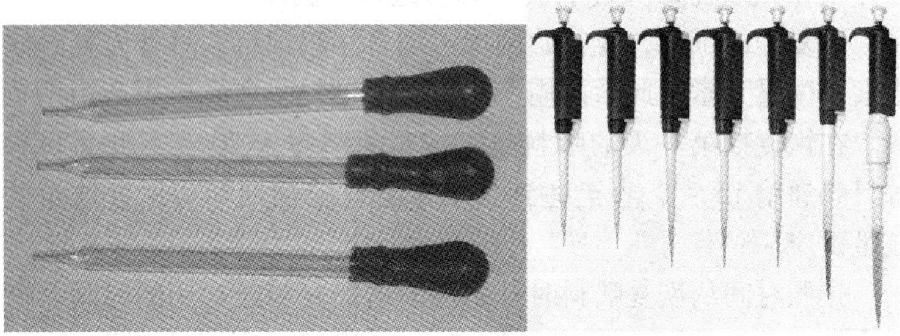

图7－13　输精器械

2. 采精前的准备

（1）种公鸡的选择：除按品种特征、健康状况外，还要选择适合人工授精的个体，即发育良好，有一定营养体况、第二性征明显、性欲旺盛的个体。

（2）隔离与训练：选留的种公鸡在13周龄后应饲养在专用的种公鸡笼内，每只公鸡占用一个小单笼以防止相互之间的争斗（图7－14）。

图7－14　在公鸡笼内饲养的种公鸡

在21周龄前后可以开始对种公鸡进行采精训练，训练的目的是让公鸡建立稳定的条件反射以方便以后的采精操作。公鸡每天训练1～2次，经3～5天后大部分可采出精液。训练过程中对精液品质差者、采不出精液者、精液和粪便一起排放者进行淘汰。采精训练过程要持续7～10天才能使公鸡建立稳定的条件反射。

（3）种公鸡的特殊饲养：种公鸡饲料中蛋白质和维生素的含量可适当提高。公鸡饲料中精氨酸的含量要求比母鸡高；钙的含量限制在1%～2%。饲料中严格控制棉仁粕、菜籽粕的用量。

种公鸡每天光照时间要求为14～15小时，温度在10～30℃。

（4）剪毛：在采精之前应将公鸡肛门周围的羽毛剪去，要求公鸡的肛门能够显露出来，以免妨碍采精操作或污染精液。剪毛时剪刀贴近皮肤，但要防止伤及皮肤（图7－15）。

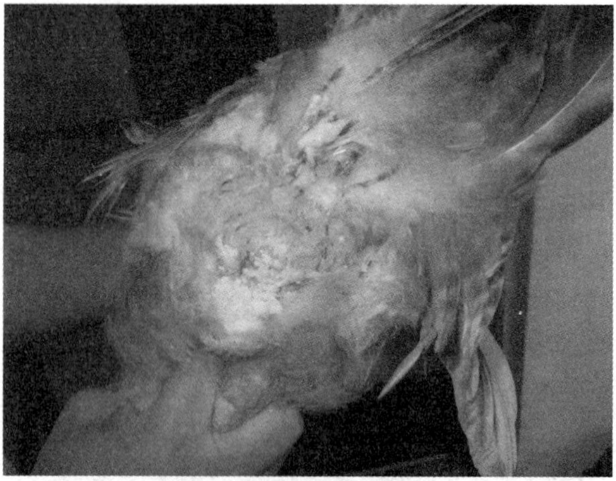

图7－15　公鸡肛门周围的毛被剪掉

（5）用具的准备和消毒：根据采精需要备足采精杯、贮精杯等，经高压消毒后备用。若用酒精消毒，则必须在消毒后用生理盐水或稀释液冲洗并经干燥后备用（稀释液冲洗可不需干燥）。集精瓶内水温保持在30～35℃。

（6）人员配备：人工授精人员要认真负责，并经过技术培训。在规模化种鸡场内人工授精一般是每组3人。

3. 采精操作

（1）鸡的保定：抓鸡人员双手伸入笼内抱住鸡的双肩，头部向前将公鸡取出鸡笼，用示指和其他3个指头握住公鸡两侧大腿的基部，并用大拇指压住部分主翼羽以防翅膀扇动，使其双腿自然分开，尾部朝前、头部朝后，保持水平位置或尾部稍高，固定于右侧腰部旁边，高度以适合采精者操作为宜（图7－16）。

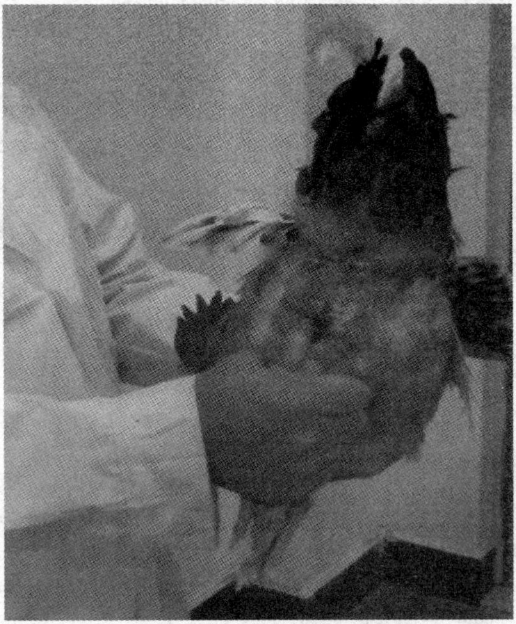

图7－16　公鸡的保定方法

（2）采精操作：采精者站在抓鸡人员的右侧，右手持杯置于泄殖腔下部的腹部柔软处，左手由公鸡翅膀基部向尾根方向按摩。按摩时手掌紧贴公鸡背部，稍施压力，近尾部时手指并拢紧贴尾根部向上滑过，施加压力可稍大，按摩3～5次，待公鸡泄殖腔外翻时左手放于尾根下，拇、示指在泄殖腔上两侧施加压力，右手将采精杯置于交接器下面承接（图7－17、图7－18）。

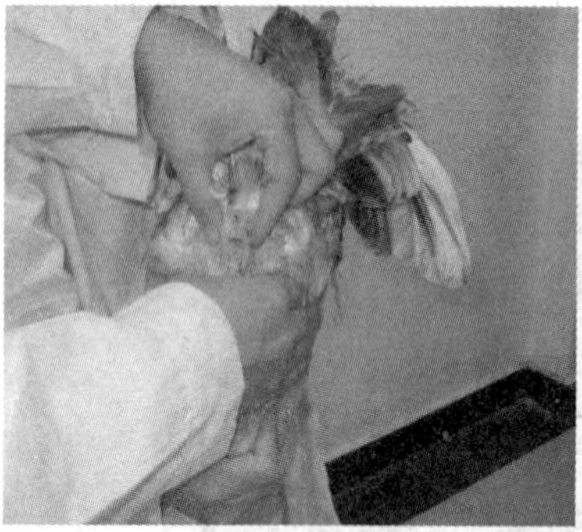

图7－17　挤压泄殖腔

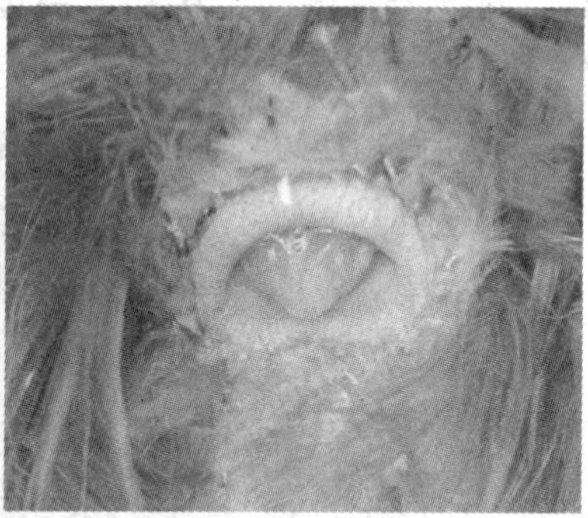

图7－18　按摩后即将排精的公鸡交配器官

4. 采精操作注意事项

（1）要保持采精场所的安静和清洁卫生。

（2）采精人员要固定，不能随便换人，因各人按摩的手势轻重不同；采精日程也要固定，以利于射精反射的建立。

（3）在采精过程中一定要保持公鸡舒适，扑捉、保定时动作不能过于粗暴，不惊吓公鸡或使公鸡受到强烈刺激，否则会采不出精液、精液量少或受污染。

（4）挤压公鸡泄殖腔要及时和用力适当：初学者往往挤压过早，即在交接器未翻出之前就急于挤压泄殖腔，导致采不下精液；有时在交接器翻出后未及时挤压泄殖腔，以致使交接器回缩。挤压泄殖腔用力要适当，过轻采不出精液，过重会造成损伤，尤其是在某些情况下鸡泄殖腔周围的皮肤发红。按摩时间过长会引起排粪尿和透明液过多及其他不良反射。按摩的力度适中，力度与人洗脸的力度相似。双手配合要协调。

（5）整过采精过程中应遵守卫生操作，每次工作前用具要严格消毒，工作结束后也必须及时清洗消毒。工作人员手要消毒，衣服要定期消毒。

（6）采出的精液要立即用吸管移至贮精管内，置于 30 ~ 35 ℃的保温杯内，准备使用。也可以把贮精试管握在手中。

5. 输精方法　目前生产上采用的是泄殖腔外翻输精法，一般由 3 人配合操作，其中两人抓鸡并翻肛，一人输精；输精时翻肛人员（助手）以左手抓住母鸡两腿，轻轻拖至笼门口，使鸡尾部稍向上抬，胸部靠在笼门处，右手拇指与其余四指呈虎口状自然分开，在母鸡腹部柔软处施以适当压力，泄殖腔即可翻开，其中位于左上侧的开口为输卵管开口（图 7 - 19），输卵管口露出后，输精员将吸好精液的滴管（或其他输精器）插入输卵管内，挤出精液，拔出输精器，翻肛人员将鸡轻轻放回笼内即完成输精操作（图 7 - 20）。

输精一般安排在下午 2 ~ 7 时进行，这个阶段母鸡输卵管内没有硬壳蛋，输精后能够获得高的种蛋受精率。

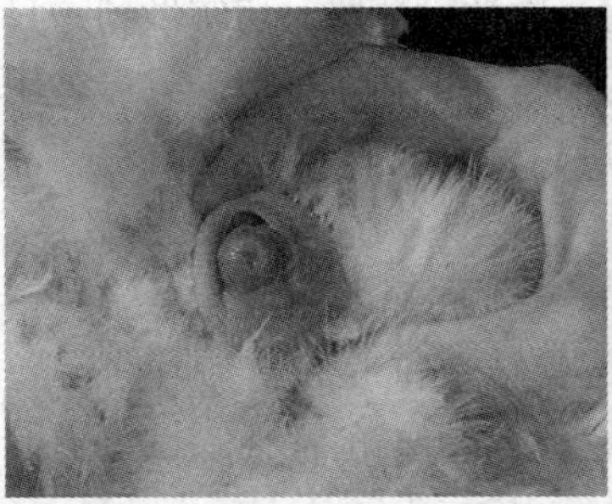

图 7 - 19　翻开后的母鸡泄殖腔显示输卵管开口

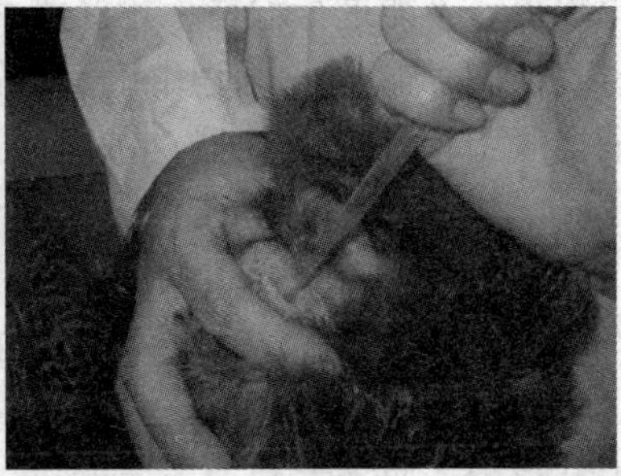

图 7 - 20　输精操作演示

6. 输精时的注意事项

（1）翻肛人员将母鸡拖至笼门口时要使母鸡身体稍往右侧倾斜，以防给母鸡腹部施压时排粪、尿污染输卵管开口。

（2）当给母鸡腹部施压时，一定要着力于左侧，因输卵管开口位于泄殖腔的左上方，左侧为直肠开口，若着力均匀或相反，易引起母鸡排粪，同时开产阶段（或产蛋率低时）造成部分母鸡输卵管翻不出而漏输。

（3）无论使用何种输精器，均需对准输卵管开口中央位置轻轻插入，切忌将输精器斜插入输卵管；否则，不但不能将精液输入，而且容易损伤母鸡输卵管壁。

（4）助手与输精员要密切配合，当输精器插入一瞬间，助手应立即解除对母鸡腹部的压力，输精员便可有效地将精液全部输入；否则输精员不易将精液输入，甚至会使精液倒流至泄殖腔内而导致输精失败。

（5）不要输入空气或气泡，要求输精管精液前端不能留有空隙，由于助手与输精员配合不密切，输精时产生气泡的要重输。

（6）防止相互交叉感染，对有泄殖腔炎症或患病母鸡要调出隔离，不能进行输精；建议使用一次性输精器，切实做到一只母鸡换一套输精器；使用滴管类的输精器，必须每输一只母鸡用消毒脱脂棉擦拭输精器，每次用后，输精用具要及时清洗、消毒。

7. 输精部位和深度　不同部位或不同深度输精均对受精率有影响，输精部位不同，精子到达受精部位的数量与时间有差异。阴道部输精要将输精滴管或微量移液器的前端插入母鸡输卵管开口内2厘米左右。

8. 输精量与输精间隔　根据精子在输卵管中的存活时间及母鸡受精率的观察，必须在一定时间内输入一定数量的优质精液，才能获得理想的受精率。种母鸡每次输入原精液0.025毫升，每5~6天输一次即可。

第八章　肉鸡的卫生防疫

卫生防疫事关肉鸡的成活率、生产成本和鸡肉的卫生质量安全，在肉鸡生产中卫生防疫的根本任务是通过采取综合性的措施，预防疾病（尤其是传染病）的发生。如果鸡群感染疾病则会严重影响肉鸡的生长速度、降低成活率、增加养殖成本，并有可能导致鸡肉产品的微生物污染和药物残留。

第一节　肉鸡场卫生防疫设施

卫生防疫设施是肉鸡场实施隔离、消毒的基础条件。肉鸡场的卫生防疫设施包括鸡场周围的围墙或铁丝网、门卫、车辆消毒室、人员更衣洗浴消毒室、高压冲洗设备、死鸡无害化处理设备、粪便无害化处理设备、衣服清洗消毒设备、环境卫生用品等。这些设施、设备和用品是否完善，能否正常运转是衡量一个肉鸡场卫生防疫管理的重要指标。

根据规模化养殖场标准化示范创建的要求，肉鸡场的卫生防疫设施应符合下列要求。

一、场区门口设有消毒池或类似设施

鸡场生产区门口要有消毒池，供进出生产区的人员和车辆消

毒。车辆消毒要求车轮必须经过消毒池被浸泡消毒，同时在消毒池的两侧和上方要有雾化喷头以便于在车辆经过时将消毒药充分地喷洒到车辆的表面。

人员消毒应该有更衣、淋浴、喷雾等程序。

二、鸡舍门口设有消毒盆

鸡舍门口要放置一个消毒盆，盆内的消毒液每天更换一次以保证其有效性，任何进入鸡舍的人员都需要在进舍前用消毒药水洗手。

三、场区内备有消毒泵

为了提高对车辆、物品、道路和场地的消毒效果，鸡场内要配备高压消毒泵，用清水或消毒药水冲洗消毒对象。

四、场区内设有更衣消毒室

在场区内要有专门的更衣消毒室，方便对人员和衣物鞋帽的消毒。生产区门口应该设一个共用更衣消毒室，鸡舍应该设一个专用消毒更衣室。

五、环保设施

肉鸡场在生产过程中污水的产生量很少，不宜用于沼气生产，经过沉淀曝气和生物氧化后就可以用于灌溉。而粪便和旧垫料的产生量则较大，而且极容易对环境造成污染，因此，肉鸡场的环保设施主要是粪便的无害化处理设施。

1. 储粪场所合理　粪便和废旧垫料的堆存场所要合理规划，与鸡舍之间的最近距离不宜少于 50 米，而且要相对独立，周围要设置围墙以减少对周围环境的影响。位置要位于整个场区的下风向，地势不宜高于鸡舍所在的区域。

储粪场要具备防雨、防渗设施或措施。通常要求地面要经过硬化处理，能够防止粪水渗入地下，同时要设置排水沟用于粪便存放期间渗出粪水向外引流。粪便和旧垫料堆积的地方要设置顶棚，防止下雨的时候被雨淋。

2. 粪便的无害化处理设施　规模化肉鸡场要有粪便无害化处理设施，目前对于肉鸡粪便的无害化处理主要方法是堆积发酵。这主要是因为粪便和垫料混合后发酵的效果比较好，而且成本比较低。

粪便无害化处理设施与养殖规模相配套，发酵场所的面积要足够。尤其是对于肉鸡场多数情况下采用全进全出养殖模式，粪便的清理比较集中，需要处理的量比较大。

六、病死鸡无害化处理设施

病死鸡是病原体的主要携带者，是肉鸡场内重要的污染源。对于一些传染病难以有效控制的肉鸡场，很可能与该场内病死鸡的无害化处理不到位有很大关系。而且，在北方很多地方，白羽肉鸡的死亡率偏高，42 日龄鸡群的成活率一般只有 90% 左右，对于一个一批次存栏 20 万只的肉鸡场来说，养一批肉鸡就会出现 2 万只的死鸡，平均到每天约为 470 只，是一个很庞大的数目。

1. 病死鸡集中高温处理　对于养殖小区比较集中的企业集团可以在生产集中区域设置病死鸡高温处理厂，每天将各个小区的病死鸡集中到处理厂内，将其进行高温高压处理使油脂分离出来作为燃料使用，将固体部分干燥粉碎后作为有机肥的原料。

2. 化尸罐处理　在中小型规模的肉鸡场可以使用玻璃钢材质的化尸罐处理病死鸡，化尸罐的高度约 3.5 米，直径约 2 米，半埋于地下（粪污处理区内）使地上部分高约 75 厘米，顶部有盖子可以密闭。每天定时将病死鸡投入罐内后将盖子封严，经过

1～1.5个月的时间，鸡只的尸体腐烂剩下羽毛和骨头，取出消毒后深埋。一个场可以设置2～3个化尸罐，轮换使用。

3. 焚尸炉焚化 每天定时将病死鸡投入焚尸炉内，将死鸡尸体焚化，这样能够彻底消除其对鸡场环境造成的疫病污染。

第二节 肉鸡场卫生防疫制度

建立完善的卫生防疫制度并严格落实是保证鸡群健康安全的重要条件，任何一个肉鸡场都要结合本场实际制定切实可行、符合科学要求的卫生防疫制度，并且认真落实。

一、肉鸡场门卫管理制度

（1）门卫对工作必须认真负责，严格履行自己的职责。

（2）门岗须始终有人，做到随叫随到，不得脱岗。

（3）对于进出人员须问清情况并且态度要诚恳。

（4）阻挡无关人员和车辆进入场区，确需进场人员、车辆必须经场长同意且进行登记。

（5）对出场车辆进行必要的检查。

（6）发现问题要及时上报主管领导。

二、人员消毒程序

（1）进场人员必须从消毒通道进入。

（2）进入消毒通道必须按照消毒程序进行消毒操作。消毒通道操作程序：脚踩消毒盆→进门→洗手消毒→更衣，换拖鞋（所换衣服、鞋帽、袜全部放入熏蒸柜）→洗澡→更衣，换胶鞋→踏消毒盆→进场。

（3）个人需要携带进入场内的物品（衣物、手机、生活用品等）需要经过紫外线消毒后方可带入。

三、车辆消毒制度

进场车辆必须经指定地点进行消毒，消毒时间、消毒液浓度必须符合消毒标准。车（料车）上人员必须下车进行消毒，其他交通工具一律不准进入。

（1）鸡场门口配备一台喷枪和两个100升的水罐，喷枪须处于正常使用状态，消毒水罐保持水满。

（2）饲养期间进入生产区的料车、运鸡车，进场前在大门外用喷枪冲洗消毒，其余车辆不准入内。消毒要求：消毒液现用现配，消毒液每车不低于100千克，消毒剂使用力农（二氯异氰脲酸钠），浓度1∶1 500，如更换消毒剂按技术处通知为准。须把车轮表面的附着物冲掉，车体表面全部喷湿。

（3）司机及随车人员须在大门口下车脚踏消毒盆、洗手消毒。司机在场区内不准下车，必须下车时只能在车周围10米内走动。

（4）离开场区的车辆在大门外按进场时的要求进行二次消毒，消毒后方可离开。

5. 相关记录：填写车辆进场登记表。

四、肉鸡舍卫生管理制度

（1）保持操作间、住室内整齐干净。

（2）保持整栋鸡舍卫生干净，育雏间前后不准堆放死鸡、闲杂物品等。

（3）鸡舍门前设脚踏消毒盆，消毒液必须按要求配制，保持药液的有效浓度，每天更换，特殊情况下，根据污染程度可随时更换。工作人员进入鸡舍前必须洗手、脚踏消毒盆，穿工作服、工作鞋。

(4) 由操作间进入栋内网架前要执行换鞋制度。

(5) 饮水器每加一次水要洗涮一次，保持开食纸干净干燥。

(6) 水线高度合理，定期冲洗，确保不漏水，料线不漏料。

(7) 定期清理散热器上的灰尘，确保不漏水，能正常使用。

(8) 严禁将生活区穿用的鞋、衣穿入鸡舍。

(9) 饲养人员严禁串舍，饲养工具及设备都必须固定，专舍专用。如确需在舍内使用的工具，须经严格消毒后方可入舍。

(10) 严格执行免疫程序。

(11) 按时、如实填写各项记录，并能严格执行公司有关肉鸡饲养规定。

(12) 认真按饲养管理手册中的指导要求，控制好舍内温度、湿度、光照、通风等养殖管理要点，创造一个有利于鸡只快速生长和健康发育的优良环境；通风良好，无异味，舍内温度、湿度适宜。

(13) 注意观察鸡群情况，将弱、残鸡单独隔离饲喂，发现病情后立即报告，经保健中心确诊后方可用药。

(14) 发现死鸡及时拣出，网上平养要确保架上无死鸡，架下无活鸡。

五、厕所卫生制度

(1) 厕所由场长分栋分周管理，一栋打扫一周，其余时间由后勤人员打扫。责任到栋，对不清理打扫的栋，要有处罚措施。

(2) 严禁在厕所墙壁上乱涂乱画。

(3) 大小便入池，严禁乱扔手纸、烟头等。

(4) 定期喷洒灭蝇灭虫药物。

(5) 便池定期喷洒杀虫剂和消毒药，减少蚊蝇的滋生。

六、肉鸡场药品使用规定

（1）所有养殖场必须使用经国务院兽医行政管理部门批准的、注册过的兽药。

（2）不得使用国务院兽医行政管理部门规定的禁用药品、激素类药、原料药、人用药等。

（3）不得在饲料里面直接添加任何兽药原料药和其他禁用药品。

（4）所用药品必须符合对外出口的肯定列表制度上的规定，或符合出口地兽医行政管理部门的规定。

（5）必须按照药物所规定的保质期、休药期和剂量使用，饮水给药将全天药量集中1~2次饮完。宰前14天停止使用任何抗生素类药物。

（6）由质控中心对新购药物进行检测，并定期对库存药物进行检测，看药物是否符合药物标准要求，不符合要求的要反馈，禁止入库和使用，并勒令退货。

（7）由质控中心对每批鸡出栏前3天抽样检测药物残留，对超出最大残留限值的鸡群，要追溯到位，并启动纠偏计划进行纠偏处理。

（8）对于过期药物、疫苗等要求清晰标识，按要求分开存放，并上报主管兽医和兽医总监鉴定认可后选择合适地点焚烧处理，并详细填写纠偏计划表。

（9）所用药物要做详实准确的记录。

（10）对药物、疫苗等存放要符合说明书上的储存要求，不同类型的分开放置，先用有效期短的，后用有效期长的，并由有资质的专职人员负责，防止失效。特别是活疫苗至少要每天检查一次，并记录储存温度；油苗至少一周检查一次，确保疫苗质量。冷冻室内经常冻有足够的冰块，以备停电后制冷用。

（11）对于兽用药及消毒药品包装要集中密封保存，统一按照国家有关规定焚烧处理；对活疫苗瓶经现场消毒后焚烧处理；对于灭鼠药包装及剩余药饵要选择安全地点焚烧处理。

（12）称、兑药品所用的电子计量器要调试准确。

（13）质量记录：包括药品、疫苗使用记录表、纠偏计划表、免疫记录报告、疫苗储存记录表等。

七、物品进出场消毒管理制度

（1）常规物品：由门卫负责冲洗消毒，特殊物品放到熏蒸间熏蒸消毒，熏蒸后由门卫上锁熏蒸间的门，消毒30分钟后，再由门卫亲自开锁通风。

（2）药品疫苗：将疫苗药物放到熏蒸柜进行熏蒸消毒，熏蒸时间30分钟，熏蒸消毒时应先确定熏蒸消毒是否符合产品要求，防止疫苗、药物在熏蒸间时，由于外界环境的变化而导致失效。

（3）其他物品进场：根据实际情况进行熏蒸消毒、冲洗消毒或者浸泡消毒，方可进入场区。

（4）物品熏蒸消毒剂的配制：每立方米用2.5克烟熏宝熏蒸，时间30分钟。

八、生产区卫生制度

（1）严格遵守生物安全消毒隔离制度。人员进入生产区，必须按照消毒通道操作规程消毒执行。

（2）进鸡后，卫生区每天早上8：00打扫一次并定期喷洒消毒水。

（3）严禁在鸡舍周围堆放废料，脏的开食纸、油纸、彩条布以及垃圾等。必须放到指定地点。

（4）严禁在鸡舍周围乱扔、堆放、掩埋死鸡。

（5）严禁在生产区乱倒饭菜，洗涮时必须倒到指定地点再洗涮，违者将罚款。

（6）养殖区内禁止养猫、狗等宠物。

（7）随时清除场内杂草和积水坑，防止蚊蝇滋生。

（8）场区严禁购买、带入和食用任何外来禽类制品。

九、生活区卫生制度

（1）严格遵守生物安全消毒隔离制度。

（2）封场后每天打扫各自卫生区，每天早上8：00打扫一次并定期喷洒消毒水，确保鸡舍前路面洁净无污水，无杂物。

（3）严禁在生活区乱倒饭菜、生活垃圾及其他杂物，垃圾要定点存放在垃圾箱内，定期清理，保证场区卫生干净。

（4）鸡舍门前工具摆放整齐，无垃圾。

（5）无草区地面平整，无杂草、污水、污物等。

（6）排水沟内洁净无垃圾、疫苗药品包装袋、纸屑。

十、粪便及病死鸡处理制度

（1）对可疑病鸡应隔离观察、确诊。有使用价值的病鸡应隔离饲养、治疗，彻底治愈后，才能归群。

（2）因其他传染病和其他需要处理的病鸡，应在指定地点进行扑杀，尸体进行无害化处理。

（3）病鸡、死鸡不得出售，必须进行无害化处理。

（4）每天及时除去鸡舍的粪便，并将粪便及污物运送到储粪场。

（5）粪便先用固液分离机分离后经堆肥发酵处理后再利用。

（6）废弃物应遵循简量化、无害化和资源化的原则。

第三节　肉鸡场的隔离与消毒

隔离和消毒是肉鸡场卫生防疫的重要措施，是落实预防为主的重要保障。

一、鸡场的隔离

隔离是指将鸡群与外界可能对健康和生产造成不良影响的各种条件切断联系，避免各种不良的外界因素的影响。隔离需要采取综合性设施和措施。

1. 合理选择鸡场的场址　鸡场场址要与人员和车辆来往频繁的地方（如村镇、集市、学校、交通要道等）、容易产生污染物的企业（化工厂、造纸厂、冶炼厂、炼焦厂、屠宰场、医院等）以及其他养殖场保持足够的距离，减少相互之间的污染。

2. 发挥鸡舍的隔离功能　鸡场内要合理规划，按照各个生产环节的需要，合理划分功能区。要便于对人、鸡、设备、运输，甚至空气走向进行严格的生物安全控制。

鸡舍建筑应注意相对密封性，便于环境控制。主要针对温度、湿度、通风、气流大小和方向、光照等气候因素。便于清洗和消毒，可给鸡群提供安全和舒适的生存环境。建筑物应能防鸟、防鼠、防虫。周围环境以尽可能减少和杀灭鸡舍周围病原为目标，便于进行经常性的清洗和消毒，保持良好的环境卫生。

3. 严格的人员控制　专门设置供饲养人员出入的通道，对饲养人员及其常规防护物品进行可靠的清洗及消毒处理，最大程度地防止人携带病原。杜绝一切外来人员的进入，尽可能谢绝参观访问，尽可能减少不同功能区内饲养人员的交叉现象发生，一旦交叉要有可行的清洗和消毒处理措施。直接接触生产鸡群的饲养人员应尽可能远离外界禽类。饲养人员应定期进行健康检查。对所有相关饲养人员进行经常性的生物安全培训。

4. 鸡群控制 尽可能减少鸡群进入鸡舍前的病原携带，通过日常的饲养管理减少病原侵袭和增强鸡群抵抗力。引进病原控制清楚的鸡群。重点检测无蛋壳传播的病原，主要针对白血病、鸡白痢、鸡毒支原体病、滑液囊支原体病、禽呼肠孤病毒感染、减蛋综合征、鸡传染性贫血病等。避免不同品种、不同来源的鸡群混养，实行全进全出的饲养方式，尽量做到免疫状态相同。尽可能减少日常饲养管理中的应激发生，防止生产操作中的污染和感染。进行鸡群的日常观察及病情分析、鸡群的定期健康状况检查及免疫状态检测。

5. 其他隔离 鸡场内不养猫、狗、观赏鸟、水禽和猪等其他动物；食堂和饲养人员不食用场外购买的禽肉及产品；固定使用饲养工具、物品；外来车辆不得进入生产区。

二、肉鸡场的消毒管理

消毒是杀灭和消除停留在媒介物上的病原体，切断疫病传播途径，中断传染链，是实施肉鸡场生物安全的一个重要措施。

（一）消毒方法

1. 物理消毒法

（1）利用太阳照射进行消毒：太阳光中的紫外线具有较强的杀菌消毒作用。一般病毒和细菌，在强烈直射阳光下几分钟至几小时即可被杀灭，即使是抵抗力很强的细菌，在连续几天强烈阳光下反复暴晒，其致病力也可以减弱或死亡。而且阳光照射的灼热以及水分蒸发所致干燥亦具有杀菌作用。所以，阳光暴晒是一种简单、经济、易行的消毒方法。

（2）紫外线灯消毒：可在生产区出入口更衣消毒间用紫外线灯来对空气和物体表面进行消毒。安装使用紫外灯的要点如下：

灯管离地面2米为宜，灯管周围1.5~2米处为消毒有效范围。被消毒物表面与灯管相距不要超过2米。每次照射消毒物品的时间应在1小时以上，紫外线穿透力弱，只能对直接照射的物体表面有较强的消毒效果，对被遮挡的部分没有杀菌消毒作用。消毒时，人员应离开现场，因为紫外线照射时可引起急性眼结膜炎、皮炎等。

（3）火焰焚烧消毒：这是一种简单而有效的消毒方法。结合平时清洁卫生工作，对清扫的垃圾、污秽的垫草等进行焚烧，对病鸡的粪便、残余的饲料以及被污染的价值不大的物品均可采用这种办法来杀灭其中的病原体。对不易燃烧的鸡舍地面、栏笼、墙壁、金属制品可用喷火消毒。

2. 化学消毒法 化学消毒法是在兽医防疫工作中应用最为广泛的一种方法。消毒剂的消毒效果和病原体的抵体力、病原体的数量、消毒剂的浓度、用量、作用时间、环境温度、湿度、pH值以及环境中是否存在粪便等有关。市场上销售的消毒剂品种很多，应根据具体情况，选择针对病原体消毒效果好、安全性大、在消毒环境中性状稳定、价格便宜、使用方便的产品。使用消毒剂时一定要按规定配制浓度，才能既有效又节约。对加热后不被破坏的消毒液（如氢氧化钠、福尔马林等）适当增加消毒液的温度，可增强消毒效果，消毒时要保证足够时间，有利于达到理想效果。

3. 生物热消毒 利用微生物发酵产热达到消毒目的，常用于对粪便的处理。粪便经堆积发酵，内部温度可达60~70℃，经1~3周可杀死一般的病原体及寄生虫虫卵。粪便发酵可生产沼气，既可消毒粪便，又能提供能源，有利于保护环境，符合无公害养殖要求。

（二）消毒对象

1. 环境消毒 办公区、生活区、生产区的地面、道路、园地的消毒，地面和道路应清扫后选用5%~10%漂白粉澄清液，或2%~4%氢氧化钠溶液，喷洒一遍或几遍，每隔15天喷洒消毒一次。鸡舍周围园地的土壤要经常翻耕，利用日光照射、紫外光线杀灭病原微生物。

2. 鸡舍消毒

（1）饲养中鸡舍消毒：鸡舍应保持良好的通风，保持空气新鲜。鸡舍地面要每天清扫，饲槽、水槽要定期清洗污垢。鸡体可用带鸡消毒方法，但在实施疫苗免疫前后各 1 天不可带鸡消毒。如果是笼养的种鸡，在带鸡消毒时顺便消毒鸡笼及鸡舍空间空气消毒。

（2）空鸡舍的消毒：规模化养鸡场应实行全进全出饲养模式。在进新一批鸡群之前，鸡舍必须进行全面彻底清扫消毒。集中清除垫料、剩料、垃圾、粪便，然后选用 2% 的氢氧化钠溶液或 0.2% ~0.5% 的过氧乙酸等药液进行喷洒消毒墙壁、地面、棚顶、笼具以及其他设备等，之后要对空鸡舍用福尔马林熏蒸消毒（图 8 –1）。鸡舍空舍期间，种鸡舍一般不少于 8 周，肉鸡舍不少于 14 天。

图 8 –1　鸡舍消毒

3. 鸡饮水消毒 一般养鸡场使用人禽同用的自来水，通常已用有效氯制剂进行消毒；对使用河水或井水的鸡场，可在河水或井水中加入有效氯含量为25%的漂白粉6～10克/米³，30分钟即可使用。

4. 人员消毒 规模鸡场工作人员进入鸡场大门口时，要经大门人行通道消毒垫进行鞋底消毒。饲养人员进入生产区应更换衣服、鞋、帽，双手要在盛有0.1%的新洁尔灭消毒药液的盆中浸泡洗擦几分钟（图8－2）。

图8－2 人员进入生产区之前的消毒

5. 运输车辆消毒 在运输鸡苗、产品、饲料、垫料的前后，对车箱内外和车底都要全面清扫和洗刷，选用2%～5%的漂白粉澄清液喷雾消毒，然后用清水冲洗，再用抹布擦干净（图8－3）。

图8-3 车辆消毒

6. 鸡场其他物品消毒 鸡场生产中的蛋盘、蛋箱等使用后都要清洗、消毒；兽用冰箱、冰柜也要定期清理、消毒；兽用注射器、针头等在使用前后都要清洗、煮沸消毒，烘干存放。

（三）消毒剂的选择

选择的消毒剂应该不会对人和鸡体造成伤害，杀菌力强，药物不会残留在禽体内或蛋内。同时，要交叉使用不同种类消毒剂，不要固定使用一种消毒剂，以避免病原体对消毒剂产生耐受性。

常用的饮水消毒药物有次氯酸钠、漂白粉、二氯异氰尿酸、二氧化氯等。

常用的喷雾消毒分为两种，一种是带鸡喷雾的消毒剂，如双季铵盐-碘消毒液、聚维酮碘、过氧乙酸、二氧化氯等；另一种是空置的鸡舍和鸡舍内的设备使用的消毒剂，如氢氧化钠、甲酚皂、过氧乙酸等。

熏蒸时可以根据具体情况选用消毒剂，一般选择高锰酸钾和甲醛，也可用环氧乙烷和聚甲醛。

每一种消毒剂都有一定的消毒范围和使用特点：有机氯化合物消毒剂适宜在酸性环境中使用，副作用小，温度越高，杀菌力越强，多用于饮水消毒；醛类消毒剂适宜在碱性环境中使用；季铵盐类消毒剂作用迅速、奏效快、性能稳定，还有低腐蚀、低刺激性、低毒等特点，受有机物及外界条件影响较小，对革兰阳性菌有较强的杀灭作用，多用于棚舍、设备的消毒；碘伏类消毒剂高效、低毒、广谱，对各种细菌、病毒、芽孢以及真菌具有快速杀灭作用。

（四）鸡场消毒注意事项

1. 药物浓度和作用时间 药物的浓度越高，作用时间越长，消毒效果越好，但对组织的刺激性越大。如浓度过低，接触时间过短，则难以达到消毒的目的，因此，必须根据消毒药物的特性和消毒的对象，恰当掌握药物浓度和作用时间。

2. 消毒环境温度 在适当范围内，温度越高，消毒效果越好，据报道，温度每增加 10 ℃，消毒效果增强 1～1.5 倍，因此消毒通常在 15～20 ℃的温度下进行。

3. 环境中的有机物含量 消毒药物的消毒效果与环境中的有机物含量是成反比的，如果消毒环境中有机物的污物较多，也会影响消毒效果，因为有机物一方面可以掩盖病原体，对病原体起保护作用，另一方面可降低消毒药物与病原体的结合而降低消毒药物的作用，所以建议养殖户在对鸡舍消毒时，尽量清理干净鸡舍内的鸡粪、墙壁上的污物，以提高消毒效果。

4. 环境中酸碱度（pH 值） 环境中的酸碱度对消毒药物药效有明显的影响，如酸性消毒剂在碱性环境中消毒效果明显降低；表面活性剂的季铵盐类消毒药物，其杀菌作用随 pH 值的升高而明显加强；苯甲酸则在碱性环境中作用减弱；戊二醛在酸性环境中较稳定，但杀菌能力弱，当加入 0.3% 碳酸氢钠，使其溶液 pH 值达 7.5 ~8.5 时，杀菌活性显著增强，不但能杀死多种繁殖性细菌，还能杀死带芽孢的细菌；含氯消毒剂的最佳 pH 值为 5 ~6；以分子形式起作用的酚、苯甲酸等，当环境 pH 值升高时，其杀菌作用减弱甚至消失；而季铵盐、氯己定、染料等随 pH 值升高而增强。

5. 微生物的敏感性　不同的病原体对不同的消毒药敏感性有很大差别，如病毒对酚类的耐受性大，而对碱性的消毒药物敏感；乳酸杆菌对酸性耐受性大，生长繁殖期的细菌对消毒药较敏感，而带芽孢的细菌则对消毒药物耐受性较强。

6. 消毒药物的拮抗作用　两种消毒药物混合使用时会降低药效，这是由于消毒药的理化性质决定的，所以养殖户在消毒时尽量不要两种消毒药物配合使用，并且两种不同性质的消毒药使用时要隔开时间。如：过氧乙酸、高锰酸钾等氧化剂与碘酊等还原剂之间可发生氧化还原反应，不但会减弱消毒作用，还会加重对皮肤的刺激性和毒性。

第四节　肉鸡群的疫苗接种

疫苗接种是预防传染病（尤其是病毒性传染病）的重要手段，是当前肉鸡生产中卫生防疫的重要措施。

一、疫苗的分类

（一）按抗原是否灭活区分

1. 灭活疫苗　又称死疫苗、油乳剂灭活苗等，以含有细菌或病毒的材料利用物理或化学的方法处理，使其丧失感染性或毒性而保持良好的免疫原性，接种动物后能产生主动免疫或被动免疫。此种疫苗无毒、安全、性能稳定，易于保存和运输。如禽流感油乳剂灭活苗（图 8－4）。

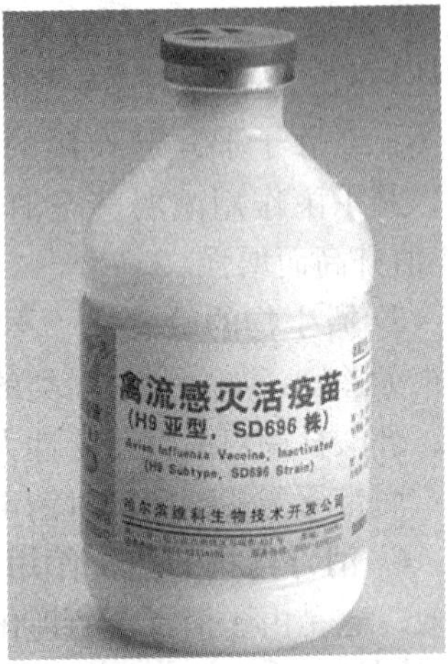

图 8－4　禽流感油乳剂灭活苗

2. 弱毒疫苗　又称活疫苗，是微生物的自然强毒通过物理、化学方法处理和生物的连续继代，使其对原宿主动物丧失致病力或只引起轻微的亚临床反应，但仍保存良好的免疫原性的毒株，用以制备的疫苗，如新城疫弱毒疫苗（图 8－5）、传染性支气管炎弱毒疫苗等。此外，从自然界筛选的自然弱毒株，同样可以制备弱毒疫苗。

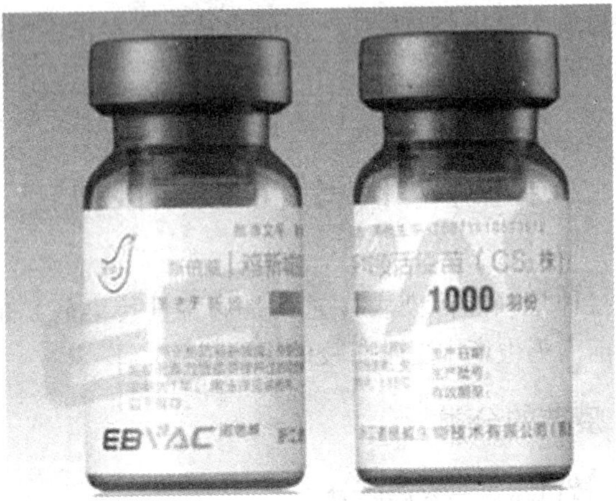

图 8－5　鸡新城疫活疫苗

（二）按照一种疫苗内抗原的类型划分

1. 单价疫苗　利用同一种微生物菌（毒）株或一种微生物

中的单一血清型菌（毒）株的增殖培养物所制备的疫苗称为单价疫苗。单价苗对相应的单一血清型微生物所致的疾病有良好的免疫保护效能。

2. 多价疫苗　指同一种微生物中若干血清型菌（毒）株的增殖培养物制备的疫苗。多价疫苗能使免疫动物获得完全的保护。

3. 混合疫苗　即多联苗，指利用不同微生物增殖培养物，根据病性特点，按免疫学原理和方法组配而成。接种动物后，能产生对相应疾病的免疫保护，可以达到一针防多病的目的（如新城疫、传染性支气管炎、减蛋综合征三联苗；新城疫、传染性支气管炎、禽流感三联苗）。

（三）按抗原类型分类

1. 疫苗　疫苗抗原为病毒，通常用于防治病毒性疾病。如新城疫疫苗、传染性法氏囊炎疫苗等。

2. 菌苗　菌苗抗原为细菌，用于防治细菌性疾病。如禽霍乱菌苗、大肠杆菌菌苗等。

3. 虫苗　虫苗抗原为寄生虫，用于防治寄生虫疾病。如球虫苗等。

4. 基因工程疫苗　基因工程疫苗是对抗原的结构进行人工修饰后制成的疫苗。

二、免疫接种方法

在肉鸡生产中使用的免疫接种方法有多种，各种免疫接种方法的应用要求不同。

1. 饮水免疫法　饮水免疫的疫苗是高效价的活毒弱疫苗，如鸡新城疫弱毒疫苗、禽霍乱弱毒疫苗、鸡传染性法氏囊病弱毒疫苗、鸡传染性支气管炎弱毒疫苗等。稀释疫苗应把握适宜的浓度和适度的用水量。采用饮水免疫稀释配制疫苗可用深井水或凉开水，饮水中不应含有任何使疫苗灭活的物质，如氯、锌、铜、铁等离子，饮水器要保持清洁干净，不可有消毒剂和洗涤剂等化学物质残留，饮水的器皿不能是金属容器，可用瓷器和无毒塑料容器。稀释疫苗的用水量应根据鸡大小来确定，稀释疫苗宜将疫苗开瓶后倒入水中搅匀，为有效保护疫苗的效价，可在疫苗稀释液中加入0.2%～0.5%的脱脂奶粉混合使用。饮水免疫前后应控制鸡饮水和避免使用其他药物。施用饮水免疫前的鸡，应提前2～4小时停止供水，确保鸡在半小时内将疫苗稀释液饮完。鸡在饮水免疫前后24小时内，其饲料和饮水中不可使用消毒剂和抗生素类药物，以防引起免疫失败或干扰机体产生免疫力。

2. 滴鼻、点眼法 这是弱毒疫苗的最佳接种方法，效果确实可靠，适用于鸡新城疫Ⅱ、Ⅲ、Ⅳ系疫苗，传染性支气管炎疫苗及传染性喉气管炎弱毒疫苗的接种（图8－6）。采用这种方法时应注意：疫苗稀释液一般用生理盐水、蒸馏水或者凉开水；稀释液的用量要准确，一般每1 000羽份的疫苗用100毫升稀释液；为使操作准确无误，每次一手只能抓一只鸡，在滴入疫苗之前，应把鸡的头颈摆成水平的位置，并用一只手指按住向地面的一侧鼻孔。用清洁的吸管在每只鸡的一侧眼睛和鼻孔内分别滴一滴稀释的疫苗，稍停，当滴入眼结膜和鼻孔的疫苗吸入后再将鸡轻轻放开；稀释的疫苗要在1～2小时用完。

3. 注射法 分为皮下注射法和肌内注射法。本法多用于灭活疫苗（包括亚单位苗）和某些弱毒疫苗的接种。

一般使用连续注射器，调整好剂量，颈部皮下注射常用于马立克病疫苗的接种，针头应向后向下，与颈部纵轴平行。用示指和拇指将雏鸡的颈背部皮肤捏起成三角形，针头近于水平刺入（图8－7）。胸肌注射时，应沿胸肌呈45°角斜向刺入，切忌垂直刺入胸肌（图8－8）。腿肌注射时，针头应朝鸡体方向在外侧腿肌刺入。雏鸡的插入深度为0.5～1厘米，日龄较大的鸡可为1～

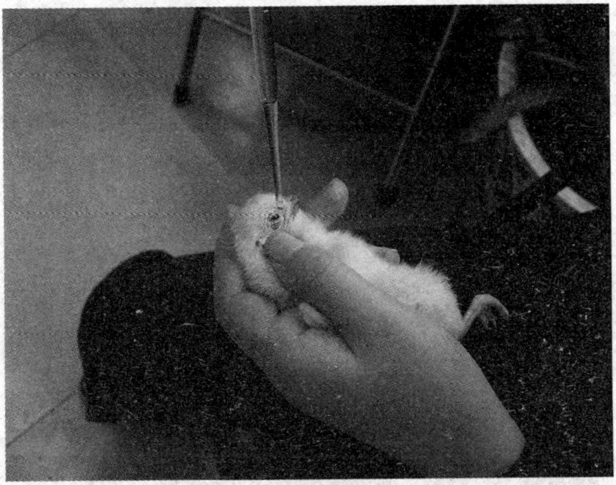

图 8－6　雏鸡的点眼接种方法

2 厘米；吸取疫苗的针头和注射鸡的针头应分开，针头的数量要充足。水剂使用 5 ~6 号针头，油乳剂使用 8 ~9 号针头。

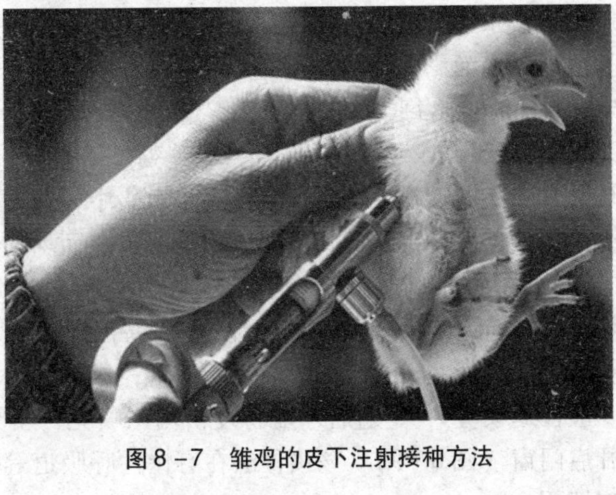

图 8－7　雏鸡的皮下注射接种方法

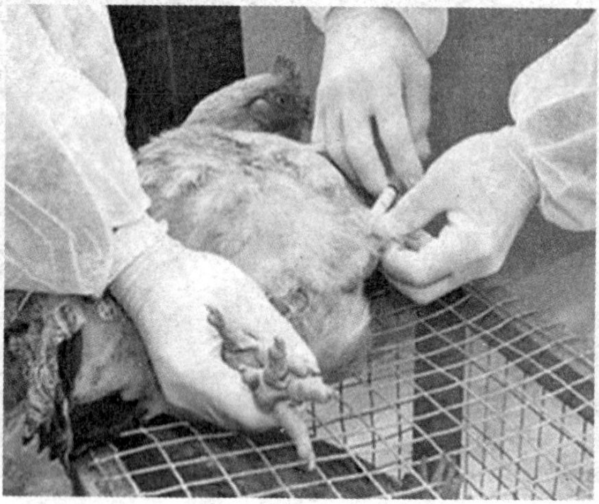

图8－8　成年种鸡的胸肌注射接种方法

4. 喷雾免疫法　喷雾免疫适用于鸡新城疫Ⅲ系、Ⅳ系弱毒苗，传染性支气管炎弱毒苗等。用去离子水和蒸馏水稀释疫苗，不能选用生理盐水等含盐类的稀释剂，以免喷出的雾粒迅速干燥致使盐类浓度升高而影响疫苗的效力。配液量应根据免疫的具体对象而定，1 日龄雏鸡每 1 000 只的喷雾量是 200 毫升，平养鸡每 1 000 只的喷雾量是 250～500 毫升，笼养鸡每 1 000 只的喷雾量是 250 毫升。实施喷雾免疫时，应将鸡相对集中，关闭门窗及通风系统。用疫苗接种专用的喷雾器或用能够迅速而均匀地喷射小雾滴的雾化器，在鸡群顶部 30～50 厘米处喷雾，边喷边走，将疫苗均匀地喷向相应数量的鸡只，使整个鸡舍的雾滴均匀分布。雏鸡的雾滴应大些，直径为 30～100 微米，成鸡为 5～30 微米。至少应往返喷雾 2～3 遍后才能将疫苗均匀喷完，喷雾后 20 分钟再开启门窗（图 8－9）。该接种法在有慢性呼吸道等疾病的鸡群中应慎用。

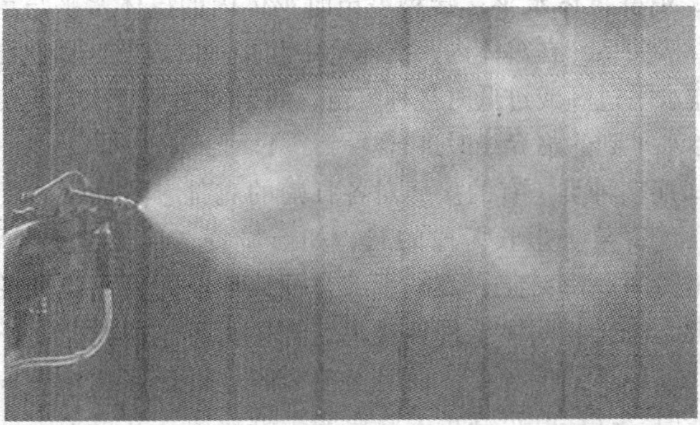

图 8－9　鸡的喷雾接种方法

5. 刺种法　主要用于肉种鸡鸡痘疫苗的接种。将疫苗用灭菌生理盐水稀释，混匀后用清洁的蘸笔尖或接种针蘸取疫苗稀释液，刺种于鸡翅膀内侧无血管处的翼膜内。小鸡刺 1 针，较大的鸡刺 2 针。接种后 1 周左右检查刺种部位，若产生绿豆大小的小疱，以后干燥结痂，说明接种成功，否则需要重新刺种。

三、肉鸡场的免疫程序

免疫程序就是根据当地疫情、鸡机体状况（主要是指母源及后天获得的抗体消长情况）以及现有疫（菌）苗的性能，为使鸡机体获得稳定的免疫力，选用适当的疫苗，安排在适当的时间给鸡进行免疫接种。

（一）制定免疫程序应注意的问题

1. 疫病流行情况　在制定免疫程序时首先应考虑当地疫病流行情况，一般而言，免疫的疫病种类主要是在该地区可能暴发、流行的疫病。对强毒型的疫苗应非常慎重，非不得已不引进使用，避免疫苗免疫时带来的新病毒毒株，对本地或本场其他未免疫同类疫苗的鸡群构成威胁。

2. 鸡群抗体水平 接种疫苗时鸡体内的抗体水平与免疫效果有直接关系。在鸡体内，抗体会中和接种的疫苗，因此在鸡体内抗体水平过高或过低时接种疫苗，效果往往不理想。免疫应选在抗体水平到达临界线时进行。

3. 疾病种类 有的疾病对各日龄的鸡都有致病性，而有的疾病只危害某一生长阶段的鸡，如新城疫、传染性支气管炎，各种年龄的鸡都易感，而减蛋综合征只危及产蛋高峰期的蛋鸡或种鸡，法氏囊病主要侵害雏鸡、青年鸡等。因此应在不同生产年龄进行不同的免疫，而且免疫时间应设计在本场发病高峰期前1周，这样既可减少不必要的免疫次数，又可把不同疾病的免疫时间分隔开，避免了同时接种疫苗所导致的干扰及免疫应激。

4. 疫苗种类 设计免疫程序时应考虑用合理的免疫途径、疫苗类型来刺激鸡产生免疫力。活疫苗一般是减毒苗，可在体内繁殖，因此可提供强而持久的免疫力，但是活疫苗未完全丧失感染力，有的活疫苗自身容易产生突变。肉鸡多用毒力较弱的疫苗以预防气囊炎，而种鸡或母源抗体较高的鸡群可用中等毒力疫苗。由于活疫苗之间存在相互干扰，故一般活疫苗不用联苗。建议各养鸡场选择正规厂家提供的弱毒疫苗（最好是单苗）进行基础免疫，选用灭活苗进行加强免疫（在发病严重地区用单苗，在安全地区可选用联苗）。对于一些血清型变异较大的疾病，可选用地方毒株制备灭活疫苗进行加强免疫。

5. 免疫方法 免疫应根据使用说明进行。一般活疫苗采用饮水、喷雾、滴鼻、点眼、注射免疫，灭活苗则需肌内或皮下注射。合适的免疫途径可以刺激鸡尽快产生免疫力，不合适的免疫途径则可能导致免疫失败，如油乳剂灭活苗不能做饮水、喷雾，否则易造成严重的呼吸道或消化道障碍。同一种疫苗用不同的免疫途径所获得的免疫效果也不一样，如新城疫，滴鼻、点眼法的免疫效果比饮水法好。

（二）白羽商品肉鸡参考免疫程序

1. 参考免疫程序一

日龄	接种疫苗名称	接种方法
2～3	新城疫－传染性支气管炎（H_{120}）二联苗	滴鼻、点眼或浸喙
8～9	传染性法氏囊炎疫苗	浸喙或饮水
12～14	新城疫－禽流感二联苗（油乳剂灭活苗）	注射
21～22	新城疫疫苗	饮水或喷雾

2. 参考免疫程序二

日龄	接种疫苗名称	接种方法
2～3	传染性法氏囊炎疫苗	浸喙或饮水
7～8	新城疫－传染性支气管炎（H_{120}）二联苗	饮水或浸喙
12～13	传染性法氏囊炎疫苗	饮水
17～18	新城疫－禽流感二联苗（油乳剂灭活苗）	注射
25～27	新城疫疫苗	饮水或喷雾

3. 参考免疫程序三

日龄	接种疫苗名称	接种方法
1	新城疫（4系或克隆30）＋传染性支气管炎（H_{120}）二联弱毒疫苗	点眼、滴鼻或气雾
7	传染性法氏囊炎疫苗	浸喙或饮水
10	新城疫（4系或克隆30）＋传染性支气管炎（H_{120}）二联弱毒疫苗；禽流感（H_5＋H_9）油乳剂灭活疫苗	点眼、滴鼻或气雾；皮下或肌内注射
16	传染性法氏囊炎疫苗	饮水
25	新城疫（4系或克隆30）弱毒疫苗	点眼、滴鼻或肌内注射(3～5头份)

（三）优质肉鸡免疫程序

1. 参考免疫程序一

日龄	接种疫苗名称	接种方法
1	马立克病疫苗	皮下注射
10	H_5 亚型禽流感；新流二联苗（ND + H_9）	皮下或肌内注射
12	传染性法氏囊炎疫苗	浸喙或饮水
21	新流二联苗（ND + H_9）	皮下或肌内注射
30	传染性支气管炎 H_{52}	点眼
38	新城疫Ⅳ系或克隆 30 弱毒疫苗	点眼、滴鼻或气雾
50	H_5 亚型禽流感	皮下或肌内注射

2. 参考免疫程序二

日龄	接种疫苗名称	接种方法
1	马立克病疫苗	皮下注射
5	新城疫 - 传染性支气管炎（H_{120}）二联苗	饮水或浸喙
12	传染性法氏囊炎疫苗	浸喙或饮水
18	H_5 亚型禽流感；新流二联苗（ND + H_9）	皮下或肌内注射
24	传染性法氏囊炎疫苗	饮水
30	新城疫 - 传染性支气管炎（H_{52}）二联苗	饮水
38	禽痘疫苗	翼下刺种
50	H_5 亚型禽流感	皮下或肌内注射
60	新城疫Ⅳ系或克隆 30 弱毒疫苗	饮水或气雾

（四）肉种鸡免疫程序

1. 参考免疫程序一

日龄	疫苗类型	接种方法
1	马立克疫苗（CVI998）	颈部皮下注射
7	鸡新城疫和支气管炎二联油乳苗；新城疫Ⅳ + H_{120}	皮下注射 0.25 毫升/只；滴鼻或点眼
14	法氏囊活苗	2 倍量饮水
21	新城疫Ⅳ系	4 倍量饮水

续表

日龄	疫苗类型	接种方法
25	鸡大肠杆菌铝胶苗（0.5 毫升/只），禽流感油苗（0.5 毫升/只）	两部位分别肌内注射
30	新城疫Ⅳ系 + 传染性支气管炎（H_{52}）；传染性鼻炎油苗（0.5 毫升/只），支原体油苗（0.5 毫升/只）	饮水或滴鼻；皮下注射
42	传染性喉气管炎弱毒疫苗	滴眼
60	新城疫双价油苗	肌内注射
90	鸡传染性鼻炎油苗（0.5 毫升/只）；鸡痘苗	皮下注射；皮下刺种
100	禽流感油苗（0.5 毫升/只）	肌内注射
110	传染性喉气管炎疫苗；支原体油苗（0.5 毫升/只）	分部位肌内注射
120	新城疫、传染性支气管炎、减蛋综合征三联油苗；新城疫、传染性支气管炎二联苗	肌内注射；点眼或滴口

2. 参考免疫程序二

日龄	疫（菌）苗类型	接种方法
1	鸡马立克病二价疫苗（CVI988 + HVT）	颈部皮下注射
3	鸡新城疫 - 传染性支气管炎（LaSota 株、H_{120} 株）二联活疫苗	滴鼻、点眼
5 ~ 7	鸡病毒性关节炎弱毒活疫苗	皮下或肌内注射
9 ~ 10	鸡新城疫 - 传染性支气管炎（LaSota 株、H_{120} 株）二联活疫苗	滴鼻、点眼
9 ~ 10	鸡新城疫 - 传染性支气管炎二联灭活疫苗	皮下注射 0.25 毫升
15 ~ 18	鸡传染性法氏囊炎（NF8、B87、BJ836）中等毒力活疫苗	滴口、饮水
25	禽痘鹌鹑化弱毒活疫苗	刺种
30 ~ 35	鸡传染性喉气管炎冻干弱毒疫苗	滴眼或擦肛
30 ~ 35	禽流感（H_5、H_9）双价灭活疫苗	肌内注射

续表

日龄	疫（菌）苗类型	接种方法
40～45	鸡新城疫－传染性支气管炎（LaSota 株、H_{52}株）二联活疫苗	滴鼻、点眼
75～85	禽脑脊髓炎弱毒活疫苗	饮水或刺种
80～90	鸡传染性喉气管炎冻干弱毒疫苗	滴鼻、点眼或擦肛
	鸡新城疫－传染性法氏囊炎二联灭活苗	肌内注射
130～140	禽流感（H_5、H_9）双价灭活疫苗	肌内注射
160	鸡新城疫－传染性支气管炎－减蛋综合征三联灭活苗	肌内注射
	鸡病毒性关节炎弱毒活疫苗	滴鼻、点眼
200～220	鸡新城疫－禽流感二联灭活苗	肌内注射

四、免疫效果检测

免疫监测包括病原监测和抗体监测两方面。病原监测包括微生物监测和疫病病原监测。抗体检测包括母源抗体、免疫前后的抗体、主要疫病抗体水平的定期监测以及未免疫接种疫病抗体水平的定期监测等。通过摸清抗原抗体水平的动态及高低，科学制定免疫程序，把防疫工作认认真真落到实处。

第五节　肉鸡养殖过程中的药物使用

一、药物的使用目的

在肉鸡和肉种鸡生产过程中，一些细菌性传染病、寄生虫病等预防和治疗需要使用相应的药物，对于蚊、蝇的杀灭需要杀虫剂，使用其他方法很难达到预期的效果。因此，在生产中离不开药物的合理使用。

在肉鸡生产中需要使用药物控制的疾病主要有鸡白痢、大肠杆菌病、葡萄球菌病、禽霍乱（巴氏杆菌病）、支原体病、传染性鼻炎、球虫病、蛔虫病等。

商品肉鸡在出栏前15天要停止使用各种抗生素、合成抗菌药物和抗寄生虫药物，防止药物在鸡肉中的残留。

二、肉鸡场的常用药物

（一）抗生素类

抗生素是细菌、真菌、放线菌等微生物在生长繁殖过程中产生的代谢产物，在很低的浓度下能抑制或杀灭其他病原微生物的化学物质。多数抗生素主要采用微生物发酵的方法生产，如青霉素G、土霉素等；少数抗生素是由天然抗生素进行结构改造或以微生物发酵产物为前体生产半合成抗生素，如阿莫西林、头孢菌素类等。除了具有抗微生物作用外，有的抗生素还具有抗寄生虫作用，如阿维菌素类、离子载体类抗生素等。

1. β－内酰胺类抗生素　β－内酰胺类抗生素属繁殖期杀菌药，主要包括青霉素类、头孢菌素和β－内酰胺酶抑制剂等。一般对多数革兰阳性菌和少数革兰阴性菌、放线菌及螺旋体等感染有效，对立克次体、衣原体和支原体等感染无效。

2. 氨基糖苷类抗生素　包括硫酸庆大霉素、硫酸卡那霉素、丁胺卡那霉素（阿米卡星）、硫酸新霉素、壮观霉素（大观霉素）、硫酸安普霉素、硫酸小诺米星。主要用于大肠杆菌、沙门杆菌、变形杆菌、绿脓杆菌等革兰阴性菌所致的感染，对鸡的霉形体病也有效。

3. 大环内酯类抗生素　包括红霉素、泰乐菌素、北里霉素（白霉素、吉他霉素）、替米考星等。本品对革兰阳性菌有较强的抑菌作用，对支原体也有抑制作用。临床上主要用于治疗耐青霉素的金黄色葡萄球菌所引起的严重感染、鸡慢性呼吸道病、传染性鼻炎、链球菌病等。

4. 四环素类抗生素 包括土霉素、强力霉素（多西环素、脱氧土霉素）。为广谱抗生素，对革兰阳性菌和革兰阴性菌均有抑菌作用，对支原体、衣原体、立克次体、螺旋体等也有一定的抑制作用。临床上主要用于治疗大肠杆菌病、沙门杆菌病、巴氏杆菌病和鸡慢性呼吸道病。

5. 氯霉素类抗生素 氯霉素已经禁止在肉鸡养殖过程中使用，目前可以使用的是氯霉素的替代品，包括甲砜霉素、氟苯尼考（氟甲砜霉素）等。本品抗菌谱广，对革兰阴性菌作用强。对大肠杆菌、沙门杆菌、伤寒杆菌、副伤寒杆菌、巴氏杆菌高度敏感，对链球菌、肺炎球菌、葡萄球菌等敏感。主要用于治疗家禽肠道、呼吸道等敏感菌所致的感染，如白痢、伤寒、大肠杆菌病等。

6. 林可胺类抗生素 包括林可霉素（洁霉素）、氯林可霉素（克林霉素、氯洁霉素）。对革兰阳性菌如金黄色葡萄球菌、溶血性链球菌、肺炎球菌有很强的抗菌作用，对破伤风杆菌、魏氏梭菌、支原体作用也很显著，对革兰阴性菌作用差。临床上主要用于防治金黄色葡萄球菌、链球菌感染，坏死性肠炎及慢性呼吸道病。

7. 多肽类抗生素 包括杆菌肽、硫酸黏菌素。杆菌肽对多数革兰阳性菌、耐药的金黄色葡萄球菌、肠球菌、非溶血性链球菌有较强的抗菌作用；对螺旋体、放线菌也有效。临床上常与新霉素、多黏菌素合用，治疗家禽的溃疡性肠炎、坏死性肠炎、金黄色葡萄球菌及链球菌感染。亦可用于饲料添加剂，以促进鸡的生长，提高饲料利用率。硫酸黏菌素对革兰阴性杆菌的抗菌活性强，对革兰阳性杆菌不敏感。其主要敏感菌有大肠杆菌、沙门菌、巴氏杆菌、布鲁杆菌、弧菌、痢疾杆菌、绿脓杆菌等。尤其对绿脓杆菌有强大的杀灭作用。

（二）化学合成类

1. 磺胺类药物及抗菌增效剂 包括磺胺嘧啶（SD）、磺胺二甲嘧啶（SM2）、磺胺甲基异噁唑（新诺明）（SMZ）、磺胺-6-甲氧嘧啶（磺胺间甲氧嘧啶）（SMM）、磺胺噻唑（ST）、磺胺氯哒嗪钠、甲氧苄氨嘧啶（TMP）等。

抗菌力较强，对溶血性链球菌、肺炎球菌、脑膜炎球菌、沙门杆菌、大肠杆菌等多数革兰阳性菌和革兰阴性菌感染均有效，可用于治疗禽霍乱、伤寒、鸡白痢、大肠杆菌病、球虫病、传染性鼻炎、卡氏白细胞原虫病等。

2. 喹诺酮类药物 包括诺氟沙星（氟哌酸）、环丙沙星（环丙氟哌酸）、恩诺沙星（乙基环丙沙星）、盐酸沙拉沙星、甲磺酸达氟沙星（甲磺酸单诺沙星）、盐酸二氟沙星（盐酸双氟沙星）、氧氟沙星（氟嗪酸）、洛美沙星等。

为广谱杀菌药，对革兰阴性菌如大肠杆菌、沙门杆菌、巴氏杆菌及绿脓杆菌的作用较强；对革兰阳性菌如金黄色葡萄球菌的作用较庆大霉素强；对霉形体亦有一定的作用。可用于大肠杆菌、沙门杆菌、巴氏杆菌和葡萄球菌病的治疗。

（三）抗寄生虫药物

1. 抗球虫药 这类药物有很多种可供选择，但是任何一种药物长期使用都可能出现耐药性，需要定期更换使用。

（1）马杜霉素：作用机制与莫能菌素相似，但作用于对其他聚醚类抗生素产生耐药性的球虫，尤其对鸭球虫有较好的预防效果。毒性比其他的药物大，安全范围较窄，仅用于肉鸡，与其他化学合成抗球虫药无交叉耐药性，混饲每100千克饲料0.5克。

（2）海南霉素：是我国独创的聚醚类抗球虫药，但毒性是本类药物中最大的一种，限用于肉鸡，与其他抗球虫药有配伍禁忌，混饲每100千克饲料0.50~0.75克。

（3）那拉菌素（甲基盐霉素）：作用谱、配伍禁忌与盐霉素相似，但毒性强于后者。与尼卡巴嗪配伍合用，药效较好。混饲每100千克饲料6~8克，仅用于肉鸡。

（4）盐霉素：抗球虫、促生长，应用同莫能菌素，对无性生殖的裂殖体有较强的抑制作用，与抗球虫药增效剂乙氧酰胺苯甲酯合用，治疗球虫病效果较好，但毒性比后者强。该药安全范围较窄，若浓度过大或使用时间过长，会出现采食下降、体重减轻、共济失调和腿无力等副作用。毒性稍强，禽每千克饲料60毫克。

（5）拉沙里菌素：为二价聚醚类抗生素，在本类药物中毒性最小，可与泰妙菌素合用，但由于该药对二价阳离子代谢影响，极易引起宿主水分排泄量增加，故使用较大剂量时，垫料易湿。混饲每100千克饲料7.5~12.5克。

（6）地克珠利：又名氯嗪苯乙氰，抗球虫效果优于作用于第一代裂殖体的聚醚类药物和其他抗球虫药物，具备高效低毒特点，为典型的理想抗寄生虫药物。本药缺点是半衰期短，需要连续用药，但又易产生耐药性。混饮每升水0.05~0.1克，混饲每100千克饲料0.1克。如果和中药配伍使用效果将更好。

（7）妥曲珠利：又名甲苯三嗪酮、百球清，抗球虫谱较广，可作用于球虫发育的各个阶段，对耐其他球虫药的球虫也有较好的作用，且毒性较低，用10倍剂量时用药动物仍无危险。在仔鸡可食性组织中残留时间很长。连续用药易产生耐药性。混饮：鸡每升水25毫克。

（8）尼卡巴嗪：作用于球虫第二代裂殖体，不影响宿主产生免疫力，适用于蛋鸡和肉用种鸡，产蛋期禁用。球虫对本类药物产生耐药性速度较慢；本类药物不宜用糖类作辅料，易使糖类变色。产蛋期禁用，高温季节慎用，混饲每100千克饲料12.5

克。

本类药物中还有赛杜霉素、腐霉素、罗奴霉素、磺胺类药物等，均具有预防球虫的作用。

（二）抗蛔虫药物

（1）左旋咪唑，可以按24毫克/千克体重拌料给药。

（2）硫化二苯胺，成年鸡可以按0.5~1.0克/千克体重拌料给药；小鸡可以按0.3~0.5克/千克体重拌料给药。

（3）丙硫咪唑，可以按20毫克/千克体重拌料给药。

（4）枸橼酸哌哔嗪（驱蛔灵），可按2.0毫克/千克拌入饲料中一次内服，或配成0.1%~0.2%水溶液饮服。

（三）杀灭蚊、蝇的药物

（1）残杀威，属氨基酸酯类杀虫剂，为广谱性杀虫剂。残效期长，击倒作用强。国内已开发出喷洒剂、气雾剂用于灭蚊、蝇、蟑螂。

（2）氯氰菊酯，拟除虫菊酯类杀虫剂，具有触杀和胃毒作用。杀虫谱广、药效迅速，杀灭蟑螂效果良好。

（3）溴氰菊酯，拟除虫菊酯类杀虫剂，杀虫谱广、击倒速度快，用药量为目前杀虫剂中最少的一种。

三、药物的使用方法

（一）饮水给药

饮水给药是将药物溶解于饮水中给予，让鸡群在饮水的同时饮入药物，达到预防或治疗鸡病的作用。此法尤其适用于因病不能采食，可以饮水的病鸡，但所用的药物必须是水溶性的。在商品肉鸡生产中一般都使用颗粒饲料，无法临时通过饲料给药，主要通过饮水给药方式应用。

1. 用药前停水，保证药效 为保证鸡只饮入适量的药物，多在用药前，让整个鸡群停止饮水一段时间。一般寒冷季节停水

4～5 小时，气温较高季节停水 2～3 小时，然后换上加有药物的饮水，让鸡只在一定时间内充分喝到药水。

2. 准确认真，按量给水 为保证全群禽的绝大部分在一定时间内喝到一定量的药物水，不至于由于剩水过多造成吸入鸡体内的药物剂量不够，或加水不够造成某些鸡只缺水，要根据日龄、品种、鸡舍温度、湿度等认真计算鸡群供水量。

3. 了解药物的溶解度 所用药物能否溶于水，直接影响着给药的效果。所用药物最好易溶于水，对难溶于水的如果经加热、搅拌或者加助溶剂，其溶解度符合要求也可使用。

4. 注意水质对药物的影响 水质太硬会使某些药物发生沉淀，水质偏酸或偏碱会影响对酸或碱敏感药物的效果，有些药物在水中很容易水解而失效。

（二）拌料给药

在肉种鸡生产中，拌料给药是常用的一种给药途径，即将药物均匀地拌入料中，让禽只采食时，同时吃进药物。该法主要适用于预防性用药，尤其适用于几天、几周、甚至几个月的长期性投药。在应用拌料给药时，应注意以下几个问题。

1. 准确掌握拌料浓度 进行拌料给药时，应按照拌料给药浓度，准确、认真计算所用药物的剂量。若按鸡只体重给药，应严格按照鸡只体重，计算总体重，再按照要求把药物拌进料内。药物的用量要准确称量，切不可估计，以免造成药量过小起不到作用，或过大引起中毒等不良反应。

2. 确保药物混合均匀 为了使所有鸡都能吃到大致相等的药物，必须把药物和饲料混合均匀。先把药物和少量饲料混匀，然后将其加入到大批饲料中，继续混合均匀。直接将药物加入大批饲料中是很难混匀的。对于容易引起鸡中毒或副作用大的药物，如磺胺类、呋喃类药物等尤其要混合均匀。

3. 用药后密切注意有无不良反应 有些药物混入饲料后，

可与饲料中的某些成分发生拮抗反应，这时应密切注意不良作用。如饲料中长期混合磺胺类药物，就易引起维生素 B 和维生素 K 的缺乏，这时应适当补充这些维生素。另外还要注意中毒反应。

其他给药方式还有注射、填服和气雾等，但是这些给药方式在肉鸡生产中很少使用。

四、出口肉禽生产中禁止使用的药物

在肉鸡出口过程中，我国鸡肉产品所遭遇的绿色壁垒很多，其中产品中药物残留是非常重要的问题。不同国家和地区在对鸡肉产品的检测指标和标准方面有差异，作为肉鸡生产企业必须了解这些指标，才能为企业的生产提供科学的指导。

1. 欧盟禁用的兽药及其他化合物清单　共 30 种：阿伏霉素（Avoparcin）、洛硝达唑（Ronidazole）、卡巴多（Carbadox）、喹乙醇（Olaquindox）、杆菌肽锌（Bacitracin zinc）（禁止做饲料添加药物使用）、螺旋霉素（Spiramycin）（禁止作饲料添加药物使用）、维吉尼亚霉素（Virginiamycin）（禁止作饲料添加药物使用）、磷酸泰乐菌素（Tylosin phosphate）（禁止作饲料添加药物使用）、阿普西特（Arprinocide）、二硝托胺（Dinitolmide）、异丙硝唑（Ipronidazole）、氯羟吡啶（Meticlopidol）、氯羟吡啶/苄氧喹甲酯（Meticlopidol/Mehtylbenzoquate）、氨丙啉（Amprolium）、氨丙啉/乙氧酰胺苯甲酯（Amprolium/ethopabate）、地美硝唑（Dimetridazole）、尼卡巴嗪（Nicarbazin）；二苯乙烯类（Stilbenes）及其衍生物、盐和酯，如己烯雌酚（Diethylstilbestrol）等，抗甲状腺类药物（Antithyroid agent），如甲巯咪唑（Thiamazol）、普萘洛尔（Propranolol）等，类固醇类（Steroids），如雌激素（Estradiol）、雄激素（Testosterone）、孕激素（Progesterone）；二羟基苯甲酸内酯（Resorcylic acid lactones），如玉米赤霉

醇（Zeranol）；β－兴奋剂类（β－Agonists），如克仑特罗（Clenbuterol），沙丁胺醇（Salbutamol），喜马特罗（Cimaterol）等、马兜铃属植物（Aristolochia spp.）及其制剂、氯霉素（Chloramphenicol）、氯仿（Chloroform）、氯丙嗪（Chlorpromazine）、秋水仙碱（Colchicine）、氨苯砜（Dapsone）、甲硝咪唑（Metronidazole）、硝基呋喃类（Nitrofurans）。

2. 美国禁止在食品动物使用的兽药及其他化合物清单 共10种：氯霉素（Chloramphenicol）、克仑特罗（Clenbuterol）、己烯雌酚（Diethylstilbestrol）、地美硝唑（Dimetridazole）、异丙硝唑（Ipronidazole）、其他硝基咪唑类（Other nitroimidazoles）、呋喃唑酮（Furazolidone）（外用除外）、呋喃西林（Nitrofurazone）（外用除外）、氟喹诺酮类（Fluoroquinolones）（沙星类）；糖肽类抗生素（Glycopeptides），如万古霉素（Vancomycin）、阿伏霉素（Avoparcin）等。

3. 日本对动物性食品重点监控的兽药及其他化合物清单 共11种：氯羟吡啶（Clopidol）、磺胺喹噁啉（Sulfaquinoxaline）、氯霉素（Chloramphenicol）、磺胺甲基嘧啶（Sulfamerazine）、磺胺二甲嘧啶（Sulfadimethoxine）、磺胺－6－甲氧嘧啶（Sulfamonomethoxine）、噁喹酸（Oxolinic acid）、乙胺嘧啶（Pyrimethamine）、尼卡巴嗪（Nicarbazin）、双呋喃唑酮（DFZ）、阿伏霉素（Avoparcin）。

日本对进口动物性食品重点监控的兽药种类经常变化，建议出口肉禽养殖企业予以密切关注。

第九章　肉鸡常见病的防治

一、常见病毒性传染病的防治

病毒性传染病都是由病毒感染鸡只后引起的疾病，很多病毒性传染病发病快、传播快，没有特效药物治疗，生产中常常给肉鸡生产造成重大损失，需要通过加强日常的卫生防疫管理和接种疫苗进行预防。一旦病毒性传染病发生后可以参考以下防治原则：一是治本，即消灭病毒或抑制病毒繁殖，可以使用抗病毒药物，如具有抗病毒感染作用的中草药制剂、特异性高免卵黄抗体等；二是增强鸡体的抵抗力，使用提高免疫力的药物如黄芪多糖、排疫肽、转移因子等，可以增强未发病鸡的抗病能力；三是防治混合感染或继发感染，给鸡群使用一些抗菌药物用于防治继发性细菌性鸡病；四是紧急接种，根据对疫情的判断决定是否紧急接种疫苗以保护未感染鸡只。

（一）鸡新城疫

1. 病原　新城疫病毒属于副黏病毒科的一个成员。根据病毒毒力差异，可将新城疫病毒分为嗜内脏速发型、嗜神经速发型、中发型和缓发型四种类型。

2. 流行特点　各日龄、各品种鸡均易感。一年四季均可发生，但在春、秋两季较为常见。商品肉鸡在冬季也较容易发生。

3. 症状　病鸡精神沉郁，嗜睡，冠髯发绀；食欲减退或废绝，粪便稀且多呈黄绿色，有时混有大量尿酸盐和少量血液、黏液或脱落的黏膜；饮水量增加，常有嗉囊液从口、鼻孔倒流出或渗入气管；呼吸时发出特殊的“咕噜”声，呼吸急促，具有明显的咳嗽、喘气和气管喘鸣音。成年鸡产蛋量下降，蛋壳颜色变浅，软蛋增多。

4. 病理变化 可能出现腺胃乳头、腺胃与食管及肌胃交界处黏膜出血、溃疡；肠道黏膜多处淋巴滤泡和盲肠扁桃体肿胀出血，甚至形成黄褐色斑块状坏死假膜；小肠、盲肠和直肠其他部位黏膜亦常有大小不等的出血、坏死点；气管黏膜有较明显的浆液性、黏液性甚至充血、出血性炎症；产蛋鸡的卵泡出血、变形，甚至卵泡破裂造成卵黄性腹膜炎。

5. 防治措施 按照免疫程序及时接种疫苗，并在接种后7天或15天检测抗体以评价接种效果。生产中需要定期检测抗体，当鸡群抗体水平不整齐或低于保护阈值的时候就要及时接种。发病鸡群可以在病初用高免血清或卵黄抗体进行注射也能控制本病发展，待病情稳定后再用疫苗接种。

（二）传染性法氏囊炎

1. 病原 为传染性法氏囊病病毒。

2. 流行特点 各种品种的鸡都能感染，主要发生于2～15周龄的鸡，以6周龄以内的雏鸡最易感。各个季节均会发生，以温度较高的季节发生较多。

3. 症状 病鸡精神萎靡不振，羽毛蓬松，采食减少，畏寒发抖，常扎堆在一起，腹泻，排出白色水样稀粪，泄殖腔周围的羽毛被粪便污染。严重者病鸡头垂地，闭眼呈昏睡状态。在后期体温低于正常，严重脱水，共济失调，最后衰竭死亡。

4. 病理变化 病鸡表现脱水，腿部和胸部肌肉出血。法氏囊水肿和出血，体积增大，重量比正常值大2倍以上，囊内黏液增多；5天后法氏囊开始萎缩，黏膜表面有点状出血或弥漫性出血；肾脏肿胀并呈“花斑肾”，输尿管内有数量不等的尿酸盐；腺胃和肌胃交界处见有条带状出血点。

5. 防治措施　按照免疫程序及时接种疫苗。

（三）传染性支气管炎

1. 病原　为冠状病毒科的传染性支气管炎病毒。

2. 流行特点　各种年龄的鸡都可发病，但雏鸡最为严重。各个季节均会发生，成年种鸡在温度较低的季节容易发生。

3. 症状　本病发病急、传播快，一旦发现病鸡后在2天内就会有30%以上的个体出现症状；3周龄以内的鸡发病致死率可达30%以上。4周龄以下鸡常表现伸颈、张口呼吸、打喷嚏、咳嗽、啰音，病鸡全身衰弱，精神不振，食欲减少，羽毛松乱，昏睡，翅下垂。成年种鸡呼吸道症状轻微，主要表现产蛋率下降，产出畸形蛋、砂壳蛋、软壳蛋和褪色蛋，蛋白稀薄。感染肾型毒株的鸡，呼吸道症状轻微或不出现，呼吸症状消失后，病鸡沉郁，持续排白色或水样下痢，迅速消瘦。

4. 病理变化　气管的下1/3和支气管内有浆液性、卡他性或干酪样渗出物。在死亡鸡的气管后段或支气管中可能有一种干酪样的栓子；有的血清型感染后可见输卵管发育异常，内有多少不等的透明液体，有的某段萎缩或断裂，致使成熟期不能正常产蛋而表现为卵黄性腹膜炎。嗜肾型毒株感染的病鸡肾肿大呈哑铃状，呈明显的“花斑肾”，输尿管内形成结石。感染嗜腺胃型病毒的病鸡剖检可见腺胃肿大，胃壁增厚，黏膜肿胀出血等。

5. 防治措施　疫苗接种是目前预防鸡传染性支气管炎的一项主要措施。雏鸡一旦发生本病后应以缓解症状和预防继发感染为主采取措施。

（四）禽流感

1. 病原　禽流感病毒（AIV）属甲型流感病毒。依据其外膜血凝素（H）和神经氨酸酶（N）蛋白抗原性的不同，目前可分为15个H亚型（H_1～H_{15}）和9个N亚型（N_1～N_9）。生产中常见的为H_5、H_7和H_9亚型。

2. 流行特点 各种年龄的鸡都可发病，一般2周龄前的小鸡很少发生。本病冬、春季节多发，夏、秋季节零星发生。

3. 症状 感染高致病性禽流感病毒的鸡不出现前驱症状，发病后急剧死亡，死亡率可达90%～100%。非高致病性禽流感的病鸡表现为体温升高、精神沉郁。头、面部和下颌水肿，肉冠和肉垂肿胀、发紫；病鸡呼吸困难、咳嗽、打喷嚏，张口呼吸，突然尖叫；眼肿胀流泪，泪液带泡沫或呈黄白色脓性分泌物，两眼突出，呈“金鱼头”状；腿部鳞片发紫或出血；采食量急剧下降；成年种鸡产蛋率急剧降低。

4. 病理变化 最急性死亡的病鸡常无眼观变化。急性者心包积水，心外膜有点状或条纹状坏死，心肌软化；腿部肌肉有出血点或出血斑；腺胃乳头水肿、出血，肌胃角质层下出血，肌胃与腺胃交界处呈带状或环状出血；十二指肠、盲肠扁桃体、泄殖腔充血、出血；肝、脾、肾脏淤血肿大，有白色小块坏死；呼吸道有大量炎性分泌物或黄白色干酪样坏死；法氏囊萎缩或呈黄色水肿，有充血、出血；母鸡卵泡充血、出血，卵黄液变稀薄或破裂，卵黄散落到腹腔中，形成卵黄性腹膜炎。

5. 防治措施 该病属法定的畜禽一类传染病，一旦确诊后应坚决彻底销毁疫点的禽只及有关物品，执行严格的封锁、隔离和无害化处理措施。严禁外来人员及车辆进入疫区，禽群处理后，禽场要全面清扫、清洗、消毒，空舍至少3个月。

（五）马立克病

1. 病原 病原为马立克病病毒，属疱疹病毒科。马立克病病毒按血清型可分为血清Ⅰ型、血清Ⅱ型和血清Ⅲ型。其中，马立克病超强毒、强毒、弱毒株及其人工致弱株属于血清Ⅰ型，马立克病自然无毒株属血清Ⅱ型，而火鸡疱疹病毒属于血清Ⅲ型。

2. 流行特点　日龄越小越容易感染，1日龄雏鸡比10日龄雏鸡易感性大几十倍至上百倍。如果25日龄内没有感染，以后即便是接触到病毒也不再感染。感染本病毒后，鸡只经1~2个月才表现症状和死亡，因此本病发病早的约为45日龄，至70日龄则陆续出现死亡，80~120日龄前后达到死亡高峰。

3. 症状　内脏型马立克病是本病中最多见的一种病型，病鸡表现萎靡不振、食欲减退，羽毛松乱，冠髯苍白或萎缩，拉黄绿色稀便或白色稀便，趾、爪皮肤干燥，消瘦后期极度衰弱昏迷，瘫痪，最后死亡。神经型马立克病表现歪头扭颈或垂翅、“劈叉”姿势。皮肤型和眼型的发病率很低。

4. 病理变化　内脏型马立克病病鸡肌肉发育不良、暗红无光泽；内脏各器官组织广泛形成肿瘤病灶，最常受害的是卵巢，其次是肝、肾、心、肺、脾、胰、腺胃和肠道，肌肉和皮肤也可受害。神经型马立克病常发生于坐骨神经丛的病变，受害神经变为灰白色或黄白色水肿，有出血点，横纹消失，神经纤维上有大小不等的结节，因而使其变得粗细不均，有时见弥漫性增粗2~3倍。

5. 防治措施　本病发生后没有有效的治疗措施，疫苗接种是防治本病的关键；防止出雏室和育雏室早期感染有非常重要的作用。

（六）传染性喉气管炎

1. 病原　传染性喉气管炎（AILT）的病原是疱疹病毒科鸡疱疹病毒Ⅰ型的传染性喉气管炎病毒。

2. 流行特点　不同年龄的鸡均易感，但以5周龄以上鸡的症状最为明显；肉鸡生产中主要常见于饲养期较长的优质肉鸡和肉种鸡。本病在低温季节发病率较高。

3. 症状　鼻孔有分泌物，呼吸时发出湿性啰音，继而咳嗽和喘气。严重病例呼吸困难，伸颈张口呼吸，甩头，咳嗽，咳出带血的黏液，窒息死亡；鸡冠肉髯发紫，有时排绿色稀粪。

4. 病理变化 喉头和气管上段黏膜水肿、充血、出血，有出血斑。喉部黏膜肿胀，表面覆盖黏液性分泌物；病程略长则黏液性分泌物可能干酪化，形成气管伪膜（气管套），甚至可将喉头完全堵塞。炎症也可扩散到支气管、肺和气囊或眶下窦。

5. 防治措施 坚持严格隔离、消毒等措施是防止传染性喉气管炎流行的有效方法。该病流行的地区，可考虑接种鸡传染性喉气管炎弱毒疫苗，以滴鼻、点眼（也有用饮水）的方法免疫接种。发病群投服抗菌药物，对防止继发感染有一定作用。对病鸡采取对症治疗，如投服牛黄解毒丸、喉症丸或其他清热解毒利咽喉的中药，可使呼吸困难的症状缓解，减少死亡。

（七）禽痘

1. 病原 禽痘的病原是痘病毒，是一种比较大的DNA病毒。

2. 流行特点 各年龄、性别和品种的鸡都可感染。本病一年四季均可发生，以夏、秋两季和蚊子活跃的季节最易流行。

3. 症状和病理变化 皮肤型常冠、肉髯、喙角、眼皮上有痘痂，有时见于腿、脚、泄殖腔和翅内侧形成一种特殊的痘疹。眼眶周围有时结节数目很多，互相连接融合，形成大块的厚痂，以致使眼缝完全闭合。黏膜型多发于雏鸡，病死率较高，病初呈鼻炎症状，病禽委顿厌食，流鼻汁，初为浆性黏液，后转为脓性。如果鼻炎症状蔓延至眶下窦和眼结膜，则眼睑肿胀，结膜充满脓性或纤维素性渗出物，甚至引起角膜炎而失明。

4. 防治措施 加强养禽场的卫生消毒、饲养管理及消灭吸血昆虫对预防禽痘具有重要作用。人工接种疫苗是预防本病的可靠方法，可采用鸡痘鹌鹑化弱毒疫苗，经皮肤刺种免疫。目前尚无特效治疗药物，主要采用对症疗法，以减轻病鸡的症状和防止并发症。在饮水中加入抗生素对防止继发感染有一定作用；在饲料中补充维生素A、鱼肝油等，有利于组织与黏膜的再生和修复，提高禽体对病毒的抵抗力。

（八）鸡产蛋下降综合征

1. 病原　产蛋下降综合征病毒属于禽腺病毒。

2. 流行特点　鸡感染产蛋下降综合征病毒后，在性成熟前病毒对鸡不表现致病性，仅在成年产蛋鸡群发病。

3. 症状　感染鸡无其他明显症状，主要表现为突然性群体产蛋量下降，比正常下降20%～40%，严重的甚至达50%。病初蛋壳的色泽变淡或消失，紧接着产畸形蛋，蛋壳表面粗糙像砂纸样，蛋壳变薄易破损，软壳蛋或无壳蛋增多，占15%以上。

4. 病理变化　本病无显著病理变化，一般也不引起死亡，仅发现卵巢变小、萎缩。子宫和输卵管黏膜轻度出血和卡他性炎症。输卵管腺体水肿，单核细胞浸润，黏膜上皮细胞变性坏死。

5. 防治措施　对鸡产蛋下降综合征目前尚无成功的治疗方法，免疫接种是主要的预防途径。必要时，也可给发病鸡喂抗菌药物以防混合感染。

二、细菌类传染病的防治

这类传染病都是由细菌感染引起的，而且混合感染、并发症或继发症等多因素性疾病近年来显著增加。由于目前兽药的质量问题造成的细菌耐药性很严重，在疾病的治疗方面经常收不到理想的效果。同时，细菌性疾病的发生率和危害性与饲养管理条件优劣的关系很大，同一个病在不同场造成的危害也明显不同。在实际生产中细菌性鸡病的防治措施主要有四个方面：

1. 改善饲养管理条件　细菌性鸡病在生产环境条件不好的养鸡场发生较多；温度高、湿度大、鸡舍内粪便积存、通风不良、饲养密度高、消毒频率低、饲料营养不全面是造成细菌性疾病发生的重要诱因。

2. 使用高效抗生素防治 应用药物预防和治疗也是增强机体抵抗力和防治细菌性疾病的有效措施。但是，由于细菌容易产生耐药性，生产中需要通过药物敏感试验选择有效药物。

3. 严格消毒管理 合理选择消毒药物、消毒方法、消毒间隔和消毒环境才能达到良好的消毒效果。

4. 免疫接种 大多数细菌性疾病使用疫苗（菌苗）免疫接种的效果不太理想，这主要是因为疫苗菌株的血清型与使用疫苗的鸡场内存在的细菌血清型之间吻合度不高造成的。对于大型养鸡场来说，如果从本场内分离细菌制作菌苗进行免疫接种的效果会更可靠。

（一）鸡白痢

1. 病原 鸡白痢沙门菌属于肠道杆菌科沙门菌属 D 血清群中的一个成员，为两端钝圆的细小革兰阴性杆菌。

2. 流行特点 各种品种、日龄和性别的鸡对本病均有易感性，但以 2～3 周龄以内雏鸡的发病率与死亡率最高，随着日龄的增加鸡对本病的抵抗力增强；成年鸡感染后常呈慢性或隐性经过。

本病是典型的经卵垂直传播的疾病之一，亦可通过多种途径水平传播。

3. 临床症状

（1）雏鸡：出壳后感染者见于 7～10 日龄，常呈无症状急性死亡，2～3 周龄发病达到高峰。病程稍长者常见精神沉郁，绒毛松乱，两翼下垂，缩头颈，闭眼昏睡，不愿走动，怕冷扎堆，食欲下降甚至废绝。特征性表现是拉白色糊状稀粪，沾污肛门周围的绒毛，有的因粪便干燥封住肛门而影响排粪。如果累及肺脏，还会出现呼吸困难。

（2）育成鸡：饲养密度过大，环境卫生条件恶劣，饲养管理粗放，气候突变，饲料突然改变或品质低下等会促使本病发生。病鸡食欲、精神尚可，但总见鸡群中不断出现精神、食欲差和下痢的鸡只，常突然死亡。

（3）成年鸡：成年鸡感染后一般呈慢性经过或隐性感染，病鸡有时下痢。有些鸡因卵巢或输卵管受到侵害而导致卵黄性腹膜炎，出现“垂腹”现象。

4. 病理变化

（1）雏鸡：卵黄吸收不良，其内容物色黄如油脂状或干酪样；心肌、肺脏、肝脏、盲肠、大肠及肌胃有黄白色坏死灶或大小不等的灰白色结节。肝脏肿大，有条状出血，胆囊充盈；心脏常因结节而变形；有时还可见心包炎和肠炎；盲肠内有干酪样物充斥，形成所谓的“盲肠芯”；脾脏有时肿大，常见有坏死；肾脏充血或出血，输尿管充斥灰白色尿酸盐。10 日龄内的病雏，可见出血性肺炎，稍大的病雏，肺脏可见有灰黄色结节和灰色肝变。

（2）成年鸡：卵巢和卵泡变形、变色、变质，卵泡的内容物变成油脂样或干酪样，变性的卵子仍附在卵巢上，常有长短粗细不一的卵蒂（柄状物）与卵巢相连。病变的卵泡掉到腹腔中，造成广泛性卵黄性腹膜炎，并引起肠管与其他内脏器官相互粘连。有的个体肝脏明显肿大、变性，呈黄绿色，表面凹凸不平，有纤维素渗出物被覆，胆囊充盈；纤维素性心包炎，心肌偶尔见灰白色小结节；肺脏淤血、水肿；脾脏、肾肿大及点状坏死。

5. 防治措施

（1）定期检疫，净化种鸡群：40 ~ 70 日龄通过血清凝集试验或全血平板凝集试验对后备种鸡群进行第一次检验，及时剔除阳性鸡及可疑鸡，以后每隔 1 个月一次，直至全群无阳性鸡，再隔 2 周做最后一次检查，如无阳性鸡，则为健康群。有些鸡场采用开产前和产蛋高峰过后分别采血通过血清凝集试验或全血平板凝集试验进行检验，及时剔除阳性鸡及可疑鸡，也有较好的效果。

(2) 搞好孵化卫生减少孵化过程感染：种蛋入孵前要做好孵房、孵化机及所有用具的清扫、冲洗和消毒工作。入孵种蛋应来自无病鸡群，用0.1%新洁尔灭喷洒、洗涤消毒，或用0.5%高锰酸钾浸泡1分钟，或1.5%漂白粉溶液浸泡3分钟，再用福尔马林熏蒸消毒30分钟。

(3) 在饲料、饮水中添加药物：如壮观霉素、氟苯尼考、丁胺卡那霉素、磺胺嘧啶、磺胺甲基嘧啶、磺胺二甲基嘧啶、庆大霉素及新型喹诺酮类药物效果较好。此外，兽用新霉素防止雏鸡下痢也有很好的效果。

(4) 微生态制剂的应用：常用的有促菌生、调痢生、乳酸菌等。在用这类药物的同时以及前后4~5天应该禁用抗菌药物。经大批量的实验表明，这种生物制剂防治鸡白痢病的效果多数情况下相当或优于药物预防的水平。

（二）禽大肠杆菌病

1. 病原 大肠杆菌是一种两端钝圆的中等大小杆菌，革兰染色阴性，有O、K及H共3种抗原。

2. 流行特点 大肠杆菌在鸡场普遍存在，特别是通风不良，大量积粪的鸡舍，在垫料、空气尘埃、污染用具和道路、粪场及孵化厅等处环境中染菌最多。大肠杆菌病的感染途径包括：垂直传播、呼吸道感染、消化道感染等多种。

3. 临床症状与病理变化

(1) 大肠杆菌性败血症：多见于10周龄内的小鸡，死亡率一般为5%~20%。寒冷季节多发，打喷嚏、呼吸障碍等症状和支原体病相似，但无颜面浮肿和流鼻涕等症状，多和支原体病混合感染。幼雏的大肠杆菌病夏季多发，主要表现精神萎靡、食欲减退，有的出现白色及至黄色的下痢便，腹部膨胀，与白痢和副伤寒不易区分，死亡率多在20%以上。

（2）气囊炎：大肠杆菌引起的气囊炎主要发生于3～12周龄的小鸡，特别3～6周龄肉仔鸡最为多见。气囊炎也经常伴有心包炎、肝周炎。病鸡表现沉郁，呼吸困难，有啰音和打喷嚏等症状。气囊增厚、混浊，表面有纤维素渗出物被覆，呈黄白色，由此继发心包炎和肝周炎，心包膜和肝脏被膜上附有纤维素性假膜，心包膜增厚，心包液增量、混浊，肝脏肿大，被膜增厚，被膜下散在大小不等的出血点和坏死灶。

（3）大肠杆菌性肉芽肿：病鸡死亡前无特征性症状，部分病鸡消瘦、拉稀。在心脏、胰脏、肝脏、肠系膜和肠管可发现粟粒大的肉芽肿结节，肠系膜除散发肉芽肿结节外，还常呈油脂状肥厚。

（4）输卵管炎型：剖检可见输卵管高度扩张，内积异形蛋样渗出物，表面不光滑，切面呈轮层状，输卵管黏膜充血、增厚。症状轻的主要表现为输卵管局部（多数在子宫部或阴道部）水肿、黏膜充血，或有少量出血点。

（5）卵黄性腹膜炎型：剖检可见腹腔中充满淡黄色腥臭的液体和破损的卵黄。腹腔脏器的表面覆盖一层淡黄色、凝固的纤维素性渗出物，肠系膜发炎，肠袢互相黏连。卵巢上的卵泡变形，呈灰黄色、褐色或酱色等不正常色泽，有的卵泡皱缩；破裂的卵黄则凝结成大小不等的碎片，输卵管黏膜发炎，有针头状出血点和淡黄色纤维素性渗出物沉着，管腔中也有黄白色的纤维素性凝片。

（6）肿头综合征：表现眼周围、头部、颌下、肉垂及颈部上段水肿，病鸡喷嚏、并发出“咯咯”声，剖检可见头部、眼部、下颌及颈部皮下有黄色胶冻样渗出。

4. 防治措施　优化生产环境、加强消毒工作、防止水源和饲料污染是减少发病或降低该病危害的重要条件。用于治疗本病的药物较多，如庆大霉素、硫酸新霉素、氨苄青霉素、恩诺沙星、环丙沙星、土霉素、链霉素、金霉素、多黏菌素 B、壮观霉素、头孢噻呋、氟苯尼考、磺胺类药物等。选择药物时必须进行药敏试验，以免使用无效的药物。目前，有大肠杆菌菌苗可供使用，但是由于菌株的血清型较多，有些情况下接种菌苗的效果不理想，用本地分离的菌株制作灭活菌苗的效果会更好。

（三）葡萄球菌病

1. 病原 禽型葡萄球菌。

2. 流行特点 任何年龄的鸡，甚至鸡胚都可以感染禽型葡萄球菌，此病在 25～60 日龄的鸡群感染最为严重。本病的主要传染途径是皮肤和黏膜的创伤，但也可通过直接接触和空气传播，雏鸡通过脐带感染也是常见的途径。

3. 症状与病变 急性败血症型病鸡精神沉郁，呆立，不愿活动，两翅下垂，缩颈，眼半闭呈嗜睡状态。羽毛粗乱无光泽，食欲减退或废绝。胸腹部、大腿内侧皮下水肿，有数量不等的血样渗出液，外呈紫色或紫黑色，触摸有波动感，局部羽毛脱落或用手一摸即脱掉。皮肤破溃后流出褐色或紫红色的液体，使周围羽毛又湿又脏。有部分鸡在翅膀背侧及腹面、翅尖、尾部、头、脸、肉垂、背及腿部等部位，出现大小不等的出血斑，局部发炎、坏死或干燥结痂（呈暗紫色）。慢性关节炎型发生较少，病鸡多个关节发生炎性肿胀，趾关节更为多见，局部紫红色或黑紫色，破溃后形成黑色痂皮，有的出现在趾部；脚垫刺伤引起肿胀，运动出现跛行，不能站立。脐炎型主要发生在幼雏，病雏体弱、怕冷，拥挤在热源附近，发出“吱吱”的叫声，病鸡腹部膨大，脐孔发炎肿胀、潮湿，局部呈黄红色或紫黑色，触之质硬。

4. 防治措施 加强饲养管理，为鸡供给全价饲料，鸡舍应通风良好，保持合适的温度、湿度；鸡群不宜过大，适时断啄，防止鸡群互啄。消除鸡笼、网具、送料机械等用具中的一切能造成鸡体外伤的因素。环丙沙星0.5克/千克料，混饲，连喂3～5天或环丙沙星0.2～0.3克/升水，混饮，连饮3～5天。庆大霉素1万～2万单位/千克体重，肌内注射（口服无效），每天2次，连用3天。苯唑青霉素钠10～15毫克/千克体重，注射，每天2～4次，或苯唑青霉素钠20～30毫克/千克体重，饮水。5%红霉素水溶性粉剂1～3克/升水，混饮，连饮5～7天。

（四）禽霍乱

1. 病原 禽霍乱又称禽巴氏杆菌病、禽出血性败血症，是由巴氏杆菌引起的家禽的一种急性败血性传染病。

2. 流行特点 本病对各种家禽包括鸡、鸭、鹅都有易感性。在鸡群中常呈散发或地方性流行，多发生于青年鸡和成年鸡。秋季的发病率较高。

3. 症状与病变 病鸡发热（体温43～44℃），精神不振，不食，口渴，羽毛松乱，缩头闭眼，离群呆立，冠、髯青紫，口、鼻分泌物增多，呼吸困难，张口吸气时发出“咯咯”声，常见腹泻，排出污黄色、灰白色或绿色，甚至混有血液的腥臭稀粪。剖析可见肝脏有许多小出血点。心外膜、腹膜、肠系膜、皮下等处有出血斑点，心包内积有渗出液。肺有点状出血和暗红色肝变区。出血性肠炎变化以十二指肠最为严重。

4. 防治措施 治疗可以选用的药物很多，磺胺嘧啶（SP）或磺胺二甲嘧啶（SM_2），按0.4%～0.5%添加到饲料中或0.1%～0.2%加入饮水，每日2次；磺胺喹噁啉（SQ），0.1%添加到饲料中，连喂2～3天，间隔3天，再添加0.05%，喂2天，再停3天，再喂2天；链霉素。每只肌内注射4万～5万单位，每日2次，连用2天；氟苯尼考粉剂，用3～5天；盐酸沙拉沙星饮水每100千克水加10克，拌料每40千克料加10克，连喂3～5天；复方阿莫西林可溶性粉每50克加水250千克，连用3～5天。禽霍乱G190E40活疫苗供预防禽霍乱用，可用于3月龄以上的鸡。

（五）曲霉菌病

1. 病原 一般认为是曲霉菌属中的烟曲霉。

2. 流行特点 本病主要危害3周龄以内的小鸡，周龄越大则发病较少；温暖潮湿的环境容易造成本病的发生。

3. 症状与病变 病鸡表现减食或不食，精神不振，不爱走动，翅膀下垂，羽毛松乱，呆立一隅，呼吸困难，呼吸次数增加，喘气，病鸡头颈直伸，张口呼吸，有时摇头，甩鼻，打喷嚏。有些雏鸡可发生曲霉菌性眼炎，表现为结膜潮红，眼睑肿大，通常是一侧眼的瞬膜下形成一绿豆大小的隆起，致使眼睑鼓起，用力挤压可见黄色干酪样物，有些鸡还可在角膜中央形成溃疡。在肺脏出现从粟粒到小米粒、绿豆大小不等的霉菌结节，结节呈灰白色、黄白色或淡黄色，散在或均匀地分布在整个肺脏组织；气囊膜上有数量和大小不一的霉菌结节，有时可见较肥厚隆起的霉菌斑。

4. 防治措施 不使用发霉的垫料和饲料是预防本病的关键措施。目前尚无特效治疗药物，用制霉菌素防治有一定效果，剂量为每100只雏鸡用50万单位，拌料喂服，日服2次，连用2～3天；用克霉唑（三苯甲咪唑），每100只雏鸡用1克，拌料喂服，连用2～3天。

（六）慢性呼吸道病

1. 病原 是鸡败血支原体，本病又称鸡败血霉形体病、鸡败血支原体病。

2. 流行特点 本病可以感染各日龄的鸡群，在低温季节的发病率较高。

3. 症状与病变 表现流鼻涕、咳嗽、窦炎、结膜炎及气囊炎，呼吸时有啰音，生长停滞。

4. 防治措施 做好种鸡的检疫和净化是预防鸡慢性呼吸道

疾病的关键。鸡毒支原体活疫苗用于预防鸡毒支原体引起的慢性呼吸道病，以 8 ~ 60 日龄时使用为佳，用灭菌生理盐水或蒸馏水稀释点眼免疫；有条件的种鸡群可用进口的油乳剂灭活苗，在开产前皮下或肌内注射免疫。治疗可用红霉素 100 毫克加入 1 千克水中饮用，连饮 5 ~ 7 天；也可用螺旋霉素 400 毫克或泰乐菌素 500 ~ 800 毫克，加入 1 千克水中饮用，连饮 3 天；也可以用壮观霉素肌内注射为每千克体重 30 毫克，连用 3 天或饮水浓度为 31 毫克/升，连饮 4 ~ 7 天。

三、寄生虫病的防治

（一）球虫病

1. 病原　病原为艾美耳球虫，我国主要有 7 种，即柔嫩艾美耳球虫、毒害艾美耳球虫、堆型艾美耳球虫、巨型艾美耳球虫、哈氏艾美耳球虫、和缓艾美耳球虫和早熟艾美耳球虫。前两种的致病力较强，其余的几种依次减弱。

2. 流行特点　各种品种的鸡均有易感性，15 ~ 50 日龄的鸡群发病率和死亡率都很高，成年鸡对球虫也很敏感。高温潮湿的环境容易诱发本病。

3. 症状与病变　急性型多见于雏鸡，发病初期精神沉郁、羽毛松乱、不爱活动、食欲废绝、鸡冠及可视黏膜苍白、逐渐消瘦、排水样稀便并带有少量血液，若是盲肠球虫则粪便呈棕红色，以后变成血便。柔嫩艾美耳球虫主要侵害盲肠，急性型时两根盲肠显著肿大，是正常的 3 ~ 5 倍，肠内充满凝固的或新鲜的暗红色血液。肠上皮变厚并有糜烂。直肠黏膜可见有出血斑。毒害艾米耳球虫损害小肠中段，这部分肠管扩张、肥厚、变粗。有严重的坏死，肠管中有凝固血块，使小肠在外观呈淡红色或黄色。

4. 防治措施　氯丙啉，预防量为每千克饲料添加 40 ~ 250 毫克，连喂7日，以后将浓度减半，再喂14日，治疗量为500毫克，连用7天，以后减为250毫克，连喂10天；磺胺二甲氧嘧啶，预防量为饲料或饮水中加入0.05%，连用6天，治疗量为预防量加倍混饲或饮水，连续3~7天；氯苯胍，每吨饲料拌入35克，混匀，连喂1~2个月；速丹（常山酮）用量为每千克3毫克浓度混饲；盐霉素按0.007%混入饲料，预防从15日龄开始，连续投药30~45天。也有使用球虫疫苗进行预防的，但是应用不多。

（二）住白细胞原虫病

1. 病原 住白细胞原虫病是禽类的一种血液原虫病。其病原属于原虫科白细胞原虫属。危害鸡的住白细胞原虫主要有卡氏住白细胞原虫和沙氏住白细胞原虫，其中又以卡氏住白细胞原虫分布最广、危害最大。

2. 流行特点 各地的流行季节随气候有很大的不同，南方多发生于4~10月，北方多发生于7~11月。各个年龄的鸡都能感染，但以3~6周龄的雏鸡发病率较高。

3. 症状与病变 病初体温升高，食欲不振甚至废绝；羽毛蓬乱，精神沉郁，运动失调，行走困难。最典型的症状为贫血，口流涎、下痢，粪便呈绿色水样。贫血从感染后15天开始出现，18天后最严重。肉鸡感染本病后鸡只消瘦，增重减慢。本病的另一特征是突然咯血，呼吸困难，常因内出血而突然死亡。病鸡血液稀薄，不易凝固，皮下、肌肉出血，尤其是胸肌、腿肌有大小不等的出血点和出血斑；法氏囊有针尖大小的出血点。脏器广泛出血，肝脾肿大、出血，表面有灰白色的小结节，肾肿大、出血，心肌有出血点和灰白色小结节，气管、胸腹腔、腺胃、肌胃和肠道有时见有大量积血，十二指肠有散在出血点。

4. 防治措施 在发病季节即蠓、蚋活动季节，应每隔5天，在鸡舍外用0.01%溴氰菊酯或戊酸氰醚酯等杀虫剂喷洒，以减少昆虫的侵袭。磺胺二甲氧嘧啶 0.05% 饮水 2 天，然后再用 0.03% 饮水 2 天；磺胺喹噁啉每千克 50 毫克混水或混饲给药；马杜拉霉素每千克饲料 5 毫克药物拌料；复方泰灭净（磺胺六甲氧嘧啶）500 毫克/千克混饲，连用 5~7 天。

（三）蛔虫病

1. 病原 蛔虫。

2. 流行特点 蛔虫可以在鸡体内交配、产卵，虫卵可以在鸡体内生长也可以随粪便被排出体外，地面上的虫卵被鸡啄食后进入体内造成鸡群感染。放养鸡群容易感染，在 4~10 月多发。

3. 症状与病变 病鸡表现食欲减退，生长迟缓，呆立少动，消瘦虚弱，黏膜苍白、羽毛松乱，两翅下垂，胸骨突出，下痢和便秘交替，有时粪便中有带血的黏液甚至虫体，以后逐渐消瘦而死亡。

4. 防治措施 左旋咪唑片剂按每千克体重每天口服 30~40 毫克（有效成分），连续使用 2 天；丙硫咪唑片，以每次 20 毫克/千克体重的剂量饲喂，间隔 12 小时再用 1 次；驱蛔灵的用量是每天每千克体重 200~300 毫克，连续使用 2 天。

第十章　肉鸡场的管理

一、肉鸡场的经营管理模式

（一）优质肉鸡场经营管理模式

在我国大多数地方，优质肉鸡主要是以活鸡进行销售，这对养殖、运输、销售和消费来说有很大的局限性，因此在其经营模式方面也有一些特殊性。

1. “北繁南养”模式　将父母代种鸡养于气候适宜、饲料和人力成本低、生产水平相对较高的北方地区（“北繁”），所生产的商品代种蛋运往南方沿海地区（优质肉鸡主要消费地区）孵化，商品肉鸡就地饲养（“南养”）和上市。

这种方式要求北方有种鸡养殖基地、南方有商品鸡养殖基地和销售渠道。既可以南方和北方两个公司之间的合作，也可以一个公司在南北方分设分公司。

2. “公司+基地+农户”模式　是以公司为龙头带动千家万户来组织经营。如广东温氏集团西南分公司“公司+基地+农户”的生产经营模式，与云、贵、川、渝地区的养鸡户建立生产经营联合体，通过供应种苗、饲料，提供技术服务，回收肉鸡等一条龙服务的经营方式，带动农户从事养殖业。目前，这种模式在全国应用最多。

3. “基地带龙头，龙头带农户”模式　是以销售企业为主体联结农户的产业。充分利用资源优势，抓好肉鸡基地建设，扶持养鸡大户作为龙头，由龙头带动农户，形成了“基地带龙头，龙头带农户”的发展模式。

4. “贸、工、农”一体化经营模式 生产经营由集团统一部署、部门分工合作，其产品直接销往市场。如深圳康达尔养鸡公司以养鸡为主业，建立了种鸡场、商品鸡场、种蛋孵化场、饲料厂等，生产经营实行一体化。

（二）快大型肉鸡场经营管理模式

1. 集团化经营模式 当前，在肉鸡生产中白羽快大型肉鸡绝大多数都是大型企业集团运作，一个集团年屠宰肉鸡可以达到0.5亿只以上，有的超过1亿只。这些企业集团拥有自己的种鸡场、商品肉鸡养殖基地、饲料厂和屠宰加工厂，各个市场环节都在集团内循环。

2. 集团、基地、农户经营模式 这种模式与集团化经营有相似之处，集团拥有自己的种鸡场、商品肉鸡养殖基地、饲料厂和屠宰加工厂。同时还与一些养殖户签订合作协议，为他们提供鸡苗、饲料和技术指导，同时回收他们养成的肉鸡。

3. 公司+农户经营模式 这种经营模式目前相对较少，主要是一些中小型肉鸡加工企业与一些农户合作，收购农户饲养的肉鸡，公司与农户之间的联系有的紧密，有的不紧密。

4. 独立经营模式 这种情况较复杂，包括单纯的肉种鸡养殖场和单纯的肉鸡养殖场。单纯的肉种鸡场只饲养种鸡和孵化雏鸡，雏鸡销售完全靠市场调节。单纯的肉鸡养殖场一般都是规模较小的养殖场户，他们根据市场行情自主决定何时从种鸡场购买鸡苗进行养殖，肉鸡养成后直接出售到市场上。

二、肉鸡场的人员管理

工作人员是肉鸡场保持正常运行的主要因素，发挥人员的积极性、主动性，提高责任意识和技术水平是提高肉鸡场生产经营效益的关键。

（一）提高工作人员的技术水平

工作人员的技术水平直接影响到各项技术措施的落实效果，直接影响肉鸡的健康和生产性能，提高人员的技术水平要从以下几方面的措施入手。

1. 选用具有较高文化水平的员工　员工的文化素质在很大程度上影响企业的发展，在选聘人员的时候要注意了解应聘者的学习经历、文化水平。因为，现代肉鸡生产使用的自动化设备较多、操作很规范；各项饲养管理和卫生防疫措施都有专门的技术规程，需要认真落实；熟练工人的培养也需要有一定的基础。这些都需要员工具备一定的文化程度，才能更好地理解和接受专业技能训练。

2. 加强入职培训　对于聘用的员工在上岗前要进行专业技术培训，培训项目和内容要针对本场所饲养鸡群的性质、饲养方式等具体情况，对每个生产环节和岗位所需要掌握的技术规程要求相关人员必须熟悉。如果能够有熟练工人作为带班，指导新聘人员则更有利于生产的顺利进行。

3. 定期开展专业技术研讨　生产过程中要定期开展技术讲座和研讨，内容应该是对前期工作的总结、对生产中存在问题的探究、对技术改进效果的评价、对近期可能遇到的情况进行分析和采取的预案等。技术研讨不仅要发挥专家和技术人员的特长，也要让员工充分发表自己的见解。

4. 编印生产管理手册　针对本场所饲养肉鸡的品种（配套系）、生产性质、饲养方式等具体项目，编印鸡群饲养管理和卫生防疫手册，作为员工平时学习的基础材料。

（二）提高员工的工作积极性

1. 关爱员工　肉鸡养殖是苦差事，工作压力大、要求责任心非常强、工作时间长、不可预见的事件多、单调、枯燥，加之不能随便外出，文体娱乐和家庭生活规律受到严重干扰和影响。肉鸡场负责人要真正体谅员工的难处并理解员工的感受才能萌生和启动亲情。

2. 以人为本　事情是由人来完成的，事情的成败也取决于人，人是现代养殖的主体，自动化是现代养殖的主题，人脑设计了电脑，是为了在程序化的运作中减少由于人的健康、情绪、精力等波动所造成的误差，人能干事，"人才"能成事，有了"人才"就有了一切，在某一方面有专长的人都是人才，人人可以成才，场长、技术员、电工、炊事员、饲养员都是人才。以人为本就是把人当人看、把人培养成人才，把人才当人才用，给大家空间；以人为本就是把人的生命看得高于一切，安全很重要；以人为本就是给人才们提供成事的舞台、八仙过海；充分尊重人的个性，专长发挥协同效应。

3. 知人善任　每个养殖场区有十几个人甚至几十个人，在招聘的时候就要有针对性，饲养员要年富力强、聪明能干；炊事员要健康卫生、懂厨艺、会调剂生活；电工要懂电、经验丰富、责任心非常强；技术员要理论联系实际、肯学习、能钻研、为人有亲和力和魄力、能独当一面。作为经营管理的场长一定要熟知每个人的长处，做到人尽其才；同时也要善于发现每个人的不足加以限制和改进；知人善任就是在人事使用和工作安排中遵循扬长避短的基本原则。沟通产生信任，信任促进合作，合作提高效率。知人善任是团队建设的基础与前提。

4. 善待员工　给员工支付理想的薪酬、激励政策与养殖效果挂钩，给员工调剂好生活，关心、关注员工的健康、情绪的变化、家庭的相关问题，给员工创造舒适干净的休息环境，关注生产安全，耐心倾听员工发牢骚，及时化解员工之间的矛盾，给员工提供学习与培训的机会和条件，站在员工的角度上思考问题，遇事多替员工感受。

5. 激励措施 每个人都有自尊心和虚荣心，表扬是最常用的激励手段，物质奖励、绩效挂钩、发奖金都是常用的激励措施，给优秀的人提供培训与外出参观考察的机会也是一种无尚的荣誉。得到提升、信任与提拔是每一个有上进心的员工所梦寐以求的事。与员工会餐、关心员工的生活、力所能及地帮助员工解决个人和家庭困难也是激励。定期给员工调整工资待遇会让优秀的人产生归宿感和向心力。

6. 公正处事 让大家在各自的岗位上具备相对合理的待遇、工作条件、提升提拔的人文环境和资源、成果、荣誉共享的机会。起跑线都是零，终点处处有掌声，不管长跑和短跑。岗位实行问责制，不让任何一个人受到委屈，不让任何一件工作失去责任感和岗位监督。所谓公正是面对问题的一种处理心态和做法，对事不对人，面对问题查找的是原因和解决方案，而不是在第一时间去追究责任，更不能借题发挥、乱扣帽子、乱打棍子，借以排除异己，拉帮结伙，亲戚用不好会更麻烦。公平与公正是由管理人员（场长）操纵的、最终会通过员工的感受表现出来。公平公正的土壤是“善”。

7. 注意沟通 肉鸡场负责人要注意与员工之间的交流和沟通，倾听需要耐心，不要让员工感到你的应付和不耐烦。对不同的意见要认真考虑，要重点关注员工的不满。沟通需要诚心，诚心能让人说实话、了解到员工的真实感受，只要畅所欲言，就会产生集思广义的效果。有很多小打小闹的革新是员工摸索和想出来的。场长学会了倾听与沟通的艺术，本身就是一个提高，而且会在提高中收益。对于在倾听与沟通中产生的分歧要用宽容的心态去面对，而不是武断地打断和否定，否则会产生距离，增加交流的难度，影响到执行力的发挥。

8. 信任与协作 信任能让员工加强责任心，能最大限度地调动他们的积极性。怀疑和偏听偏信能产生隔阂与摩擦，甚至会导致对立与人员流失，人员的频繁流失会增加培训成本和养殖风险。协作首先来自于每个人对岗位的正确认知，在相互沟通与信任的基础上加强配合，而不是各自为政。当把荣誉、责任、绩效都挂起钩来的时候，相互协作也就成了很自然的事情。

9. 以场为家　加强对员工的主人翁意识教育，让员工了解自己的发展和待遇都与企业的发展和效益有着直接的联系。使员工干事的时候就认为是干自家的事，这就达到了以场为家的效果。以场为家不是一句口号，而是一种行动。当这种行动成为集体行动的时候，场即是家，员工就是家庭成员。

（三）明确岗位素质要求

1. 场长　作为标准肉鸡场的主要责任人，对外要与鸡场所占用地的村委、电力部门沟通好。另外与公司领导时刻保持良好的沟通，将场内的情况及时汇报；对内要制定好场内的各项工作制度、树立良好的威信，与技术员、电工、饲养员等经常沟通及时了解场内的工作和人员的心理状态；防止员工出现浮躁、消极的思想。将各项工作落实到位，遇到任何问题第一时间处理。

2. 技术员　必须要求对工作有强烈的热情和高度的责任心，遇到问题及时解决，解决不了的要及时上报场长。另外与每栋鸡舍的饲养员搞好关系。将看到的问题及时通知饲养员；在值班期间认真观察每栋舍的鸡群状况，而不要只看表面的东西。要求熟练操作各种养殖设备。

3. 电工　在标准化鸡场也是十分重要的。要求电工必须有责任心，对工作认真负责，当用电和各种设备出现问题后要第一时间去解决，避免造成巨大损失。同时，在很多场内电工还兼有设备维修工的责任。

4. 饲养员　在标准化商品肉鸡场中饲养员起到重要作用，要求具备良好的责任心。在整个饲养过程中勤快、对工作积极认真。定期对饲养员进行培训和了解他们的想法，让他们变被动为主动，充分发挥其吃苦耐劳、乐观积极的作风。

三、生产管理制度建设

（一）生产安全管理制度

肉鸡场安全管理工作是生产经营，维护工作秩序的保证，同时也是提高经济效益的保证，为此全员都要重视安全管理工作。

1. 保证人员安全 主要是用电安全和取暖安全，避免触电和煤气中毒，配备漏电保护器、绝缘手套和绝缘靴；其次是在日常生产操作中避免受到设施设备的伤害；再次，如果场内养有狗等凶猛动物，也要防止其咬人。

2. 保证生活安全 不吃变质的食物、不吃有药残的蔬菜（大多数养殖场都有足够的空闲地可以种植蔬菜自给自足）、不吃烹调不熟的食物（扁豆、云豆等），炊事员必须经过卫生部门的体检才能上岗。

3. 保证设备安全 发电机的维护与保养，水线、料线及其附属设施的正确使用、暖风炉的正确使用和保养、湿帘水泵和变频水泵的正确使用与保养。

4. 保证生产安全 防火（不能在鸡舍附近堆积柴草、防止线路老化、防止暖风炉漏烟漏火等）；防盗，管理好物资、锁好门、关好窗、维护好篱笆，防止失盗发生；防风，固定好鸡舍顶部的保温材料、防水材料，避免大风掀顶；防应激，养殖期间杜绝一切来自外界的应激，以免引起鸡群抵抗力下降而导致发病；养殖期间避免外界禽类产品等进入鸡场。

5. 产品安全 主要是按照屠宰厂或出口商的要求严格控制药物残留。

6. 加强安全教育和监督 定期或不定期进行安全生产的教育，形成一个领导重视安全，全员懂安全的氛围；领导直接参与安全的管理体系，切实做到安全生产，保证企业和个人财产安全；电工、汽车司机和高风险工种必须持国家认可的有效证件上岗。

7. 用电安全　电力设施安装、维修，必须由电工亲自操作，任何人不得私拉乱接。圈舍彻底消毒时，要先关闭电源，防止漏电事故发生。圈舍消毒常出现漏电现象，各舍必须安装漏电保护装置。电工平时要对易出现故障的电器进行安全检查和维护。

（二）办公室工作制度

（1）上班时按规定着装、坐姿端正。树立良好的个人形象。

（2）办公室内严禁大声喧哗，吵闹、严禁闲聊。营造良好的工作环境。

（3）禁止使用公司电话打私人电话、聊天。接拨公务电话言语尽量简洁，做到长话短说；接听电话中要使用文明用语。

（4）办公室人员树立服务意识，要在上级与下级、部门与部门之间起桥梁作用。

（5）公司电脑专人使用，设置密码；上班不使用电脑做与工作无关的事情。

（6）公司电脑及网络由专人维护保养，任何个人不得私自带盘上机操作。

（7）做好保密工作；尊重别人隐私和公司制度；做到不听、不问、不传。

（8）下班时随手整理自己的办公桌；关闭空调，关窗，断电，锁门。

（9）做好办公室内卫生管理。

（10）负责做好人事及公司各项档案的建档受控管理；负责文件的收发受控管理；对日常报表的及时性和准确性负责。

（11）严格执行公司制定的各项管理制度，认真做好考勤工作。

（12）做好所分管的部门监督管理工作，重大事情及时上报。

（13）完成公司临时交办的其他任务。

（三）投入品采购管理制度

（1）禁止采购原料药、人用药以及国家明令禁用和未经批准生产的无“三证”的药物、饲料。

（2）禁止采购在《禁止在饲料和动物饮水中使用的药物品种目录》公告中列出的药物。

（3）所购药品均来自具有兽药生产许可证，并获得农业部颁发中华人民共和国兽药GMP证书的兽医生产企业，或农业部批准注册进口的兽药。

（4）所购饲料添加剂必须是取得饲料添加剂许可证的企业生产，并具有产品批准文号，或取得农业部颁发的有效期内饲料添加剂进口登记证的产品，或农业部批准的新饲料添加剂品种。

（5）所购饲料原料色泽新鲜一致，无发酵、霉变、结块及异味、异臭等。凡是水分超标、含杂偏大、虫蛀明显、色泽不对、品质较差甚至霉变有异味的原料，原则上不应验收入库。

（6）采购药物必须先做计划，经审批后方可购进，计划留底保存备查。

（7）所有药物进库时，必须做好检查验收及登记造册工作。

（四）鸡场饲料、添加剂使用管理制度

（1）饲料原料和饲料添加剂符合NY5032的规定要求。

（2）使用的饲料、添加剂必须来自具有生产许可证和产品批准文号的生产企业。

（3）药物饲料添加剂的使用必须按照《药物饲料添加剂使用规范》执行。

（4）制药工业的副产品也不能在肉鸡生产上使用。

（5）禁止使用转基因方法生产的饲料原料。

（6）严禁在饲料及饲料产品中添加未经农业部批准用于饲料添加使用的兽药品种。

（7）禁止使用激素类、安眠镇静类药品及农业部禁止作家

禽促长剂的其他物质。

（8）氨苯砷酸和洛克沙胂不作为鸡饲料添加剂。

（五）兽药使用管理制度

（1）用于肉鸡预防和治疗的兽药应来自具有兽药生产许可证并具有产品批准文号的生产企业，或者具有进口兽药登记许可证的供应商。

（2）使用符合国家规定的饲料药物添加剂、抗菌药和抗寄生虫药时，应严格遵守规定的作用、用法、用量、疗程、休药期。

（3）禁止使用食品动物禁用的兽药及其他化合物清单中所列的氯霉素、痢特灵、喹乙醇、己烯雌酚、三合激素、炔诺酮、睾丸酮等药物。

（4）禁止使用未经国家畜牧兽药行业管理部门批准的基因工程方法生产的兽药。

（5）禁止将人用药用于动物。

（6）禁止将原料药直接添加到饲料及动物饮水中，或直接饲喂动物。

（7）禁止在饲料中长期添加药物。

（8）建立并保存免疫程序记录、兽药使用记录、鸡群的预防和治疗记录等详细档案。包括药品名称、剂量、批号、生产单位、用药目的、疗程、使用方法、休药期等。

（9）提倡使用无毒、无副作用、无药物残留的中草药制剂、微生态制剂、有机酸制剂、酶制剂等。

（六）兽医卫生防疫制度

（1）坚持“预防为主”，按时做好计划免疫接种。

（2）出入鸡场生产区要更衣换鞋，进行消毒或淋浴。

（3）场内定期灭蚊、灭鼠，每月 2 次以上，并做好记录。

（4）鸡场内严禁饲养其他家禽与本场防疫要求相关的其他

动物。

（5）鸡场食堂不得外购生鲜禽类肉品及其副产品。

（6）本场兽医人员不准对外诊疗动物疾病。

（7）每年至少进行一次疫病监测，监测疫病的种类至少包括：高致病性禽流感、新城疫、禽出血性败血症与伤寒等。

（8）当发生高致病性禽流感时，必须立即报告当地畜牧兽医行政管理部门，并立即采取封锁和扑杀措施，全场进行彻底消毒，病死或淘汰的鸡尸体按 GB 16548 进行无害化处理，消毒按 GB/T 16569 进行。

（9）饲养员必须注意观察、检查鸡群，发现异常情况及时报告，并协助兽医员做好日常治疗工作。

（七）病死鸡、废弃物的处理制度

（1）不得出售病鸡、死鸡。

（2）病死鸡用密闭容器运至指定地点进行焚烧、深埋或高压蒸煮，无害化处理的地点必须远离禽舍和水源。

（3）接触过病死鸡的容器用消毒药水浸泡 24 小时，人员沐浴更衣，衣物用消毒水浸泡后清洗干净。

（4）鸡场废弃物处理实行减量化、无害化、资源化原则。

（5）粪便经堆积发酵后作农业用肥。

（6）鸡场污水应经发酵、沉淀后才能作为液体肥使用。

（八）场区卫生与消毒制度

鸡粪出完后，对场区路面进行彻底打扫，清除掉路面上所有的鸡粪、稻壳及垃圾，如果因下雨或经车辆轧过后难于清扫，则用扫帚或铁锨仔细铲除，并把清扫物进行深埋或拉出场外。路面必须平整，对于凹陷或突出的地面进行整顿，用碳灰垫平或用铁锨铲平，以防雨后积水，造成细菌、病毒的蓄积生长。两个鸡舍之间的地中植被高度控制在 30 厘米以下，并保持其间无工作和生活垃圾。每栋鸡舍必须在其南或北面开出一片平整的土地，用以种植蔬菜、瓜果或其他有益植物。东西两边的路面要平整且不得有鸡粪、稻壳或其他杂草等物存在，特别是鸡舍门口和下水道内必须清理干净。

路面消毒时先用3%～5%的氢氧化钠溶液进行消毒两次，然后再用消毒剂（标准量）进行消毒一次。消毒面积包括路面及两鸡舍间至最后一间湿帘处，并要求路面全部打湿。

鸡舍外下水道内鸡粪全部清除，并用3%～5%的氢氧化钠溶液或消毒剂进行消毒，雨季注意把下水道用土填平，防止雨水进入舍内。

鸡舍风机外表用沾有消毒剂的抹布擦拭干净，并把风机内的脏物弄出，风机下面通风时会带出大量的细菌和病毒，所以必须用喷雾器对其进行消毒。

（九）鸡舍卫生和消毒制度

鸡舍要打扫干净，特别是炉道周围及料线垫石下面，不得有鸡粪残留。冲洗前先用3%～5%的氢氧化钠溶液进行消毒，并在消毒12小时后再进行冲洗。消毒鸡舍时要注意安全，电缆线不能放在舍内地面上，要从水线或料线上经过。冲洗鸡舍前先把料线电动机和小风机电动机用塑料袋包上，以免水进入电动机内部。并把舍外下水道挖开。舍内料线白壳在鸡舍内墙角处冲洗。冲洗时舍内地面、烟囱、墙壁、小窗、水线、料线、顶棚、风机都要逐个仔细冲洗，但要注意不要损坏烟囱。鸡舍冲洗后要求不得有鸡粪、稻壳及其他任何杂物存留。如有上述残留物，将由冲洗人员负责重新冲洗。

鸡舍消毒时先用3%～5%的氢氧化钠溶液只对地面进行消毒，注意不要喷洒在金属器具上面，以免腐蚀。然后再用消毒剂对整个鸡舍全面消毒。

四、生产档案管理

根据农业部第67号令与农业部“关于加强畜禽养殖管理的通知”文件的要求，商品肉鸡养殖场应建立表9－1至表9－13基本养殖档案，格式及填写记录要求见表9－1至表9－13；也可用表9－15代替表9－1。表9－14至表9－15为选择性记录表格式。各种记录表宜单印成册。所有档案记录材料都要分类存放，至少保存2年以上。

如果是使用电脑对各种生产档案材料进行记录、保存，要求必须定期进行备份，防止电脑损坏或丢失造成档案材料的丢失。

表9－1 ____鸡场生产记录（按日或变动记录）

鸡舍号	时间	变动情况（数量）			存栏数	备注
		调入	调出	死淘		

注：1. 鸡舍号：填写肉鸡饲养的舍编号或名称。

2. 时间：填写调入、调出和死淘的时间。

3. 变动情况：填写调入、调出和死淘的数量。调入的需要在备注栏注明动物检疫合格证明编号，并将检疫证明原件粘贴在记录背面。调出的需要在备注栏注明详细的去向。死亡的需要在备注栏注明死亡和淘汰的原因。

4. 存栏数：填写存栏总数，为上次存栏数和变动数量之和。

表9-2　____鸡场饲料、饲料添加剂使用记录

开始使用时间	鸡舍号	名称	生产厂家	加工日期	用量	停止使用时间	备注

注：1. 填写肉鸡饲养舍的编号或名称。
2. 肉鸡场外购的饲料应在备注栏注明原料组成。
3. 肉鸡场自加工的饲料在生产厂家栏填写自加工，并在备注栏写明使用的饲料添加剂的详细成分。

表9-3　____鸡场兽药、饲料药物添加剂使用记录

开始使用时间	鸡舍号	用药鸡数量	药品名称	生产厂家	批号	方法及剂量	停止使用时间	休药期	使用人签字

注：1. 鸡舍号：填写肉鸡饲养舍的编号或名称。
2. 药品名称：填写通用名和商品名。
3. 批号：填写兽药的批号。
4. 方法及剂量：填写药物使用的具体方法，如口服、拌料、饮水、肌内注射等；剂量指对一只或一群鸡实际用的药量。
5. 休药期：填写兽药包装注明的肉鸡或禽休药期天数。

表 9－4　____鸡场消毒记录

日期	消毒对象	消毒药名称	用药剂量	消毒方法	操作员签字

注：1. 时间：填写实施消毒的时间。

2. 消毒对象：填写鸡舍、净道、污道、污水沟、舍周边环境、人员出入通道、用具等。

3. 消毒药名称：填写消毒药的化学名称。

4. 用药剂量：填写消毒药的使用量和使用浓度。

5. 消毒方法：填写熏蒸、喷洒、浸泡、焚烧等。

表 9－5　____鸡场免疫记录

时间	鸡舍号	免疫数量	疫苗名称	疫苗生产厂	批号（有效期）	免疫方法	免疫剂量	免疫人员签字

注：1. 时间：填写实施免疫的时间。

2. 鸡舍号：填写肉鸡饲养舍的编号或名称。

3. 批号：填写疫苗的批号。

4. 数量：填写同批次免疫肉鸡的数量，单位为只。

5. 免疫方法：填写免疫的具体方法，如喷雾、饮水、滴鼻点眼、注射部位等方法。

6. 免疫剂量：填写一只肉鸡或一群鸡实际接种疫苗的数量。

表9-6 ____鸡场诊疗记录

时间	鸡舍号	日龄	发病数	病因	诊疗人员	用药名称	用药方法	诊疗结果

注：1. 圈舍号：填写肉鸡饲养的舍编号或名称。

2. 诊疗人员：填写做出诊断结果的单位。执业兽医填写执业兽医的姓名。

3. 用药名称：填写使用药物的通用名和商品名。

4. 用药方法：填写药物使用的具体方法，如口服、肌内注射等。

表9-7 ____鸡场防疫监测记录

采样日期	鸡舍号	采样数量	监测项目	监测单位	监测结果	处理情况	备注

注：1. 鸡舍号：填写肉鸡饲养的舍编号或名称。

2. 监测项目：填写具体的内容如新城疫免疫抗体监测。

3. 监测单位：填写实施监测的单位名称。企业自行监测的填写自检。企业委托社会检测机构监测的填写受委托机构的名称。

4. 监测结果：填写具体的监测结果，如阴性、阳性、抗体效价数等。

5. 处理情况：填写针对监测结果对肉鸡采取的处理方法。针对抗体效价低于正常保护水平，可填写为对肉鸡进行重新免疫。

表 9－8　____鸡场病死鸡无害化处理记录

日期	数量	处理或死亡原因	畜禽标识编码	处理方法	处理单位（或责任人）	备注

注：1. 日期：填写肉鸡无害化处理的日期。

2. 数量：填写同批次处理的病死肉鸡的数量，单位为只。

3. 处理或死亡原因：填写实施无害化处理的原因，如染疫、正常死亡、死因不明等。

4. 处理方法：填写《畜禽病害肉尸及其产品无害化处理规程》GB 16548 规定的无害化处理方法。

5. 处理单位：委托无害化处理场实施无害化处理的填写处理单位名称；由本厂自行实施无害化处理的由实施无害化处理的人员签字。

表9－9　____鸡场兽药、饲料药物添加剂采购及入库记录

采购日期	兽药名称	生产厂家	批准文号	批号	有效期至	规格	数量	采购人	购货地点	入库日期	保管员

注：1. 兽药：包括血清制品、疫苗、诊断制品、中药材、中成药、化学药品；抗生素、生化药品及外用杀虫剂、消毒剂等。

2. 药品名称：填写通用名和商品名。

3. 批准文号：填写农业部颁发给该生产厂家允许生产此产品的批准文号。

4. 批号：填写兽药的批号。

5. 有效期至：填写购进的兽药失效日期。

6. 规格：填写该兽药主要药物的含量。

7. 购货地点：填写在哪个兽药经营企业购买的兽药；如从厂家购进，直接填厂家名。

8. 购货人：填写亲自采购兽药的人。

表9－10　____鸡场兽药、饲料药物添加剂出库记录

出库日期	兽药名称	生产厂家	批号	数量	领料人

注：1. 药品名称：填写通用名和商品名。

2. 批号：填写兽药的批号。

表 9－11　____鸡场饲料、饲料添加剂购进记录

购进日期	产品名称	生产厂家	批准文号或审查合格证号	生产日期	包装规格	数量	购货地点	购货人	保管员

注：1. 产品名称：指购进的饲料（包括单一饲料、配合饲料、浓缩饲料、精料补充料、添加剂预混合饲料）和饲料添加剂名称。

2. 生产厂家：指生产饲料和饲料添加剂的厂家。如是原粮型的单一饲料记供应商即可。自加工的饲料在生产厂家栏填写自加工，并在备注栏写明使用的饲料添加剂的详细成分。

3. 批准文号或审查合格证号：指省级饲料主管部门颁发的产品批准文号或饲料生产企业审查合格证号。添加剂预混合饲料、饲料添加剂填批准文号；配合饲料、浓缩饲料、精料补充料填饲料生产企业审查合格证号。未规定有批准文号或审查合格证的单一饲料此处不填。

4. 生产日期：指饲料厂家生产该产品的日期。未规定有批准文号或审查合格证的单一饲料此处不填。

5. 包装规格：指千克/袋等。

6. 数量：指袋、千克、吨等。

7. 购货地点：指在哪个饲料经营企业购的饲料和饲料添加剂。如从厂家购进，直接填厂家。

8. 购货人：指亲自采购饲料和饲料添加剂的人。

表 9－12　____鸡场肉鸡销售记录

出场日期	名称	日龄	数量	动物检疫证明编号	价格	购买人及联系方式	销售负责人

注：1. 名称：填写肉鸡的品种或商品名称。
2. 日龄：填写肉鸡出栏时的日龄。
3. 动物检疫证明：填写动物检疫合格证明（动物 A、动物 B）编号。
4. 购买人及联系方式：填写具体的购买单位或个人以及联系方式。

表 9－13　____鸡场粪便及污染物无害化处理记录

日期	种类	数量	处理方法	处理地点	处理单位（或责任人）

注：1. 日期：填写粪便及污染物无害化处理的日期。
2. 种类：填写处理物为粪便或污染物（被病原微生物污染或可能被污染的垫料、饲料和其他物品）。
3. 数量：填写具体数值，以立方米为单位；不清楚者，填写全部或部分。
4. 处理方法：填写深埋、焚烧、堆积发酵或其他方法。
5. 处理地点：填写场内或场外具体地点，若有特定处理场所者，填写具体名称。
6. 处理单位：委托无害化处理场实施无害化处理的填写处理单位名称；由本场自行实施无害化处理的由实施无害化处理的人员签字。

表 9－14　____鸡场环境控制记录表

鸡舍号				
日期	日龄	光照	湿度	时间（点）温度

注：1. 鸡舍号：填写肉鸡饲养的舍编号或名称。

2. 日龄：填写肉鸡日龄。

3. 光照：填写每天光照小时。

4. 湿度：填写每天定时测定的舍内湿度。

5. 温度：可根据需要确定每天固定的时间测定舍内的温度次数，填写每次测定的温度。

表9－15　＿＿鸡场日生产记录

<table>
<tr><td colspan="2">鸡舍号</td><td colspan="3">品种</td><td colspan="3">雏鸡来源</td><td colspan="4">进鸡数量</td><td colspan="4">进鸡日期</td></tr>
<tr><td colspan="2"></td><td colspan="3">鸡群死淘
（只）</td><td colspan="3">饲料消耗
（千克、克）</td><td colspan="2">免疫</td><td colspan="2">用药</td><td colspan="4"></td></tr>
<tr><td>日期</td><td>日龄</td><td>存栏</td><td>死亡</td><td>淘汰</td><td>饲料名</td><td>总耗料</td><td>只均耗料</td><td>疫苗名称</td><td>方法剂量</td><td>药品名称</td><td>方法剂量</td><td>体重（克）</td><td>光照（时）</td><td>温度（℃）</td><td>湿度（%）</td></tr>
<tr><td></td><td></td><td></td><td></td><td></td><td></td><td></td><td></td><td></td><td></td><td></td><td></td><td></td><td></td><td></td><td></td></tr>
</table>

注：1. 鸡舍号：填写肉鸡饲养的舍编号或名称。
2. 雏鸡来源：填写雏鸡来自的孵化场或种鸡场名。
3. 日龄：填写肉鸡日龄。
4. 存栏：填写当日死淘后的存栏数。
5. 鸡群死淘：填写当天死亡和淘汰数量。
6. 饲料名：填写名称或饲料代号。
7. 总消耗与只均耗料：填写当天饲料总消耗量和与存栏相除后的只平均消耗量。
8. 免疫方法：填写免疫的具体方法，如喷雾、饮水、滴鼻、点眼、注射部位等方法。
9. 免疫剂量：填写一只或一群鸡接种疫苗的数量。
10. 药品名称：填写通用名或商品名。
11. 方法剂量：填写药物使用的具体方法，如口服、拌料、饮水、肌内注射等；剂量指对一只或一群鸡实际用的药量。
12. 光照：填写当天光照小时。
13. 湿度：填写当天定时测定的舍内湿度。
14. 温度：填写当天定时测定的舍内温度。

五、商品肉鸡场的效益管理

（一）生产成本分析

1. 固定投资折旧 为更新建筑物和设备的提留。一般来说，砖木结构鸡舍折旧期为15年，木质的7年，简易的5年，器具、机械按5年折旧。

2. 鸡苗价格 即购入雏鸡的价格，如果按照每批次计算，计算的时候则为每只出售的肉鸡所负担的初生雏费。

3. 饲料成本 该批次肉鸡所消耗的饲料总量与饲料单价的乘积。

4. 药品成本 为每批肉鸡所用防疫、治疗、消毒、杀虫等所用药品费的总和，除以出售肉鸡只数或总重量所得的商。

5. 水电燃料费用 为每批肉鸡整个饲养过程所耗水电、燃料费，除以出售只数或出售总体重的商。

6. 工人工资 指肉鸡的生产管理劳动，所用的花费包括入雏、给温、给水、给料、疫苗接种、观察鸡群、提鸡、装笼、清扫、消毒、运输、购物等，所用劳动费用之和。

7. 贷款利息 是指对固定投资（所借长期贷款）及流动资金（短期贷款），1年用支付的利息总数，除以年内出售肉鸡的批数，再除以每批出售的只数或总重量所得的商数。

8. 管理费用 除上述各项直接、间接费之外的费用，统归为杂费，包括保险费、检疫费、办公资料费、生活补贴、文体活动费用、贮备金、通信费、交通费、搬运费等。

在肉鸡生产成本项目中最大的支出是饲料和鸡苗，而且这两项的变化虽然较大，但是不容易调控。鸡群成活率也许是调控各项生产成本的最直接因素。

（二）收入项目分析

1. 肉鸡销售价格 每一批出栏肉鸡的总重量与其价格的乘

积即为该批肉鸡的销售收入。

2. 鸡粪销售价格　每批肉鸡出栏后其粪便（包括旧垫料）的销售收入。

（三）示例

某肉鸡场的某一批肉鸡养殖效益分析。该批肉鸡入舍 5 000 只鸡苗，42 日龄出栏 4 600 只（成活率 92%），出栏平均体重 2.35 千克。

1. 成本分析　鸡苗费用（2.5 元/只 ×5 000 只）12 500 元；总的饲料消耗量 21 吨，饲料平均价格 2 860 元/吨，饲料成本合计 60 060 元；用药费用 7 050 元，水电能源费用 2 350 元；固定资产折旧 5 000 元；管理费与人员工资 8 000 元；以上各项成本合计 94 960 元。

2. 收入分析

肉鸡销售收入：4 600 只 ×2.35 千克/只 ×9.2 元/千克 = 99 452 元。

鸡粪销售收入：1 500 元。

3. 利润分析　收入减去支出，本批次肉鸡的利润共计 4 492 元。

从上述数据看，每批次肉鸡的生产成本变化不大，在这样的投入情况下效益与肉鸡的销售价格关系很密切，如果肉鸡的销售价格低于 8.39 元/千克则将会出现亏损的结果。如果鸡群养殖过程中出现发病，死淘率偏高则很难保证养殖效益。

附件　肉鸡标准化示范场验收评分标准

申请验收单位：　　　　　　　　　　　　　　验收时间：　　年　　月　　日

必备条件（任一项不符合不得验收）	1. 场址不得位于《畜牧法》明令禁止的区域	可以验收□ 不予验收□
	2. 两年内无重大动物疫病发生，无非法添加物使用记录	
	3. 种禽场有种畜禽生产经营许可证	
	4. 拥有动物防疫条件合格证	
	5. 建立完整的养殖档案	
	6. 年出栏量不低于10万只，单栋饲养量不低于5 000只	

项目	考核内容	考核具体内容及评分标准	满分	得分	扣分原因
一、选址和布局（20分）	（一）选址（5分）	距离主要交通干线、居民区500米以上，距离屠宰场、化工厂和其他养殖场1 000米以上，距离垃圾场等污染源2 000米以上	2		
		地势高燥，背风向阳，通风良好	2		
		远离噪声	1		
	（二）基础条件（4分）	有稳定水源及电力供应，水质符合标准	2		
		交通便利，沿途无污染源	1		
		有防疫围墙和出入管理	1		
	（三）场区布局（4分）	场区的生产区、生活管理区、辅助生产区、废污处理区等功能区分开，且布局合理。粪便污水处理设施和尸体焚烧炉处于生产区、生活管理区的常年主导风向的下风向或侧风向处	4		

续表

项目	考核内容	考核具体内容及评分标准	满分	得分	扣分原因
一、选址和布局（20分）	（四）净道与污道（3分）	净道、污道严格分开	2		
		主要路面硬化	1		
	（五）饲养工艺（4分）	采取全进全出饲养工艺，饲养单一类型的禽种，无混养	4		
二、生产设施（30分）	（一）鸡舍建筑（5分）	鸡舍建筑牢固，能够保温	2		
		结构具备抗自然灾害（雨雪等）能力	2		
		鸡舍有防鼠、防鸟等设施设备	1		
	（二）饲养密度（2分）	饲养密度合理，符合所养殖品种的要求	2		
	（三）消毒设施（8分）	场区门口设有消毒池或类似设施	2		
		鸡舍门口设有消毒盆	2		
		场区内备有消毒泵	2		
		场区内设有更衣消毒室	2		
	（四）饲养设备（10分）	安装有鸡舍通风设备	4		
		安装有鸡舍水帘降温设备	1		
		鸡舍配备光照系统	1		
		鸡舍配备自动饮水系统	2		
		场区无害化处理使用焚烧炉，使用尸体井扣1分	2		

续表

项目	考核内容	考核具体内容及评分标准	满分	得分	扣分原因
二、生产设施（30分）	（五）辅助设施（5分）	有专门的解剖室	3		
		药品储备室有常规用药，且药品中不含违禁药品	2		
三、管理及防疫（30分）	（一）制度建设（3分）	有生产管理制度文件	1		
		有防疫消毒制度文件	1		
		有档案管理制度文件	1		
	（二）操作规程（5分）	饲养管理操作技术规程合理	3		
		动物免疫程序合理	2		
	（三）档案管理（10分）	饲养品种、来源、数量、日龄等情况记录完整	2		
		饲料、饲料添加剂来源与使用记录清楚	2		
		兽药来源与使用记录清楚	2		
		有定期免疫、监测、消毒记录	2		
		有发病、诊疗、死亡记录	1		
		有病死禽无害化处理记录	1		
	（四）生产记录（3分）	有日死淘记录	1		
		有日饲料消耗记录	1		
		有出栏记录，包括数量和去处	1		
	（五）从业人员（4分）	分工明确，无串舍现象	1		
		有与养殖规模相应的畜牧兽医专业技术人员	2		
		从业人员无人畜共患传染病	1		

续表

项目	考核内容	考核具体内容及评分标准	满分	得分	扣分原因
三、管理及防疫（30分）	（六）引种来源（5分）	从有种畜禽生产经营许可证的合格种鸡场引种	3		
		进鸡时有动物检疫合格证明和车辆消毒证明，保留完好	1		
		引种记录完整	1		
四、环保设施（20分）	（一）环保设施（9分）	储粪场所合理	2		
		具备防雨、防渗设施或措施	2		
		有粪便无害化处理设施	2		
		粪便无害化处理设施与养殖规模相配套	1		
		粪污处理工艺合理	2		
	（二）粪污处理（4分）	场内粪污集中处理	2		
		粪污集中处理后并资源化利用	1		
		粪污集中处理后达到排放标准	1		
	（三）病死鸡无害化处理（5分）	使用焚烧炉并有记录，采用深埋方式处理并有记录	5		
	（四）环境卫生（2分）	垃圾集中堆放处理，位置合理	0.5		
		无杂物堆放	0.5		
		无死禽、鸡毛等污染物	1		
总分			100		

验收专家签字：

参考文献

[1] 黄炎坤，司玉亭．肉鸡健康高产养殖手册．郑州：河南科学技术出版社，2010.
[2] 赵聘，黄炎坤．家禽生产技术．北京：中国农业大学出版社，2011.
[3] 黄炎坤，钱林东，赵云焕．家禽生产．郑州：河南科学技术出版社，2012.
[4] 韩占兵．怎样养好肉鸡．北京：金盾出版社，2012.
[5] 黄炎坤，赵云焕．养鸡实用新技术大全．北京：中国农业大学出版社，2012.
[6] 陈大军，杨军香．肉鸡养殖主推技术．北京：中国农业出版社，2013.
[7] 全国畜牧总站．肉鸡养殖技术百问百答．北京：中国农业出版社，2012.